计算机应用能力体系培养系列教材

全国高等学校（安徽考区）计算机水平考试配套教材
安徽省高等学校"十三五"省级规划教材

总主编 胡学钢　　**总主审** 郑尚志

C语言程序设计

主　编◎丁亚涛
副主编◎韩　静　黄晓梅　吴长勤

北京师范大学出版集团
BEIJING NORMAL UNIVERSITY PUBLISHING GROUP
安徽大学出版社

内容提要

本书根据课程教学基本要求编写，结合作者多年教学实践与研发经验，以讲授 C 语言程序设计为主。本书共分为 4 部分，主要内容包括：C 语言概述，数据类型与运算，顺序结构程序设计，选择结构程序设计，循环结构程序设计，数组，函数，编译预处理，指针，结构体、共用体与枚举，文件，位运算，C++和 Python 等。本书采用"案例驱动"的编写方式，以程序设计为中心，语法介绍精练，内容叙述深入浅出、循序渐进，程序案例生动易懂，具有很好的启发性。每章均配备教学课件和精心设计的习题。另外，本书还编入了大量练习题和模拟试卷，可供平时练习和课程测试之用。针对本书也研发了考试模拟软件系统，可供读者学习和教学考试之用。

本书既可以作为本专科院校 C 语言程序设计课程的教材，也可以作为自学者的参考用书，同时还可供各类考试人员复习参考。

图书在版编目(CIP)数据

C 语言程序设计/丁亚涛主编. —合肥：安徽大学出版社，2020.3(2023.1 重印)
计算机应用能力体系培养系列教材/总主编胡学钢
ISBN 978-7-5664-2022-0

Ⅰ. ①C… Ⅱ. ①丁… Ⅲ. ①C 语言－程序设计－高等学校－教材 Ⅳ. ①TP312.8

中国版本图书馆 CIP 数据核字(2020)第 038219 号

C 语言程序设计

丁亚涛 主编

出版发行：	北京师范大学出版集团 安徽大学出版社 (安徽省合肥市肥西路 3 号 邮编 230039) www.bnupg.com www.ahupress.com.cn
印　刷：	安徽省人民印刷有限公司
经　销：	全国新华书店
开　本：	787mm×1092mm　1/16
印　张：	22
字　数：	578 千字
版　次：	2020 年 3 月第 1 版
印　次：	2023 年 1 月第 3 次印刷
定　价：	59.00 元

ISBN 978-7-5664-2022-0

策划编辑：刘中飞　宋　夏		装帧设计：李　军	
责任编辑：宋　夏　张明举		美术编辑：李　军	
责任印制：陈　如　孟献辉			

版权所有　侵权必究

反盗版、侵权举报电话：0551－65106311
外埠邮购电话：0551－65107716
本书如有印装质量问题，请与印制管理部联系调换。
印制管理部电话：0551－65106311

编写说明

近年来,随着计算机与信息技术的飞速发展,社会及用人单位对高等学校学生的计算机应用能力要求不断提高,因此,各高等学校高度重视计算机基础系列课程教学的质量,也高度重视学生参加全国高等学校(安徽考区)计算机水平考试。安徽省教育厅及安徽省教育招生考试院大力推进安徽省计算机基础教学改革与计算机水平考试改革,对 2015 年版《全国高等学校(安徽考区)计算机水平考试教学(考试)大纲》进行了修订,于 2019 年 10 月发布。

为配合《全国高等学校(安徽考区)计算机水平考试教学(考试)大纲》的实施,促进安徽省高等学校计算机基础教学与水平考试的改革,2014 年安徽省高等学校计算机教育研究会召开专题研讨会,成立安徽省计算机基础教学课程组。计算机基础教学课程组由一批长期从事高等学校计算机基础教学的专家、教师组成,以推进安徽省计算机基础教学的发展与改革。2019 年 3 月,安徽省高等学校计算机教育研究会召开课程组专门会议,研究安徽省计算机基础教学改革,同时决定出版与《全国高等学校(安徽考区)计算机水平考试教学(考试)大纲》配套的教材,成立新版教材编写委员会,安徽省高等学校计算机教育研究会理事长胡学钢教授担任总主编,安徽省高等学校计算机教育研究会基础教学专委会副主任郑尚志教授担任总主审,拟从 2020 年开始陆续出版相应课程的新教材。

本系列教材的编写根据目前安徽省高等学校计算机基础教学的现状,本着出新品、出精品、高质量的原则,着力提高我省计算机基础教学的质量。

丛书编委会
2019 年 10 月

编委会名单

主　任　胡学钢（合肥工业大学）
副主任　郑尚志（巢湖学院）
委　员（按姓氏笔画排序）
　　　　　丁亚明（安徽水利水电职业技术学院）
　　　　　丁亚涛（安徽中医药大学）
　　　　　王　勇（安徽工商职业学院）
　　　　　王永国（安徽大学）
　　　　　王轶冰（安徽大学）
　　　　　尹荣章（皖南医学院）
　　　　　叶明全（皖南医学院）
　　　　　刘　钢（合肥学院）
　　　　　李京文（安徽职业技术学院）
　　　　　杨兴明（合肥工业大学）
　　　　　宋万干（淮北师范大学）
　　　　　宋启祥（宿州学院）
　　　　　张先宜（合肥工业大学）
　　　　　陈　涛（安徽医学高等专科学校）
　　　　　陈桂林（滁州学院）
　　　　　赵生慧（滁州学院）
　　　　　钟志水（铜陵学院）
　　　　　钱　峰（芜湖职业技术学院）
　　　　　倪飞舟（安徽医科大学）
　　　　　郭有强（蚌埠学院）
　　　　　黄存东（安徽国防科技职业学院）
　　　　　黄晓梅（安徽建筑大学）
　　　　　章炳林（合肥职业技术学院）
　　　　　蔡庆华（安庆师范大学）
　　　　　魏　星（蚌埠医科大学）

前　言

本书为全国高等学校(安徽考区)计算机水平考试指定教材、安徽省高等学校"十三五"省级规划教材。其特色包括:为全国高等学校(安徽考区)计算机水平考试量身定做的 C 语言教学体系、面向各种 C 语言考试的快速学习模式和精简的文字叙述、新版的模拟考试软件系统等。

高等学校的课程体系中,C 语言的学习非常重要。为了适应最新的教学和考试需求,本书章节划分按照全国高等学校(安徽考区)计算机水平考试 2019 年新大纲,内容既满足考试的基本要求,又包含有价值的传统知识,其具有如下特点:

1. 平台选用 Visual C++ 6.0(新大纲指定平台),适当介绍 Visual Studio 2010 和 Dev-C++ 平台。考虑到与考试系统的对接,本书以 Visual C++ 6.0 作为测试程序的主要平台,适当介绍其他平台,以提升读者对各种 C 程序平台的适应能力。

2. 案例丰富,程序新颖。本书配有大量案例,程序编写新颖,有利于读者理解和掌握所学知识。

3. 练习题和试卷等题量庞大,方便读者训练巩固所学知识,其中模拟试卷参考了新大纲的样式。

4. 配套软件系统,题型丰富,命题系统、阅卷系统和课程组装系统易用、稳定。

本书主要面向高等院校学生,也适合作为其他大中专院校学生和各类工程技术人员的自学教材或参加各类考试的参考书。若课时紧张,则建议将带"＊"号的章节留作自学。

本书由丁亚涛担任主编,韩静、黄晓梅、吴长勤担任副主编,参加编写的还有刘涛、程一飞、谢杨梅、汪采萍、宋万干、肖建于、储岳中、袁琴、朱薇、马春等。安徽大学出版社的编辑团队对本教材的出版给予了全力的支持;许多从事教学工作的同仁也给予了关心和帮助,他们对本书提出了很多宝贵的建议,在此一并表示感谢。

由于作者水平有限,书中难免会有一些错误,希望读者不吝指教,以便我们再版时修正。读者如果需要查找更多的资料,可以访问教学网站或者与作者联系。

联系方式:

教学网站:http://www.yataoo.com;

电子邮箱:yataoo@126.com。

编　者

2019 年 12 月

目　录

第 1 部分　理论篇

第 1 章　C 语言概述 ... 3
1.1　C 语言简介 ... 4
1.1.1　C 语言的历史和发展 ... 4
1.1.2　C 语言的特点 ... 4
1.2　C 语言编程环境 ... 8
1.2.1　Visual C++ 6.0 编程环境 ... 8
1.2.2　Visual Studio 2010 ... 13
1.2.3　Dev-C++ ... 18
1.2.4　调试程序和处理错误 ... 19
习题 1 ... 22

第 2 章　数据类型与运算 ... 23
2.1　数据类型 ... 24
2.1.1　数据类型分类 ... 24
2.1.2　标识符、常量和变量 ... 24
2.1.3　整型 ... 25
2.1.4　实型 ... 26
2.1.5　字符型 ... 27
2.2　数据的存储 ... 29
2.2.1　变量的说明 ... 29
2.2.2　整型变量 ... 29
2.2.3　实型变量 ... 30
2.2.4　字符变量 ... 31
2.3　运算符与表达式 ... 32
2.3.1　算术运算符与算术表达式 ... 33
2.3.2　赋值运算符与赋值表达式 ... 35
2.3.3　逗号运算符与逗号表达式 ... 36
2.4　数据类型转换 ... 37

2.4.1　类型转换概述 ·· 37
　　2.4.2　自动类型转换 ·· 38
　　2.4.3　赋值类型转换 ·· 38
　　2.4.4　强制类型转换 ·· 39
2.5　综合案例 ·· 39
　　案例2-1　编写程序输出"ABCDEFGHI" ··· 39
　　案例2-2　调试程序 ··· 40
　　案例2-3　演示类型转换 ··· 41
习题2 ··· 42

第3章　顺序结构程序设计 ·· 44

3.1　C语言语句与顺序结构 ··· 45
　　3.1.1　C语言语句 ·· 45
　　3.1.2　顺序结构 ·· 46
3.2　数据的输入与输出 ·· 46
　　3.2.1　格式化输入函数 scanf ·· 46
　　3.2.2　格式化输出函数 printf ··· 48
　　3.2.3　字符数据的输入与输出 ·· 50
3.3　综合案例 ·· 50
　　案例3-1　编程交换两个变量中的数据 ··· 50
　　案例3-2　输入三角形的三条边,编程求该三角形的面积 ················· 51
　　案例3-3　计算一元二次方程的解 ··· 52
习题3 ··· 53

第4章　选择结构程序设计 ·· 56

4.1　引例 ··· 57
4.2　关系运算符与逻辑运算符 ·· 57
　　4.2.1　运算符 ·· 57
　　4.2.2　逻辑运算符的短路现象 ·· 59
4.3　if语句 ·· 59
　　4.3.1　单分支if语句 ·· 60
　　4.3.2　双分支if语句 ·· 60
　　4.3.3　多分支选择结构 ·· 61
　　4.3.4　if语句的嵌套 ·· 62
　　4.3.5　条件运算符与条件表达式 ··· 64
4.4　switch语句 ··· 64
4.5　综合案例 ·· 67

案例 4-1　判断十进制正整数是否包含数字字符"5" …………………………… 67
　　案例 4-2　将 3 个数按从小到大的顺序输出 ………………………………………… 68
　　案例 4-3　根据成绩输出其对应的等级 ……………………………………………… 69
　习题 4 ……………………………………………………………………………………… 70

第 5 章　循环结构程序设计 …………………………………………………………… 76

　5.1　有变化的重复 ……………………………………………………………………… 77
　5.2　while 循环 ………………………………………………………………………… 77
　5.3　do-while 循环 ……………………………………………………………………… 79
　5.4　for 循环 …………………………………………………………………………… 80
　5.5　循环的嵌套 ………………………………………………………………………… 83
　5.6　break、continue 和 goto 语句 …………………………………………………… 85
　　5.6.1　break 语句 …………………………………………………………………… 85
　　5.6.2　continue 语句 ………………………………………………………………… 85
　　5.6.3　goto 语句 ……………………………………………………………………… 86
　5.7　综合案例 …………………………………………………………………………… 86
　　案例 5-1　打印"*"组成的图形 ……………………………………………………… 86
　　案例 5-2　计算 5 的阶乘 …………………………………………………………… 87
　　案例 5-3　计算 100 以内的所有素数之和 ………………………………………… 87
　　案例 5-4　计算 Fibonacci 数列前 40 项之和 ……………………………………… 88
　　案例 5-5*　找到三位的"黑洞数" …………………………………………………… 89
　　案例 5-6　完数 ……………………………………………………………………… 91
　　案例 5-7　计算数列和 ……………………………………………………………… 92
　习题 5 ……………………………………………………………………………………… 93

第 6 章　数　组 ………………………………………………………………………… 100

　6.1　数组的基本概念 …………………………………………………………………… 101
　6.2　一维数组 …………………………………………………………………………… 101
　6.3　二维数组和多维数组 ……………………………………………………………… 103
　6.4　字符数组与字符串 ………………………………………………………………… 105
　　6.4.1　字符数组及字符串的定义与初始化 ………………………………………… 105
　　6.4.2　字符串函数 …………………………………………………………………… 107
　6.5　综合案例 …………………………………………………………………………… 108
　　案例 6-1　用冒泡法将 5 个数排序输出 …………………………………………… 108
　　案例 6-2　用选择排序法将 5 个数排序输出 ……………………………………… 109
　　案例 6-3　编写程序实现字符串的复制与连接 …………………………………… 111
　　案例 6-4　编写程序实现字符串中字符的插入和删除操作 ……………………… 112

案例 6-5　编程输出杨辉三角形 ……………………………………………… 113
　　案例 6-6　输入某年的某个月份,打印该月份的日历 …………………… 115
　　案例 6-7　编程计算打车费用 …………………………………………… 116
　习题 6 ……………………………………………………………………………… 117

第 7 章　函　数 ………………………………………………………………… 121

　7.1　计算 1+2+3+…+100 ……………………………………………………… 122
　7.2　函数的定义与使用 ………………………………………………………… 123
　　7.2.1　函数定义 …………………………………………………………… 123
　　7.2.2　函数调用 …………………………………………………………… 124
　　7.2.3　参数传递 …………………………………………………………… 124
　　7.2.4　函数声明 …………………………………………………………… 125
　7.3　作用域 ……………………………………………………………………… 126
　7.4　存储类型 …………………………………………………………………… 127
　　7.4.1　自动(auto)类型 ……………………………………………………… 128
　　7.4.2　寄存器(register)类型 ……………………………………………… 128
　　7.4.3　静态(static)类型 …………………………………………………… 128
　　7.4.4　外部(extern)类型 …………………………………………………… 129
　7.5　递归函数 …………………………………………………………………… 130
　7.6　综合案例 …………………………………………………………………… 131
　　案例 7-1　利用递归函数输出"*"组成的图形 ………………………… 131
　　案例 7-2　判断一个字符串是否是顺序串 ……………………………… 132
　　案例 7-3　编写程序实现数组元素的逆序存储 ………………………… 133
　习题 7 ……………………………………………………………………………… 134

第 8 章　编译预处理 ……………………………………………………………… 139

　8.1　宏定义 ……………………………………………………………………… 140
　8.2　文件包含 …………………………………………………………………… 142
　8.3　条件编译 …………………………………………………………………… 143
　习题 8 ……………………………………………………………………………… 145

第 9 章　指　针 …………………………………………………………………… 146

　9.1　指针简介 …………………………………………………………………… 147
　9.2　指针变量的定义和初始化 ………………………………………………… 149
　9.3　指针运算 …………………………………………………………………… 150
　　9.3.1　取值运算符 * 和取地址运算符 & …………………………………… 150
　　9.3.2　指针变量的引用 ……………………………………………………… 151

9.3.3 指针的算术运算和关系运算 ·· 152
9.4 指针与数组 ·· 153
    9.4.1 指针与一维数组 ·· 153
    9.4.2 指针与二维数组 ·· 155
9.5 指针与函数 ·· 158
    9.5.1 指针作为函数的参数 ·· 158
    9.5.2 函数指针 ·· 159
    9.5.3 返回指针的函数 ·· 160
9.6 综合案例 ·· 161
    案例 9-1 编写一个查找字符或字符串位置的函数 ·································· 161
    案例 9-2 统计字符串中单词的个数 ·· 163
    案例 9-3 将素数存入二维数组并输出 ··· 164
习题 9 ·· 165

第10章 结构体、共用体与枚举 ·· 168

10.1 结构体 ··· 169
    10.1.1 结构体类型的定义 ··· 169
    10.1.2 结构体变量的定义和初始化 ·· 169
    10.1.3 结构体变量的引用 ··· 171
    10.1.4 结构体数组 ··· 173
    10.1.5 结构体指针 ··· 175
    10.1.6 结构体与函数 ··· 177
10.2 共用体 ··· 179
    10.2.1 共用体类型的定义 ··· 179
    10.2.2 共用体变量的说明和引用 ·· 179
10.3 枚举类型 ·· 182
    10.3.1 枚举类型的定义 ·· 183
    10.3.2 枚举变量的定义和引用 ··· 183
10.4 用户定义类型 ··· 185
10.5* 动态内存分配与链表 ·· 186
10.6 综合案例 ·· 187
    案例 10-1 编程求两个复数的和 ·· 187
    案例 10-2 已知今天的日期,编程求出明天的日期 ································· 188
习题 10 ·· 190

第11章 文件 ·· 196

11.1 文件概述 ·· 197

11.1.1	文件的概念	197
11.1.2	文件的分类	197
11.2	文件操作	198
11.2.1	FILE 文件类型指针	198
11.2.2	文件的打开操作	199
11.2.3	文件的关闭操作	201
11.2.4	文件的读写操作	202
11.3	文件的定位	209
11.3.1	置文件位置指针于文件开头位置的函数 rewind	209
11.3.2	改变文件位置指针位置的函数 fseek	210
11.3.3	取得文件当前位置的函数 ftell	211
11.3.4	文件的错误检测函数 ferror	211
11.4	综合案例	212
	案例 11-1 已知今天的日期,编程求出明天的日期	212
习题 11		213

第12章* 位运算 …… 216

12.1	字节、位与编码	217
12.1.1	字节与位	217
12.1.2	原码	217
12.1.3	反码	217
12.1.4	补码	218
12.2	位运算符和位运算	218
12.2.1	按位取反	219
12.2.2	按位与	219
12.2.3	按位或	219
12.2.4	按位异或	220
12.2.5	左位移	220
12.2.6	右位移	220
12.3	综合案例	221
	案例 12-1 取一个整数 a 从右端开始的第 4 至第 7 位	221
	案例 12-2 字符串加密解密	222
习题 12		223

第13章* C++和Python …… 226

13.1	C++简介	227
13.1.1	面向对象程序设计	227

13.1.2　C++的发展与特点 ······ 231
13.2　C++程序的基本结构 ······ 232
13.3　C++对C基本功能的扩充 ······ 233
　　13.3.1　C++中的关键字 ······ 233
　　13.3.2　函数声明 ······ 234
　　13.3.3　函数名重载 ······ 234
　　13.3.4　灵活的变量说明 ······ 235
　　13.3.5　作用域标识符：： ······ 235
　　13.3.6　C++中扩充的基本功能 ······ 235
13.4　C++的类和对象 ······ 236
　　13.4.1　类 ······ 236
　　13.4.2　对象 ······ 241
13.5　Python简介 ······ 243
习题13 ······ 244

第2部分　练习篇

练习1 ······ 249
　　练习1参考答案 ······ 255
练习2 ······ 256
　　练习2参考答案 ······ 262
练习3 ······ 264
　　练习3参考答案 ······ 270
练习4 ······ 272
　　练习4参考答案 ······ 278
练习5 ······ 280
　　练习5参考答案 ······ 286

第3部分　试卷篇

模拟试卷1 ······ 291
模拟试卷2 ······ 297
模拟试卷3 ······ 303
模拟试卷4 ······ 309

第4部分 附录篇

附录A 常用字符与ASCII码对照表 …………………………………………… 319
附录B 考试指南 …………………………………………………………………… 320
附录C Windows 7/8/10 下安装和运行 Visual C++ 6.0 ……………………… 322
附录D 题库及模拟考试系统 …………………………………………………… 327
附录E 部分课后习题参考答案 ………………………………………………… 332

第 1 部分

理论篇

第1章　C语言概述

考核目标

- 了解:C语言开发环境、头文件、注释语句。
- 理解:main函数。
- 掌握:C语言程序的基本格式、编辑调试过程。

1.1 C语言简介

1.1.1 C语言的历史和发展

请读者先看一个程序：
```c
#include <stdio.h>              //预处理命令,包含一个头文件
int main()                      //主函数
{
    printf("Hello World!\n");   //输出字符串
    return 0;                   //返回0
}
```

这是历史上第一个C语言程序。

在计算机中,程序(program)是指存储在计算机中可以被计算机识别并运行的一系列指令。程序设计(programming)的过程通常包括:问题分析与描述、编写程序代码、编译运行与调试。

C语言是目前国际上最流行的高级程序设计语言,由于它具备低级语言(如汇编语言)的很多特点,有时又被称作"中级语言"。与其他高级语言相比,C语言的硬件控制能力和运算表达能力强,可移植性好,效率高,许多大型软件(如 UNIX、Windows 和 Office)的核心程序都是使用C语言编写的。C语言也是C族语言(如C++、C#、Java)的语法基础。

C语言起源于美国贝尔实验室 Ken Thompson 发明的 B 语言,而 B 语言来自于 CPL 语言,CPL 语言来自 ALGOL 60 语言。1972 年,同是贝尔实验室的 D. M. Ritchie 在 B 语言的基础上设计出了一种新的语言——C 语言,1973 年两人用 C 语言重写了 UNIX。1989 年,美国国家标准化协会制定了 C 语言标准"ANSI C",简称"C89 标准",即现在流行的 C 语言。

1990 年,ISO 接受了 C89 标准,所以 C89 又称 C90。之后,ISO 又发布了 C99 标准(1999 年)、C11 标准(2011 年)、C18 标准(2018 年)。

本书以 Visual C++ 6.0 为学习平台,考虑到普遍意义上的适应性,主要参考 C89 标准。

1.1.2 C语言的特点

让我们先来阅读前面给出的C语言程序：

【例 1-1】 在计算机屏幕上输出"Hello World!"。

```
1   #include <stdio.h>
2   int main()
3   {
4       printf("Hello World! \n");
5       return 0;
6   }
```

第 1 行　♯include <stdio.h>是一条预处理命令,用"♯"号开头,后面不能加";"号,stdio.h 是系统提供的头文件,其中包含有关输入输出函数的信息。

第 2 行　main 是主函数名,int 表示主函数的数据类型是整型。C 语言规定有且只有一个主函数,主函数必须用 main 作为函数名,函数名后的一对圆括号不能省略,圆括号中内容可以为空。一个 C 程序可以包含任意多个函数(包括 1 个主函数),C 程序总是从 main 函数开始执行,最后在 main 函数结束。

第 3 行　和第 6 行的花括号一起构成函数体,左括号表示函数体的开始,右括号表示函数体的结束。其间可以有定义(说明)部分和执行语句部分;每一条语句都必须用分号";"结束,语句的数量不限,程序中由这些语句向计算机系统发出指令。

第 4 行　printf 是一个库函数,用来输出各种数据,当前程序是用来输出一串字符"Hello World!","\n"表示输出字符后换行。

第 5 行　"return 0"表示函数返回值为 0。

关于 C 语言的学习,我们就从这个程序开始,程序的运行结果如图 1-1 所示。

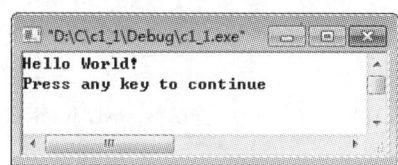

图 1-1　例 1-1 运行结果

C 语言具有以下优点:

①具有低级语言功能的高级语言。它把高级语言的基本结构和语句与低级语言的实用性结合起来,是处于汇编语言和高级语言之间的一种程序设计语言。

②简洁紧凑,使用方便灵活。C 语言一共只有 32 个关键词,9 种控制语句。C 程序书写形式自由,区分大小写字母,比其他高级语言源程序短。C 语言可以直接进行位、字节和地址操作。

③运算符和数据类型丰富,表达能力强。C 语言共有 34 种运算符,范围广泛,除一般高级语言所使用的算术、关系和逻辑运算符外,还可以实现以二进制位为单位的运算。C 语言具有丰富的数据结构,其数据类型有整型、实型、字符型、数组类型、指针类型、结构体类型、共用体类型等,因此能实现复杂的数据结构的运算。所以,C 语言对问题的表达可通过多种途径,程序设计主动、灵活,语法限制不太严格,程序设计自由度大。

④结构式编程语言。所有 C 程序的逻辑结构都可以划分为顺序、分支和循环 3 种基本结构。采用函数结构便于把整体程序分割成若干相对独立的功能模块,并且为程序模块间的相互调用以及数据传递提供便利。

⑤代码质量和执行效率高。C 语言描述问题比汇编语言迅速,工作量小、可读性好,易于调试、修改和移植,而代码质量只略低于汇编语言,甚至与之相当。

⑥可移植性好。与汇编语言相比,C 语言程序基本上不做修改就可以运行于各种型

号的计算机和各种操作系统。

C语言也有一些不足之处，例如，C语言运算符及其优先级过多、语法定义不严格等，对于初学者有一定的困难。

由于C语言具有上述特点，因此C语言得到了迅速推广，成为编写大型软件的首选语言之一，许多原来用汇编语言处理的问题可以用C语言来处理。

一个C语言程序的设计过程可以用如图1-2所示框图描述。

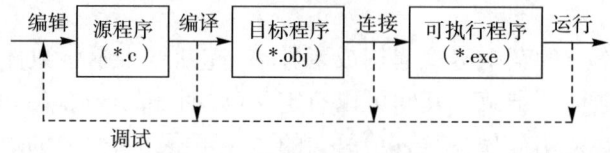

图1-2　C语言程序设计过程框图

下面通过C语言程序案例来进一步了解C语言的特点。

【例1-2】　输入长方体3个棱的值，计算其表面积和体积。

```
1    /* c1_2.c */                          // /* 和 */表示注释
2    #include <stdio.h>
3    int s,v;                              //定义两个全局变量s和v，其他函数也可以使用
4
5    int area(int a,int b,int c)           //函数area，int a,int b,int c是参数，用来接收数据
6    {
7        return 2*(a*b+b*c+a*c);
8    }
9    int volume (int a,int b,int c)
10   {
11       return a*b*c;                     //计算并返回体积
12   }
13   void main()
14   {
15       int a,b,c;                        //定义局部变量a,b,c
16       scanf("%d,%d,%d",&a,&b,&c);       //键盘输入a、b和c，%d用来控制输入的数据格式
17       s=area(a,b,c);                    //调用函数area，传递a,b,c，计算返回的结果交给s
18       printf("area is %d\n",s);         //输出s
19       v=volume(a,b,c);                  //调用函数volume计算体积，计算返回的结果交给v
20       printf("volume is %d\n",v);       //输出v
21   }
```

第1行中，/* 和 */之间为注释信息，编译后被忽略，不运行，主要用来对语句、函数或程序进行说明，从而提高可读性。很多编辑环境也支持用//注释。

程序运行结果如图1-3所示。

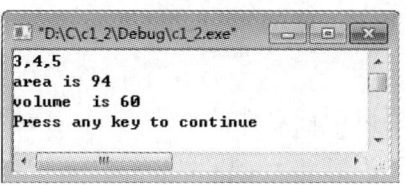

图 1-3　例 1-2 运行结果

本程序由主函数 main 和被调用函数 area、volume 组成,在主函数中输入 3 个棱长 a、b 和 c,然后通过语句 s＝area(a,b,c)调用函数 area,计算结果由 return 语句返回给主函数。同样,通过语句 v＝volume(a,b,c)调用函数 volume,计算结果由 return 语句返回给主函数。这 3 个函数在位置上是独立的,既可以把主函数 main 放在前面,也可以把主函数 main 放在后面。

第 16 行中,scanf 是 C 语言提供的标准输入函数,&a 中"&"的含义是"取地址",scanf 函数的作用是将从键盘上键入的 3 个数,分别输入到变量 a、b、c 标识的内存单元中,或者称对 a、b、c 赋值。

【例 1-3】　计算 $1+2+3+\cdots+10$ 的值。

```
1    #include <stdio.h>
2    void main()
3    {
4        int i,sum;              //定义两个变量 i 和 sum
5        i=1;                    //i 用来计数和累加
6        sum=0;                  //sum 用来求和
7        while(i<=10)            //while 语句构成循环结构,条件是 i<=10
8        {
9            sum=sum+i;          //将 i 累加到变量 sum 中
10           i++;                //i 自增 1
11       }
12       printf("1+2+3+…+10=%d\n",sum);   //输出结果 sum
13   }
```

程序运行结果如图 1-4 所示。

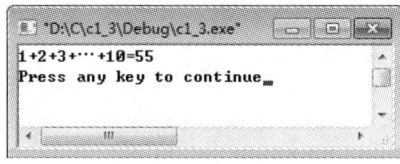

图 1-4　例 1-3 运行结果

程序中使用了累加的算法,具体实现由循环结构和变量 i、sum 配合完成。

i＝1 时,sum＝(0)＋1,i 自增为 2;

i＝2 时,sum＝(0＋1)＋2,i 自增为 3;

i＝3 时,sum＝(0＋1＋2)＋3,i 自增为 4;

……

i=10时,sum=(0+1+2+…+9)+10,i自增为11,因为不满足条件"i<=10"而退出循环。

其实,有很多问题都需要设计针对性的解决方案,有时候简单,但很多情况下可能非常复杂,这就需要研究"算法"。

算法是指解决问题的方法和步骤。编写程序,一是要掌握一门计算机高级语言的规则;二是要掌握解题的方法和步骤,即算法。

正确的算法应具备可行性、确定性、有穷性和必要的输入输出。例如,上面的程序,如果条件换成"i>0",程序将不能终止,不是"有穷"的程序,则是错误的算法。

算法通常用传统流程图、N-S图、伪代码、自然语言和计算机程序语言等表示,这里简单介绍传统流程图。

流程图是用一些图框来表示各种操作。美国国家标准化协会规定了一些常用的流程图符号,如图1-5所示。

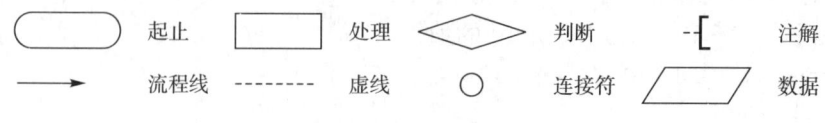

图 1-5　流程图符号

例 1-3 程序的流程图如图 1-6 所示。

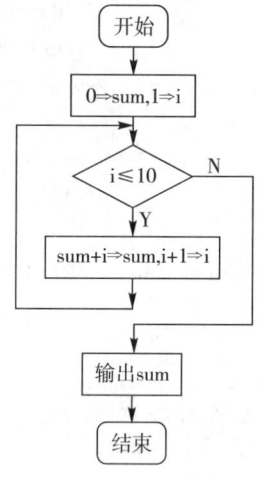

图 1-6　例 1-3 流程图

1.2　C语言编程环境

1.2.1　Visual C++ 6.0 编程环境

Visual C++ 6.0 是美国微软公司开发的集源程序的编写、编译、连接、调试、运行以及应用程序的文件管理于一体的C++集成开发环境,是当前PC机上最流行的C++

程序开发环境。Visual C++ 6.0可以编写控制台程序,其系统中包含C语言的编译器,可以用来编译C程序,不过要求源程序文件的扩展名必须是".c"。

1. Visual C++ 6.0界面

Visual C++ 6.0界面划分成4个主要区域:菜单和工具栏、项目工作区窗口、代码编辑窗口和输出区,如图1-7所示。

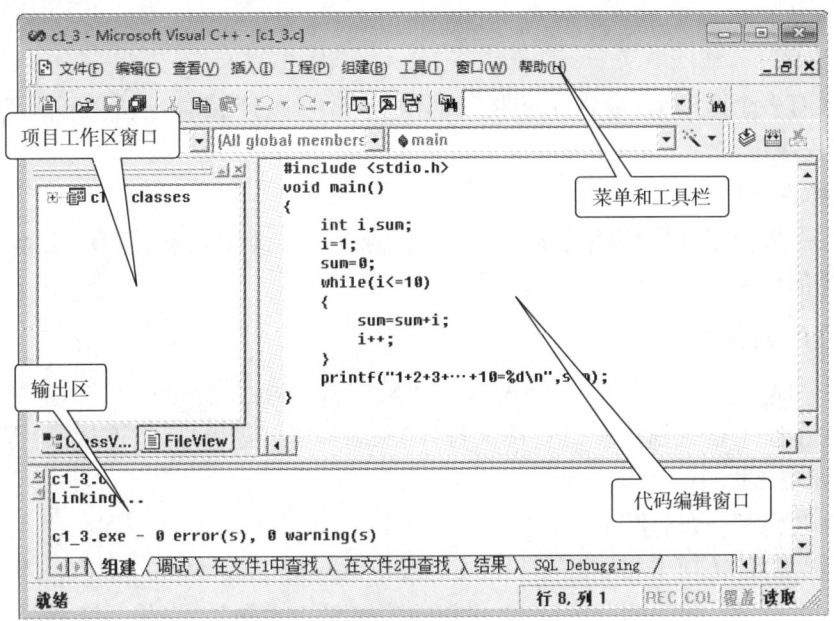

图1-7 Visual C++ 6.0界面

(1)菜单栏

Visual C++ 6.0菜单栏包含了开发环境中几乎所有的命令,它为用户提供了代码操作、程序的编译、调试、窗口操作等一系列功能。与一般Windows应用程序一样,有文件、编辑、查看、插入、工程、组建、工具、窗口、帮助等菜单。

(2)工具栏

通过工具栏,可以迅速地使用常用的菜单命令。最常用的工具栏是标准工具栏,当鼠标指向这些工具时,通常有信息提示工具的含义,因此比较容易掌握。若要显示或隐藏某个工具栏,则在任一工具栏的快捷菜单中选择相应的命令即可。

(3)项目工作区

项目是开发一个程序时需要的所有文件的集合,而工作区是进行项目组织的工作空间。利用项目工作区窗口可以观察和存取项目的各个组成部分。在Visual C++ 6.0中,一个工作区可以包含多个项目。

项目工作区有ClassView、Resource和FileView 3个选项卡,分别用来浏览当前项目所包含的类、资源和文件。

在Visual C++ 6.0中,项目中所有的源文件都是采用文件夹的方式进行管理的,它将项目名作为文件夹,在此文件夹下包含源程序代码文件(.cpp、.h)、项目文件(.dsp)以及项目工作区文件(.dsw)等。若要打开一个项目,则只需打开对应的项目工作区文件。

- ClassView:显示当前项目的类,全局的变量和函数也在这里显示。
- FileView:显示当前项目的源文件、头文件、资源文件等。

(4)代码编辑窗口

一般位于开发环境的右边,各种程序代码的源文件、资源文件、文档文件等都可以通过该窗口显示。

(5)输出区

输出区有多个选项卡,最常用的是"编译"。在编译、连接时,这里会显示有关的信息,供调试程序用。

(6)状态栏

状态栏一般位于开发环境的最底部,用来显示当前操作状态、注释、文本光标所在的行列号等信息。

2. C程序的开发过程

在Visual C++ 6.0中,一个简单C程序的编写、运行过程是:

创建一个空工程→创建一个C源文件,输入源程序→进行编译、连接、运行。

(1)创建空工程

①选择"文件"→"新建"命令。

②选定"工程"选项卡,选择"Win32 Console Application(32位控制台应用程序)",输入工程名:"c1_3",确保单选按钮"创建新的工作区[R]"被选定,输入工程位置:"D:\c\c1_3",如图1-8所示。

注意:D:\c文件夹需要事先建好。

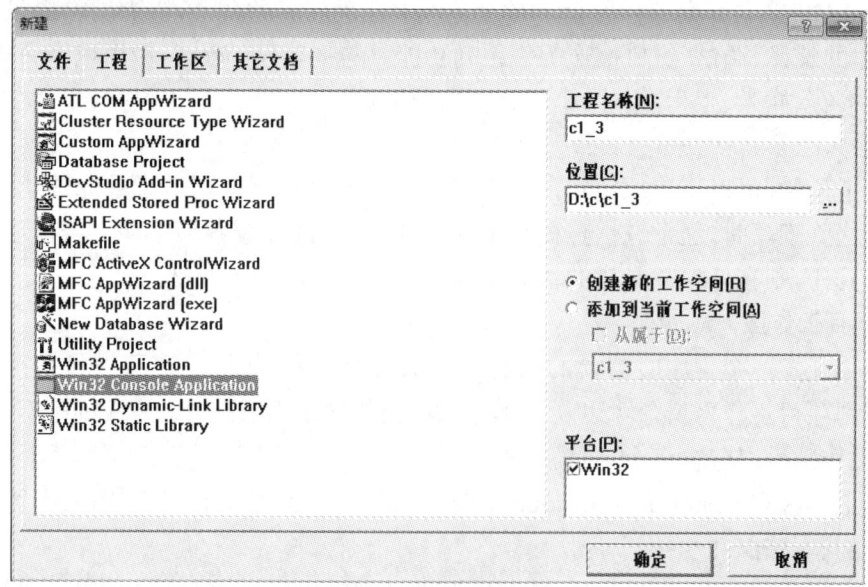

图1-8 "新建"对话框

③在随后弹出的向导对话框中,选择"一个空工程",并选择"完成",显示新建工程的有关信息。

④选择"确定",创建空工程的工作结束。

此时为工程c1_3创建了D:\c\c1_3文件夹,并在其中生成了c1_3.dsp、c1_3.dsw、Debug文件夹。Debug文件夹用于存放编译、连接过程中产生的文件。

(2)创建C源文件

①选择"文件"→"新建"命令。

②选定"文件"选项卡,选定"C++ Source File",并输入源程序文件名"c1_3.c",如图1-9所示。

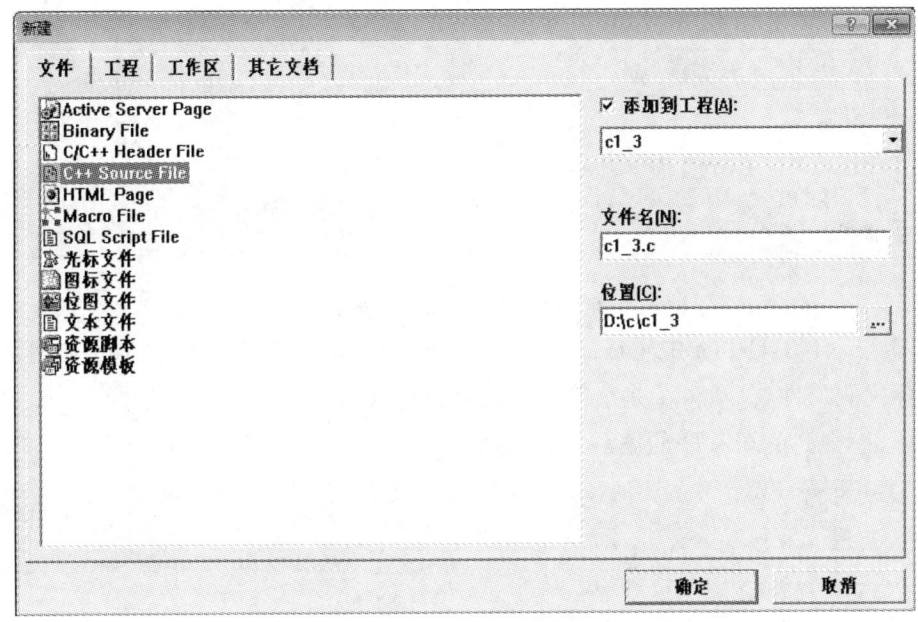

图1-9 新建"C++ Source File"对话框

③输入、编辑源程序。

在这个阶段,D:\c\c1_3文件夹中创建了c1_3.c。

(3)编译、连接和运行

选择"编译"→"执行c1_3.exe"命令进行编译、连接和运行,会在输出区中显示有关信息。若程序有错,则进行编辑,如图1-10所示。

编译、连接和运行可以分别执行。

①编译(Ctrl+F7)。选择"编译"→"编译c1_3.c"命令。编译结果显示在输出区中,如果没有错误,则生成c1_3.obj。

②连接(F7)。选择"编译"→"构建c1_3.exe"命令。连接信息显示在输出区中,如果没有错误,则生成c1_3.exe。

③运行(Ctrl+F5)。选择"编译"→"执行c1_3.exe"命令。

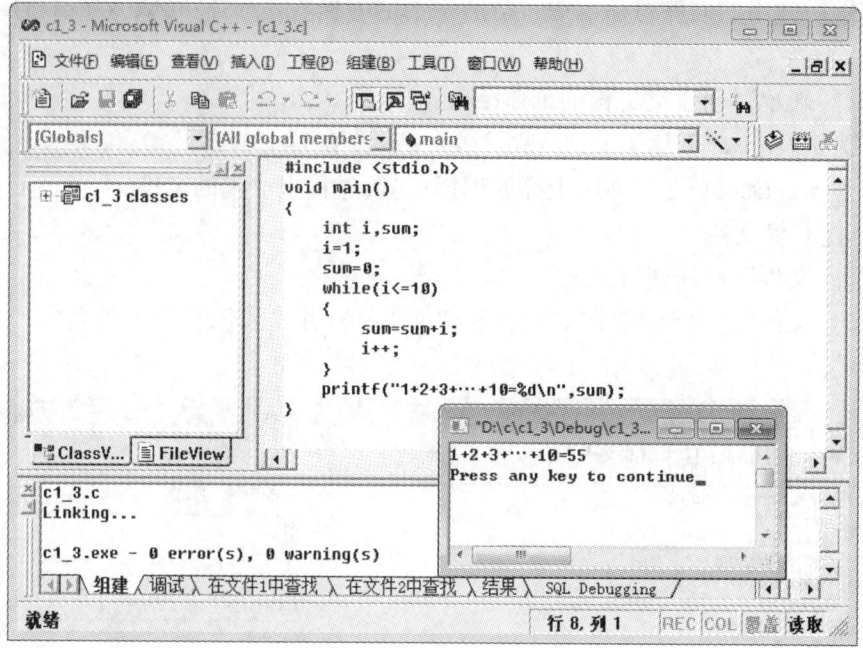

图 1-10 编译和运行的界面

在 D:\c\c1_3\Debug 中生成了 c1_3.obj、c1_3.exe 等文件。c1_3.obj 是编译后产生的目标代码文件，c1_3.exe 是最终生成的可执行文件。

至此，一个简单 C 程序的编写、调试过程结束。如图 1-11 所示。

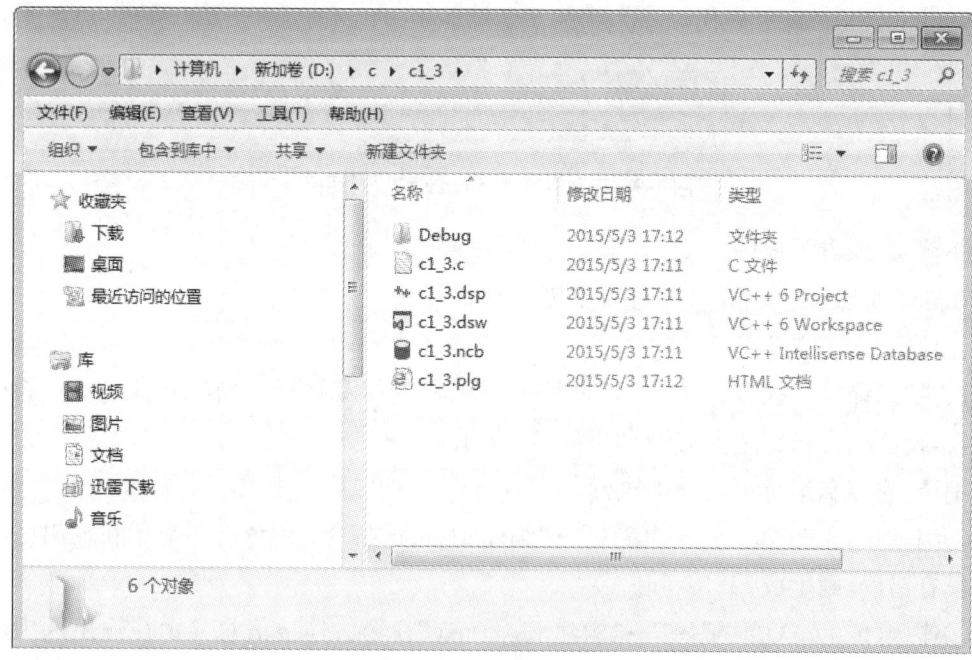

图 1-11　c1_3 工程的文件夹

c1_3.c 文件是最重要的一个文件,源程序就保存在这个文件中,其他文件一般都是系统自动生成的。但是,在 Visual C++ 6.0 中,仅有.c 文件是不能直接编译、连接的,首先需要用"构建"命令让系统自动创建一个工程并将 c1_3.c 文件加入到该工程中,然后才能执行各种操作。因此,程序员可以只复制.c 文件,若要复制整个工程的文件夹,就要删除 Debug 文件夹,因为它占有相当多的存储空间。

1.2.2 Visual Studio 2010

Visual C++ 6.0 在 Windows 一些平台上有兼容性的问题,特别是在 64 位的机器上,而 Visual Studio 2010 是目前常用的开发工具,内置 C 编译器,调试 C 程序也很方便。另外,Visual Studio 2010 Express 版简洁方便,非常适合 C 语言的学习和研究,虽然是 Express 版,但其功能并不弱,作为 C 语言的学习和开发应用平台完全可以胜任。

1. 安装和运行

下载 VC 2010 Express(学习版),运行其中的 setup.exe 安装。安装后运行开始菜单中的"Microsoft Visual C++ 2010 Express"或者找到主程序双击运行,例如:C:\Program Files (x86) \ Microsoft Visual Studio 10.0 \ Common7 \ IDE \ VCExpress.exe。

首次运行界面如图 1-12 所示。

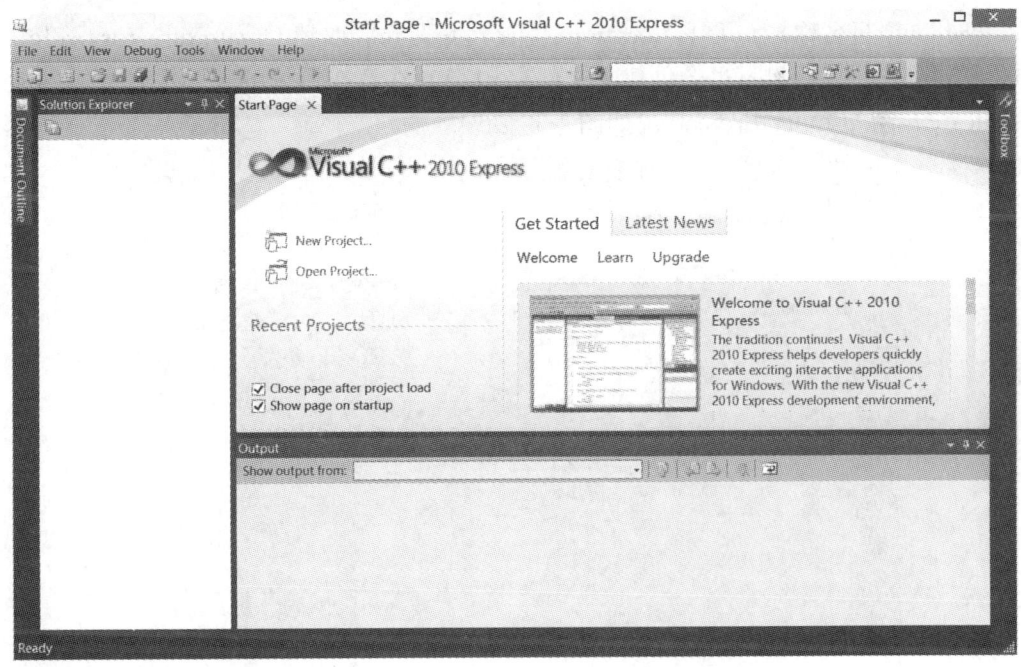

图 1-12　Visual C++ 2010 运行界面

2. 编程环境与使用

单击菜单"File"→"New"→"Project",选择"Win32 Console Application"。如图1-13所示。

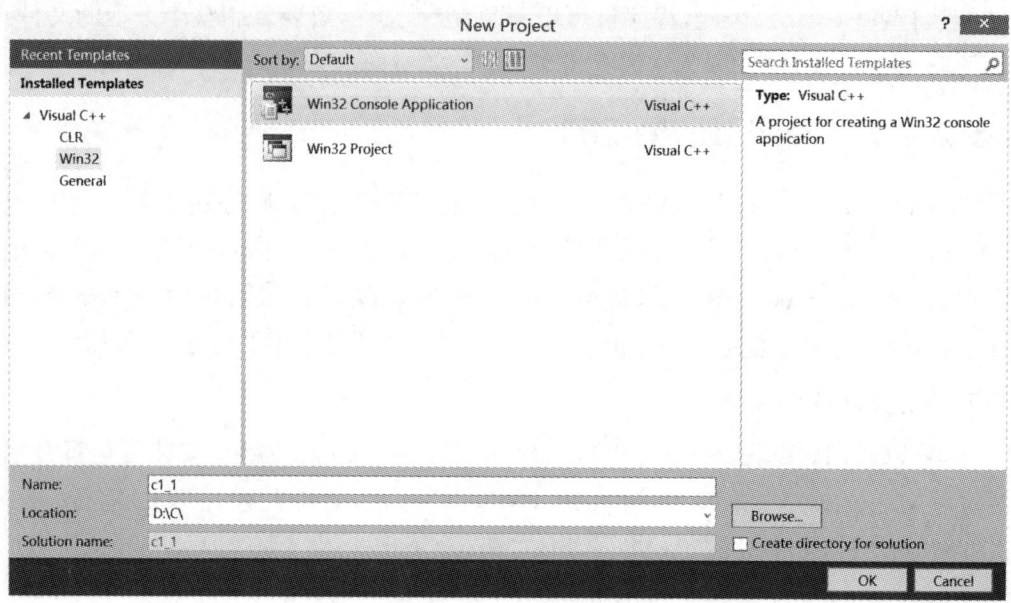

图 1-13　新建 Win32 Console Project

Name(项目名称)为 c1_1,Location(位置)为 D:\c\,取消 Create directory solution 选项(不取消也可以,只不过会创建子文件夹 c1_1),注意在后续的选项中选择"Console Application"和"Empty Project"。如图 1-14 所示。

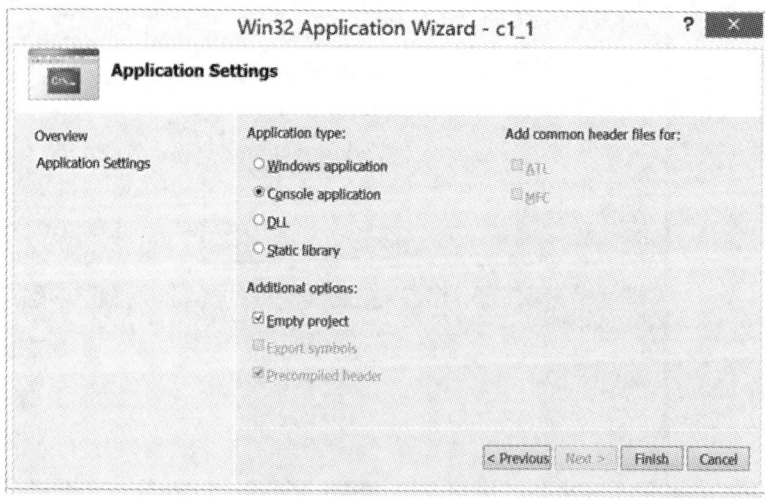

图 1-14　设置 Project 选项

创建好 Project 后，在左侧 Project 名称"c1_1"上右键单击，添加 Item。如图 1-15 所示。

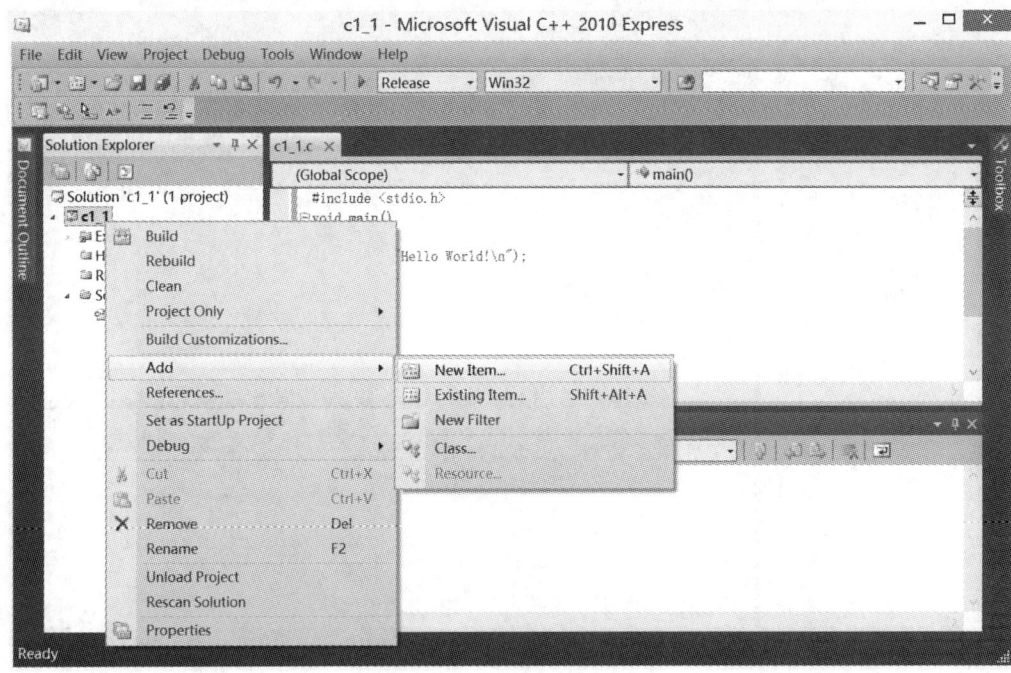

图 1-15　新建 Item

输入程序文档名称，例如"c1_1.c"，注意扩展名为".c"。如图 1-16 所示。

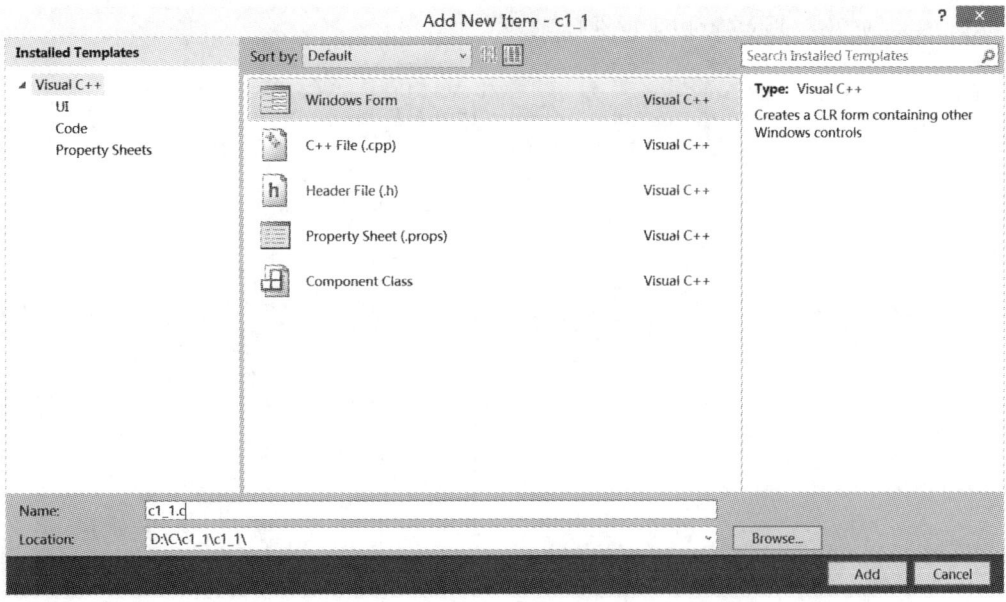

图 1-16　新建 c1_1.c 源程序文件

然后，编写代码，如图 1-17 所示。

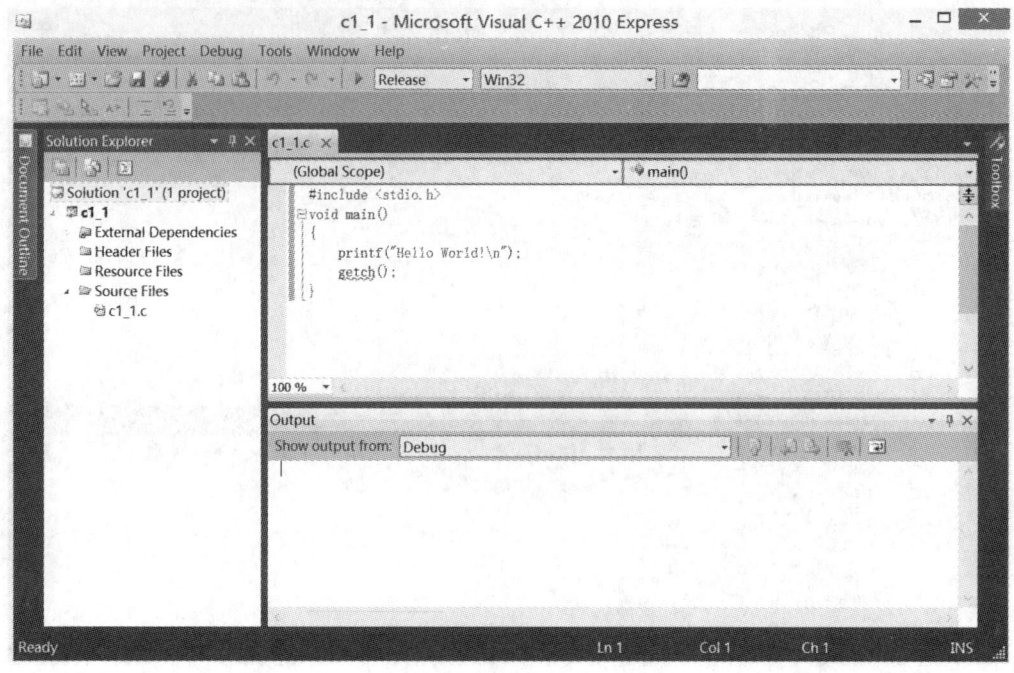

图 1-17　编辑输入代码

点击菜单 Debug/Build Solution 或直接按 F7，编译程序，生成 c1_1.exe 文件，然后按 F5 运行。运行效果和 Visual C++ 6.0 类似。编译运行后将创建 Debug 或 Release 文件夹，文件夹及主要文件如图 1-18 所示。

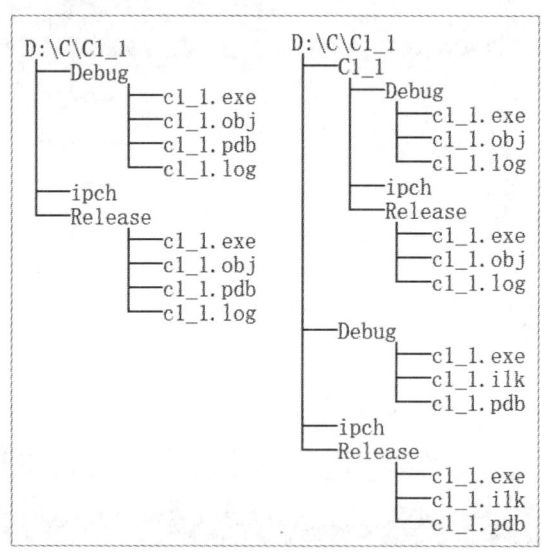

图 1-18　c1_1 项目主要文件列表

图 1-18 的左列为取消 Create directory solution 选项后创建的项目文件夹。
在 Visual C++ 2010 中主要的快捷键有：

F5　　调试运行

F7　　编译

F10　　Step into(单步运行，进入函数)

F11　　Step over(单步运行，不进入函数，把函数当成一条语句)

需要注意，如果将本教材中的所有程序放在 Visual C++ 2010 中调试，可作以下修改：

①将 void main() 改成 int main()。

②在主函数最后一行插入"getchar();"或"getch();"（在 Visual C++ 6.0 和 Dev C++ 中不用加)。

③也可以在.c 文件的图标上右击，选择用 Visual C++ 2010 打开程序，如图 1-19 所示。

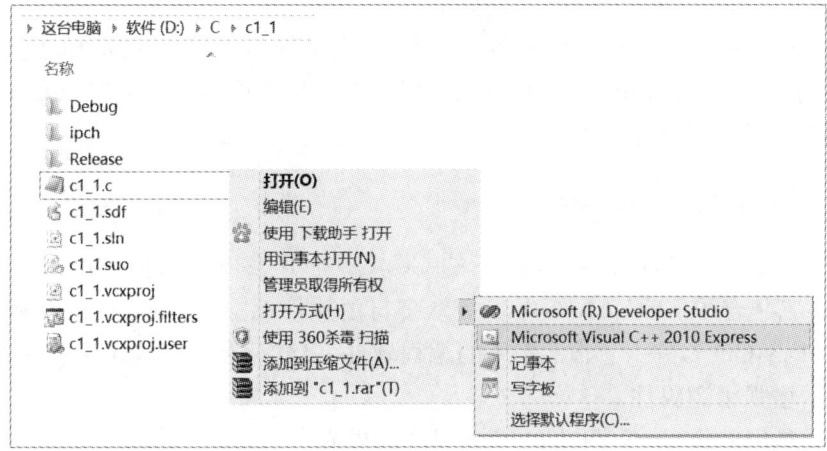

图 1-19　鼠标右击打开 c1_1.c

在后续的选项中，设置所在文件夹和项目名称，如图 1-20 所示，类型选择 Windows Console。

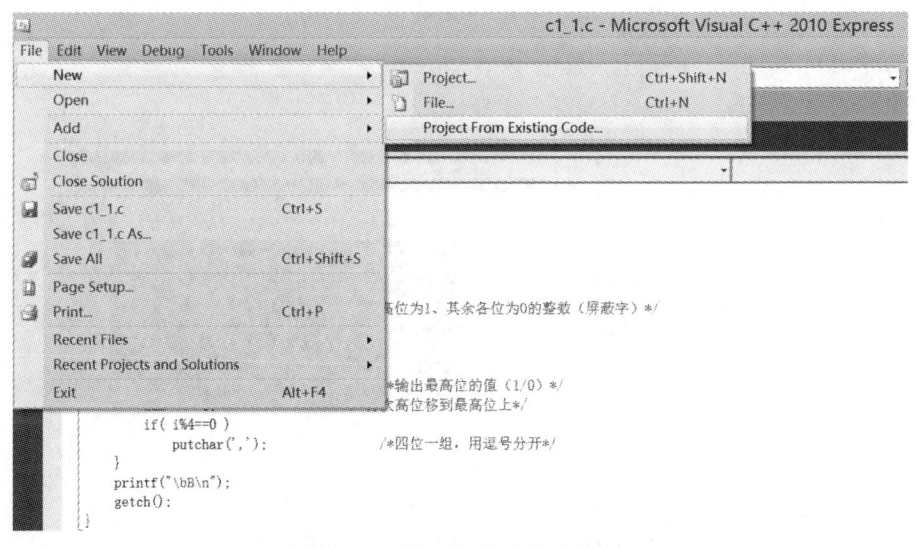

图 1-20　从已知代码创建项目

程序代码的最后一行可以加上"getchar();"或"getch();",程序运行后将暂停,这样方便观察运行结果。也可以加上语句"system("pause");",不过需要在前面加上一条预处理命令:

♯include <stdlib.h>

也可以在右侧项目(c1_3)上右击鼠标,在弹出菜单上选择最后一项"属性",在左边的一栏里找到"配置属性"→"链接器"→"系统",点击"系统"项后,在右边栏的"子系统"中将项的值配置为"控制台(/SUBSYSTEM:CONSOLE)"。

运行时按 Ctrl+F5,将会暂停并出现"请按任意键继续"的提示。

部分 Visual C++ 2010 Express 版安装后编译报错:

fatal LNK1123:转换到 COFF 期间失败,文件无效或损坏。

这是由日志文件引起的错误,调整如下:

选择"项目"→"属性"→"配置属性(Configuration Properties)"→"清单工具(Manifest Tool)"→"输入和输出(Input And Output)"→"嵌入清单(Embed Manifest)",将"是(Yes)"改成"否(No)"即可。

1.2.3 Dev-C++

Dev-C++是一个 Windows 环境下的 C& C++开发工具,是一款自由软件,遵守 GPL 协议。它集合了 GCC、MinGW32 等众多自由软件,并且可以取得最新版本的各种工具支持。Dev-C++是一个非常实用的编程软件,多款著名软件均由它编写而成,它在 C 的基础上,增强了逻辑性。

图 1-21 是用 Dev-C++调试 c1_3.c 程序的界面:

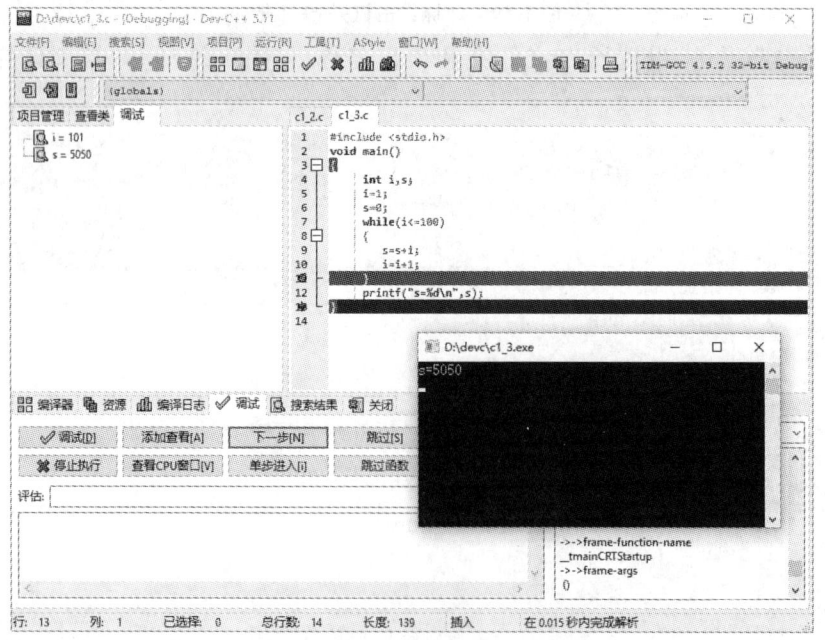

图 1-21　Dev C++编辑运行程序界面

Dev-C++编辑器可以同时编辑多个源程序,并且以页框的形式显示,比较简单方便,对 C99 标准的支持较好。其缺点是版本较旧,没有更新,但对于 C 语言的学习和研究已经足够,所以,Dev-C++也是很多用户喜爱的 C 编辑器。

1.2.4 调试程序和处理错误

下面以 c1_3 为例,阐述如何调试程序和处理错误。

1. 调试运行程序

选择菜单"组建"→"开始调试"→"GO(F5)",程序组建并调试运行。运行后,在信息窗口的调试栏可以看到调试运行的信息,如图 1-22 所示。

图 1-22 调试运行的界面

在 while(i<=10)语句行上按鼠标右键或者按 F9 或者点击工具栏 按钮,可以插入断点,这时候调试运行程序将停在该行,不再继续运行。如图 1-23 所示。

图 1-23 插入断点

调试运行后的状态如图 1-24 所示。

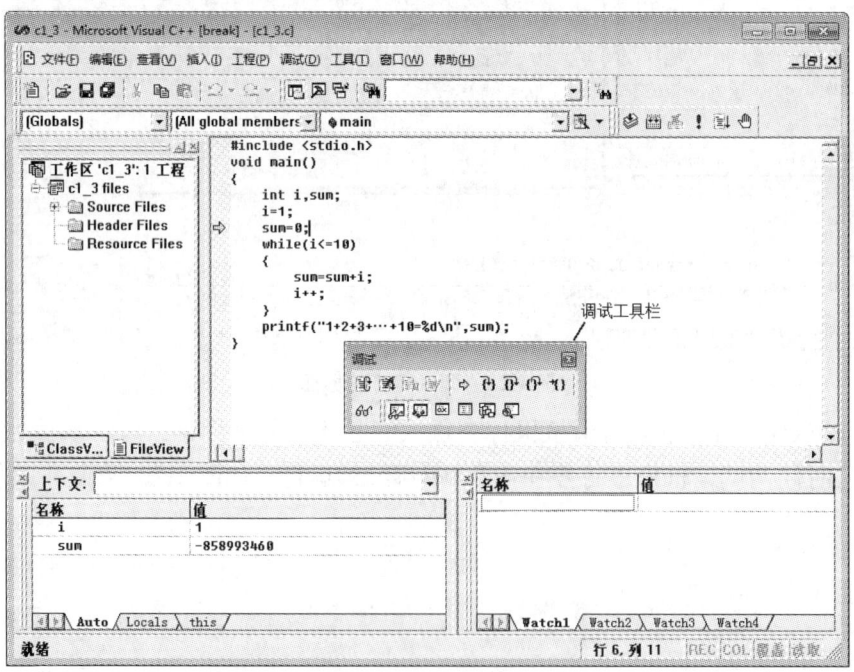

图 1-24 设置断点后调试运行

程序中变量 i、sum 的值在下面有显示。所以,设置断点可以让程序的运行暂时停下来,以便观察程序运行的状态,特别是一些关键变量的值的变化,是否达到预期的效果。

也可以采用单步执行的方式,让程序向前一步步执行。

按 F10 键单步执行,可以看出变量 sum 的值变成 1,这是因为单步执行了 sum=sum+i。如图 1-25 所示。

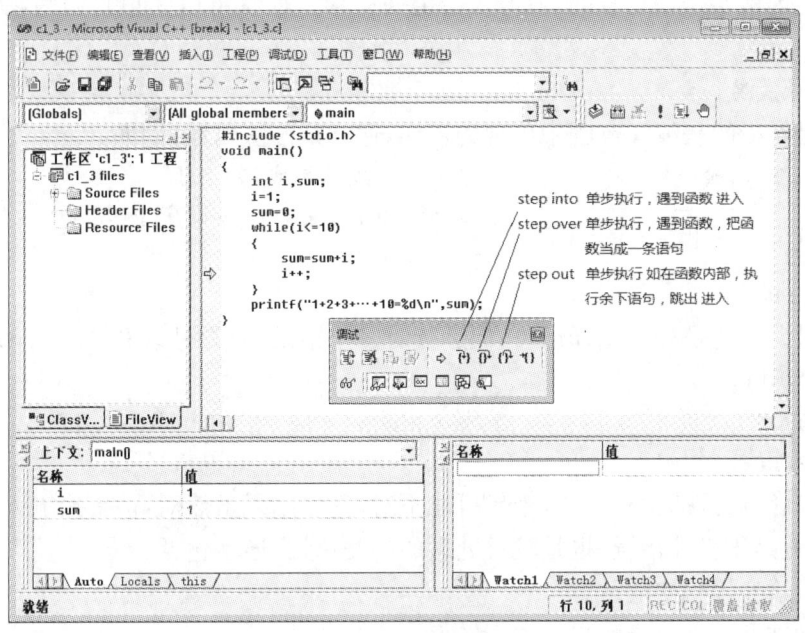

图 1-25 单步执行

单步执行有 step into(F11)、step over(F10)和 step out(Shift+F11)3 种情况,由于涉及调用函数时会有所区别,作为初学者,可以暂时使用 step over(F10)操作。

调试程序过程中,也可以添加 Quick Watch 来观察特定变量或表达式的值的变化,具体操作如图 1-26 所示。

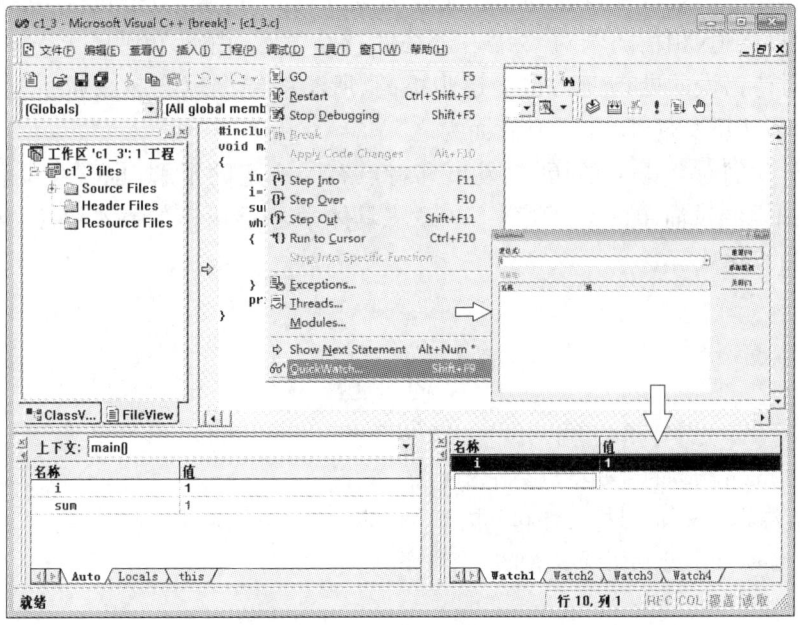

图 1-26 添加 Quick Watch

2. 程序错误及处理方法

程序出现错误是很正常的,就像人会生病一样。症状可以联想到病因,有时候也会相去甚远。

(1) 编译错误

编译错误指的是编译过程中出现的错误,通常是语法错误,例如:

  Printf("%d",n);   // printf 函数要求都是小写字母
  int i=1   // int 类型名和变量 i 名之间没有空格,语句缺少分号
  ……

(2) 运行错误

运行错误指的是程序编译通过,但运行时发生错误,通常是语义的问题,例如:

  int a=0,b;
  b=10/a;   //除 0 错误

(3) 逻辑错误

程序编译、运行都没有问题,结果可能不对,甚至结果虽然对,但更换输入数据,结果却不对,这就是逻辑性错误,也是较难处理的一类错误,通常包括:

①忘记给变量赋初值。
②数据类型不一致导致自动类型转换。
③数组下标越界,但程序过界操作了。
④程序中出现死循环。

避免以上错误,需要扎实的程序语法基础、不断积累的经验和反复有效的调试与修改。有时候可能需要付出时间和空间上的代价,就像交通管理一样,为了减少和避免司机违规,在道路上设置红绿灯、感应器、流量测试设备、各种警示牌等。学习编程语言总是在和错误打交道,相信随着对 C 语言语法的持续学习、由简单到复杂程序的调试、模仿和设计,对待错误的处理能力也会逐步提高,所犯的错误也会越来越少,就像熟练的司机不会轻易违反交规,除非是有意而为之。

到这里,我们对 C 语言的历史、发展和特点有了一定的了解,也学会了利用 Visual C++ 6.0 编辑调试简单的 C 程序,下一章将具体学习 C 语言的基本语法,包括数据类型、运算符和表达式等。

习 题 1

1. C 语言 main 函数的主要特点是什么?
2. C 语言源程序文件、目标文件和可执行文件的扩展名分别是什么?
3. 用 Visual C++ 6.0 调试本章的 3 个程序。

第 2 章　数据类型与运算

考核目标

- 了解:C 语言的各种数据类型。
- 理解:数据类型的概念,常量和变量的概念,数据类型转换的规则。
- 掌握:常量和变量的使用方法,运算符及运算规则、表达式。
- 应用:在程序设计中正确使用常量、变量和表达式。

2.1 数据类型

2.1.1 数据类型分类

数据有类型之分,不同数据的处理方法和运算形式也不一样,即使是相同类型的数据,不同的计算机在存储时也有差别,如 int 类型在 16 位机器和 32 位机器中分别占 2 个和 4 个字节。本书中 int 类型均指在 32 位机器中占 4 个字节。

C 语言提供了丰富的数据类型,详细情况如表 2-1 所示。

表 2-1 C 语言数据类型

数据类型	基本类型	整型	短整型 short
			整型 int
			长整型 long
		字符型 char	
		浮点型	单精度浮点型 float
			双精度浮点型 double
	构造类型	数组	
		结构体 struct	
		共用体 union	
		枚举 enum	
	指针类型		
	空类型 void		

基本类型不可以再分为其他类型,构造类型可分解成若干个"成员"或"元素",指针类型可描述内存单元的地址,空类型也称"无类型",在程序编写中常用于对定义函数的参数类型、返回值、函数中指针类型进行声明。

结构体类型又称结构类型,共用体类型又称联合类型。

枚举类型本质上属于整型,字符型相当于单字节的整型。指针类型数据的值本质上是整型的地址。

本章主要介绍基本类型。

2.1.2 标识符、常量和变量

1. 标识符

标识符是指程序中的变量、符号常量、数组、函数、类型、文件等对象的名字。

标识符只能由字母、数字和下划线组成,且第一个字符必须为字母或下划线。如:student、name、Name,由于 C 语言区分大小写,所以"name"和" Name"是两个不同的标识符。

定义标识符时应该注意：

①不能使用系统的关键字(保留字)，如：char、int、float、double 等。

②不建议使用系统预定义标识符，如：define、include、scanf、printf 等。

③尽量做到"见名知义"，如：max、name 等，而不用 xyz、x1、x2 等。

④避免使用易混字符，如：(1,l,i)、(0,o)、(2,z)等。

所谓"关键字"是指系统预定义的保留标识符，又称为"保留字"。它们有特定的含义，不能再作他用。ANSI C 定义的关键字共 32 个：

auto	double	int	struct	break	else
long	switch	case	enum	register	typedef
char	extern	return	union	const	float
short	unsigned	continue	for	signed	void
default	goto	sizeof	volatile	do	if
while	static				

2. 常量和变量

C 语言中的数据有常量和变量之分。

常量是指在程序运行中其值不能被改变的量，分为直接常量和符号常量。

直接常量，如 100、-30 等。符号常量就是用标识符定义一个常量，例如，可用如下方法定义 PI 代表 3.1415926。

　　♯define PI 3.1415926

这种常量定义在 C 语言中被称为"宏定义"，具体方法将在后面章节中介绍。

变量是指在程序运行过程中，其存储的值可以被改变的量，例如，第 1 章的几个程序中出现的：

　　int i;

　　int a,b,c;

下面开始具体介绍基本类型及对应的常量、变量。

2.1.3　整　型

1. 整型及分类

整型指的是整数类型，这种类型数据没有小数部分。

整型可分为：基本整型(int)、短整型(short int 或 short)、长整型(long int 或 long)。

另外，从有无符号的角度划分，整型又可分为有符号整型(signed)和无符号整型(unsigned)，没有加 unsigned 的整型都是 signed 类型，signed 修饰符可以省略。

表 2-2 中列出了整型及相关数据。

表 2-2 整 型

类 型	字节数	取值范围	
int	4	−2147483648～2147483647	$-2^{31} \sim 2^{31}-1$
unsigned int	4	0～4294967295	$0 \sim 2^{32}-1$
short	2	−32768～32767	$-2^{15} \sim 2^{15}-1$
unsigned short	2	0～65535	$0 \sim 2^{16}-1$
long	4	−2147483648～2147483647	$-2^{31} \sim 2^{31}-1$
unsigned long	4	0～4294967295	$0 \sim 2^{32}-1$

可以看出，unsigned 类型表示 0 或正整数。新的标准中增加了 long long(8 字节)等新类型。

2. 整型常量

C 语言中，整型常量可以用 3 种进制表示，分别是十进制、八进制和十六进制。

十进制的表示方法同数学上的表示方法，如：65、0 等。

八进制的表示方法以 0 开头，由数字 0～7 组成，如：0101、00 等。

十六进制的表示方法以 0x 或 0X 开头，由数字 0～9 和字母 a～f(或 A～F)组成，其中 a～f(或 A～F)分别表示 10～15。如：0x41、0x100 等。

注意：

①除了单个的 0 是十进制常量外，其他以 0 开始的都是八进制常量。

②数据后加 u 或 U，表示是无符号类型，如：65u、100U。

③数据后加 l 或 L，表示是长整型，如：−1L。

④C 语言中不用二进制形式表示整数。

⑤C 语言中，八进制和十六进制数一般是无符号的。

以下是非法的整型常量：

019　　0x6x

2.1.4 实型

1. 实型及分类

实型指的是实数类型，又称"浮点型"，包括单精度浮点数类型(float)、双精度浮点数类型(double)和长双精度类型(long double)。

表 2-3 列出了实型的相关规定。

表 2-3 中所示的数值范围因机器也有微弱的差异，读者可以有针对性地进行测试。

表 2-3 实数类型

类 型	字节数	有效数字位数	数值范围
float	4	6	$-3.4 \times 10^{-38} \sim 3.4 \times 10^{38}$
double	8	15	$-1.7 \times 10^{-308} \sim 1.7 \times 10^{308}$
long double	10	19	$-3.4 \times 10^{-4932} \sim 3.4 \times 10^{4932}$

有效数字是指一个数从左边第一个不为 0 的数字起到精确的数位止,所有的数字(包括 0),称为"有效数字"。

由于计算机中是以二进制形式存储小数,其有效位数和十进制的有效位数没有确定的对应关系,表 2-3 中的有效数字位数仅供参考。

2. 实型常量

C 语言中,实型常量只能用十进制形式表示。

实型常量可以用小数形式或指数形式表示。小数形式由数字序列和小数点组成,如 3.1415926、.0、0.、0.0 等;指数形式由十进制数加上阶码标志"e"或"E"及阶码组成,如 3.1415926e−2 或 3.1415926E−2 表示 3.1415926×10^{-2}。字母 e 或 E 前面称为"尾数",后面称为"指数",二者不能为空,例如,E2 和 2E 都是不合法的。指数部分要求必须是整数。

C 语言中,默认实型常量为 double 类型,若有后缀"f"或"F",则为 float 类型。

2.1.5 字符型

1. 字符型

字符型指的是字符类型的数据,包括有符号字符型(char)和无符号字符型(unsigned char)。

字符型数据占一个字节,其书写形式是用单引号括起的单个字符,例如,'a'、'A'、'0'分别表示 a、A、0 字符,这样的表示方法主要是为了和源程序中所用的其他字符相区别。char 型的取值范围为−128~127,unsigned char 型的取值范围为 0~255。C 语言中 char 型可以看成"1 个字节的 int 型"。

字符型数据包括计算机所用编码字符集中的所有字符。编码字符集包括"常用的 ASCII 字符集"和"扩展的 ASCII 字符集"。常用的 ASCII 字符集包括所有大小写英文字母、数字、各种标点符号字符,还有一些控制字符,一共 128 个,取值范围是 0~127;扩展的 ASCII 字符集包括 ASCII 字符集中的全部字符和另外的 128 个字符,总共 256 个字符,取值范围是 0~255。

字符型数据在内存中存储的是字符的 ASCII 码编码值,例如,'A'和'0'分别存储 ASCII 值 65 和 48。一个字符通常占用内存一个字节。

2. 字符型常量

字符型常量是由一对单引号括起来的单个字符构成,例如,'A'、'0'等都是有效的字符型常量。常用字符的 ASCII 编码值如下:

① 字符'A'~'Z'的 ASCII 码值是 65~90。

② 字符'a'~'z'的 ASCII 码值是 97~122。

③ 字符'0'~'9'的 ASCII 码值是 48~57。

④ 空格字符'␣'的 ASCII 码值是 32。

3. 转义字符

C语言中还有一些特殊的控制字符因为无法直接写出,所以为它们规定了特殊写法:以反斜杠(\)开头的一个字符或一个数字序列,这类字符称为"转义字符",如:'\n'、'\0'等。

表2-4列出了C语言中常见的转义字符及其含义。

表2-4 转义字符表

转义字符	ASCII 值	含 义
\a	7	响铃
\b	8	退格(相当于 Backspace)
\n	10	换行
\r	13	回车(Enter)
\t	9	水平制表符(Tab)
\0	0	空字符
\\	92	反斜杠\
\'	39	单引号'
\"	34	双引号"
\ddd	0~127	1到3位八进制数所代表的字符
\xhh	0~127	1到2位十六进制数所代表的字符

"\ddd"指的是1到3位八进制数所代表的字符,例如,\101表示字符'A',\60表示字符'0'。

"\xhh"指的是1到2位十六进制数所代表的字符,例如,\x41表示字符'A',\x30表示字符'0'。

注意:'0'是字符常量,其值对应ASCII码值48,而0是整型常量,其值就是0。

4. 字符串常量

字符串常量是由一对双引号括起的字符序列,例如,"123456789"、"Hello World"等都是字符串常量。

字符串常量不同于单字节的字符常量,字符常量由单引号括起来,字符串常量由双引号括起来,字符常量只占一个字节的内存空间。字符串常量存储串中所有字符和串结束标记'\0',其ASCII值为0,该字符由系统自动加入到每个字符串的结束处。所以,字符串常量实际所占的内存字节数等于字符串中的字符数加1。

例如,字符串常量"123456789"的存储情况如图2-1所示。

| 1 | 2 | 3 | 4 | 5 | 6 | 7 | 8 | 9 | \0 |

图2-1 字符串"123456789"的存储形式

所以,""虽然表示为空字符串,但由于包含'\0',因此仍占一个字节。

字符串中也可以有转义字符,例如,前面的程序中用到的转义字符\n。

"Hello World! \n"

2.2 数据的存储

在程序运行过程中,需要利用常量和变量来实现对数据的存储和使用。常量的值是不能变化的,变量通过标识符说明为变量名,变量名和内存单元地址存在映射关系,程序可以通过变量名寻址,从而访问其存储的数据。

2.2.1 变量的说明

在 C 语言中,变量说明的格式为:

数据类型 [变量名 1,变量名 2,…,变量名 n];

其中[]括起来的部分为可选项,省略号为多次重复,如:

  int i,j;
  float f;
  long a,b,c;

变量具有 4 个基本要素:名字、类型、初值和作用域。

变量名,标识符的一种。利用变量名可以间接访问内存数据。变量存储单元地址可用"& 变量名"求得,例如,"&a"表示变量 a 的地址。

变量的数据类型既可以是基本数据类型,也可以是复杂数据类型。变量的数据类型决定了变量所占内存空间的大小。用长度运算符 sizeof() 可以求出任意类型变量存储单元的字节数,例如,sizeof(a)、sizeof(int)等;变量的数据类型决定变量可以进行的相应的操作,例如,两个整型变量 a、b 可以进行 a%b 运算,实型的数据则不允许。

变量的作用域指变量在程序中作用的范围,即该变量名在某段代码区域是否有意义。从作用域的角度出发,可将变量分为全局变量和局部变量。具体内容将在后面函数章节中详细介绍。

变量的初值指的是,第一次使用变量时,变量必须有一个唯一确定的值,这个值即是变量的初值。给变量赋初值有两种方式:

①变量说明时直接赋初值,称为变量的初始化,如:

  int a=10,b=20;

②用赋值语句赋初值,如:

  float x;
  x=10.0;

没有被赋值的变量其初值取决于存储类型,静态存储的变量将自动为 0,否则被随机初始化。

变量可以被多次引用,其值可以被随时修改。

2.2.2 整型变量

C 语言中的整型数据分为有符号和无符号两大类。

下面定义一些整型变量:

unsigned int a=65,b=4294967295;

因为无符号整数按二进制存储,变量 a、b 均占 4 个字节,分别存储为:

a 00000000 00000000 00000000 01000001
b 11111111 11111111 11111111 11111111

图 2-2　无符号整数存储

如果定义为有符号的整数:
　　int a=65,b=-2147483648,c=-1;
则 a、b、c 分别存储为:

a 00000000 00000000 00000000 01000001
b 00000000 00000000 00000000 00000000
c 11111111 11111111 11111111 11111111

图 2-3　有符号整数补码存储

a 的存储和无符号一样,b 是有符号整数的最小数(-2147483648)。c 的存储和无符号数完全不一样。

对于有符号整数,C 语言采用计算机领域通用的做法:用补码(complement)表示。假设 int 型整数 a 占 4 字节,32 位二进制数,规则如 2.1 式所示。

$$a 的补码 = \begin{cases} a & (0 \leqslant a \leqslant 2147483647) \\ 2^{32}-|a| & (-2147483648 \leqslant a < 0) \end{cases} \quad (2.1)$$

即:0 和正数的补码与其原码相同,负数的补码是借用 2^{32} 减去该数的绝对值(加该数)。例如,上面的 c:$2^{32}-|c|$ 相当于 4294967296-1,即 4294967295,其二进制形式是 32 个 1。

所以,有符号的数转换方法如下:0~2147483647,直接转换成二进制;-2147483648~-1,转换步骤如下:

①取绝对值,如|-2|等于 2。
②$2^{32}-|a|$,如 $2^{32}-|-2|$ 等于 4294967296-2,等于 4294967294。
③转换成二进制,如 11111111 11111111 11111111 11111110。
补码形式转换为十进制形式的步骤正好相反。

2.2.3　实型变量

为了扩大表示数的范围,实型数据是按指数形式存储的,存储格式如图 2-4 所示。

尾数和指数以十进制数表示,二进制形式存储,至于尾数和阶码各占多少二进制位,标准 C 并无具体规定。尾数部分占的位数越多,数的有效数字越多,精度越高;指数占的位数越多,则表示数的范围越大。

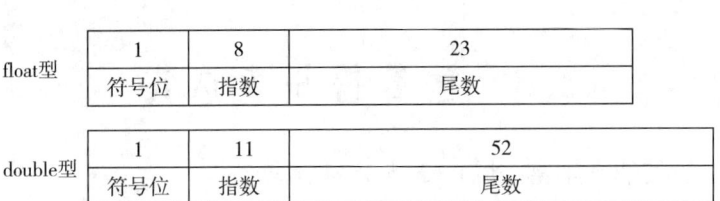

图 2-4　实型数的存储示意图

2.2.4　字符变量

C 语言中,字符类型数据的存储与整型数据的存储十分相似,也分成有符号和无符号两种,只是用一个字节 8 位二进制信息存储字符类型数据。

【例 2-1】　演示变量的存储和引用。

```
1   #include <stdio.h>
2   void main()
3   {
4       char c;                        //定义字符型变量 c
5       int i;                         //定义整型变量 i
6       double d;                      //定义实型变量 d
7
8       c='A';                         //给字符型变量 c 赋值'A'
9       i=-1;                          //给整型变量 i 赋值-1
10      d=3.1415926;                   //给实型变量 d 赋值 3.1415926
11
12      printf("c=%d,c=%c\n", c, c);   //将字符型变量 c 分别用%d 和%c 两种格式输出
13      printf("i=%d,i=%x\n", i, i);   //将整型变量 i 分别用%d 和%x 两种格式输出
14      printf("d=%f,f=%.8f\n", d, d); //将实型变量 d 分别用%f 和%.8f 两种格式输出
15  }
```

运行程序,结果如图 2-5 所示。

%d 表示用十进制整数形式输出,%c 表示用字符形式输出,%f 表示用小数形式输出实型数,%x 表示用十六进制输出整数。

第 13 行,整型变量 i 用%x 格式输出为"ffffffff",用二进制表示为"11111111111111111111111111111111"。

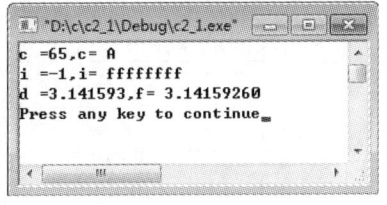

图 2-5　例 2-1 的运行结果

第 14 行,"%f"默认输出 6 位小数,第 6 位四舍五入;"%.8f"输出 8 位小数,第 8 位补 0。

2.3 运算符与表达式

C语言的运算符非常丰富,共有13类45个运算符。

除控制语句、输入输出语句以外,几乎所有的基本操作都作为运算符处理。运算符的使用方法也非常灵活,是C语言的主要特点。

C语言运算符如表2-5所示。

表2-5 C语言运算符的类型

优先级	运算符	名称	结合方向
1	( )	括号,改变优先级	→
	[ ]	数组下标	
	. ->	成员选择运算符	
2	++ --	自增、自减运算符	←
	&	取地址	
	*	取内容	
	!	逻辑求反	
	~	按位求反	
	+ -	正、负号	
	(数据类型)	强制转换	
	sizeof( )	计算数据类型长度	
3	* / %	乘法、除法、求余	→
4	+ -	加、减	
5	<< >>	左移、右移	
6	< <= > >=	小于、小于等于、大于、大于等于	
7	== !=	等于、不等于	
8	&	按位与	
9	^	按位异或	
10	|	按位或	
11	&&	逻辑与	
12	||	逻辑或	
13	?:	条件运算符	←
14	= += -= *= /= %= <<= >>= &= ^= |=	赋值运算符	←
15	,	逗号运算符	→

本节将重点介绍算术运算符、赋值运算符、逗号运算符。其余运算符将在以后各章中陆续介绍。

注意：

①运算符与操作对象即操作数的关系，包括操作数的个数（单目、双目、三目）和操作数的类型。

②结合方向：左结合、右结合。

③运算符的优先级。

④运算结果的数据类型：不同类型数据运算将发生类型转换。

表达式是运算符连接操作数形成的式子。C语言表达式总对应一个运算结果（值）。单个的常量或变量也可以看作一个表达式。

2.3.1 算术运算符与算术表达式

1. 基本算术运算符

C语言中基本的算术运算符共有5个，分别为：

+（加）、-（减）、*（乘）、/（除）、%（取模，或称求余运算符）

以上算术运算符为双目运算符，结合方向均为→。

"+、-、*、/"运算符的两个操作数既可以是整数，也可以是实数。当两个操作数均为整数时，其结果仍是整数；如果参加运算的两个数中有一个为实数，则结果是double型。

5/2和5.0/2的结果分别是2和2.5。前者两个操作数都是整数，所以是"整除"，后者的两个数中5.0是实型，所以是"实除"。

"%"运算符仅用于整型变量或整型常量的运算，a%b结果为a除以b的余数，余数的符号与被除数相同，如：17%3的值为2，17%-3的结果为2，-17%4的结果为-1。

2. 基本算术表达式

由基本算术运算符、括号以及操作对象组成的符合C语言语法规则的表达式称为"基本算术表达式"，如：(b*b-4*a*c)/2。

一个表达式中若有多个运算符，则按优先级顺序运算。先（*、/、%），后（+、-）。如果优先级相同，则按结合方向运算。如：a+b-c*2%3。

先按优先级，*和%优先运算，因为*和%优先级相同，按结合方向，先左"*"后右"%"。

3. 自增自减运算符：++和--

自增运算符"++"和自减运算符"--"是两个单目运算符，具有右结合性。其作用是：作用于变量，使变量的值自增1或自减1。例如："++i,i--"相当于"i=i+1,i=i-1"。

自增自减运算符作用对象必须是变量（可存取的对象），以下都是错误的：

++8、--(a+1)

自增自减运算符因为可以放在变量的前后，所以分为前缀运算与后缀运算两种情况。

前缀运算的运算规则是"先运算后引用"，**后缀运算**的运算规则是"先引用后运算"。

例如：
```
int i, j;
i=5;
j=++i;                    //前缀运算,"先运算",i 变成 6,"后引用",j 等于 6
i=5;
j=i++;                    //后缀运算,"先引用",j 等于 5,"后运算",i 变成 6
```

自增自减运算符如果多次出现在一个表达式中,将带来程序阅读上的困难,一般不建议这样设计程序,作为初学者可以从下面的例子中了解其中的复杂性。

【例 2-2】 演示自增自减运算符。

```
1    #include <stdio.h>
2    void main()
3    {
4        int i,j;
5        i=5;j=(i++)+(++i);              //相当于 6+6
6        printf("%d,%d\n",i,j);
7
8        i=5;j=(++i)+(++i);              //相当于 7+7
9        printf("%d,%d\n",i,j);
10
11       i=5;j=(++i,i)+(++i);            //相当于 7+7
12       printf("%d,%d\n",i,j);
13
14       i=5;j=(++i)+(++i)+(i++);        //相当于 7+7+7
15       printf("%d,%d\n",i,j);
16
17       i=5;j=(++i)+(++i)+(++i);        //相当于 7+7+8
18       printf("%d,%d\n",i,j);
19
20       i=5;j=(++i)+(++i)+(i++,i);      //相当于 8+8+8
21       printf("%d,%d\n",i,j);
22   }
```

运行程序,结果如图 2-6 所示。

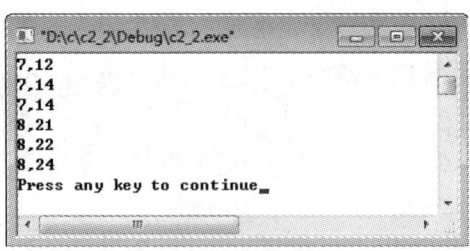

图 2-6　例 2-2 的运行结果

读者还可以尝试下面的语句：
  printf("%d,%d\n",i+j,j++);
  printf("%d,%d\n",i+j,++j);
  ...

自增自减运算符常用于循环语句中，使循环变量自动加 1 或减 1，也可用于指针变量，使指针指向上或下一个地址，使得程序相当简洁，一个表达式中相同的变量不建议有多个这样的运算符出现。

4. 算术表达式的书写

数学中的很多式子用计算机语言表示是有一定区别的，下面是一些常见的表示方法：

$$\frac{n(n+1)}{2}$$

表示成 C 语言的表达式为：

$$n*(n+1)/2$$

其中数学中省略的乘号"×"在计算机中不能省略，写成"＊"，除法只能用"/"表示。
再比如：

$$\frac{-b+\sqrt{b^2-4ac}}{2a}$$

表示成 C 语言的表达式为：

$$(-b+sqrt(b*b+4*a*c))/(2*a)$$

sqrt 是计算平方根的函数。

2.3.2 赋值运算符与赋值表达式

1. 赋值运算符

C 语言中赋值运算符为"＝"，它的一般形式为：
  变量＝表达式
赋值运算符"＝"可以理解成"←"，即将"＝"右边的表达式的值赋给其左边的变量。例如：
  i=5;   /*表示把一个常量 5 赋给变量 i*/
  j=i+5;   /*表示将表达式 i+5 的值赋给变量 j*/

注意：左边必须是变量，右边可以是复杂的表达式。
如果赋值运算符两侧的类型不一致，在赋值时要将表达式的结果转换成变量的类型，然后再赋给变量。
赋值运算符的结合方向为"←"。例如：
  int a,b;
  a=b=100;   //先 b=100,然后 a=(b=100),"b=100"称为"赋值表达式"
连续赋值，只有最后一步有效。例如：

```
int a;
a=100;a=200;          //变量 a 的当前值是 200,原来的值 100 已经被"覆盖"
```

2. 复合赋值运算符

在赋值运算符"="之前加上其他运算符可以构成复合赋值运算符。

在 C 语言中,可以使用的复合赋值运算符有:

算术运算符和赋值运算符构成:+=、-=、*=、/=、%=。

位运算符和赋值运算符构成:<<=、>>=、&=、^=、|=。

例如:

  a+=100;等价于 a=a+100;

  a*=b;等价于 a=a*b;

C 语言中采用这种复合运算符,一是为了简化程序,使程序精练;二是为了提高编译效率,产生质量较高的目标代码。

复合赋值运算符属于双目运算符,具有右结合性,优先级与赋值运算符相同。

复合赋值运算符不宜多用,下面的应用会带来一定的副作用:

  a=b*=c+d;易于误解为:b=b*c;a=b+d;

解决的办法很简单,就是多加括号,例如:

  a=(b=b*(c+d));

2.3.3 逗号运算符与逗号表达式

1. 逗号运算符

逗号运算符","是一种特殊的运算符,其作用是将两个表达式连接起来,例如:

  a=100,b=a+200;

2. 逗号表达式

用逗号运算符连接两个或两个以上的表达式所形成的新表达式就是逗号表达式,其一般形式为:

  表达式 1,表达式 2,表达式 3,…,表达式 n

逗号表达式的求值过程是:按从左到右的顺序依次求表达式 1 的值,再求表达式 2 的值……最后计算表达式 n 的值,最后的表达式 n 的值就是整个逗号表达式的值。

例如:

```
int a=1;
printf("%d,%d\n",(a+1,a+2,a+3,a+4,a+5),a);
```

结果为:

6,1

2.4 数据类型转换

2.4.1 类型转换概述

不同类型数据的存储长度和存储方式不同,一般不能直接混合运算。例如:

5+0.5

5 是整型,0.5 是实型,二者存储形式完全不同,需要统一为一种类型才能相加。另外,统一成何种类型最好?"5+0.5"中很显然都统一成实型最好,可以保证结果的正确性,如果统一成整型,结果就错了。

所以,在转换中,不同类型之间的转换会出现一些问题,需要注意。

1. 数据类型的差异

如果把存储数据范围更大、精度更高的数据类型看成"更高级"的类型,那么常用数据类型的差异性表现为:

double＞float＞long≥int＞short＞char

unsigned ＞signed

2. 类型转换产生的效果

不同类型的数据转换可能产生以下效果:

(1)类型"级别"的提升与降低

例如:5+0.5,5 转换成实型(double),"级别"提升。

(2)符号位扩展与零扩展

例如:int a='A';

'A'的二进制形式和 int a 的二进制形式如图 2-7 所示。

| 'A' | 0 1 0 0 0 0 0 1 |

| a | 0 0 0 0 0 0 0 0 0 0 0 0 0 0 0 0 0 0 0 0 0 0 0 0 0 1 0 0 0 0 0 1 |

图 2-7 'A'的二进制形式和 int a 的二进制形式

从图 2-7 中可以看出,int a 的高 24 位进行了 0 扩展。

再比如:

char c=−1;

int a=c;

| c | 1 1 1 1 1 1 1 1 |

| a | 1 1 1 1 1 1 1 1 1 1 1 1 1 1 1 1 1 1 1 1 1 1 1 1 1 1 1 1 1 1 1 1 |

图 2-8 c 的二进制形式和 int a 的二进制形式

从图 2-8 中可以看出,int a 的高 24 位进行了符号位扩展。

(3)截去高位产生数值的变化

反过来可以想到,如果把长类型的数据赋值给短类型的变量,必然将产生丢失高位字节的效果。

(4)丢失精度

当实数转换成整数时,由于截去小数将丢失精度。

当 double 型转换成 float 型时,有效数字减少(四舍五入),精度丢失。

当 long 型转换成 float 型时,由原来可达 10 位整数变成只有 7 位有效数字,精度丢失,但由于数的范围扩大了,数据类型从较低级提升到较高级。

为了提高编程效率,增加应用的灵活性,C 语言允许不同数据类型相互转换。

C 语言的类型转换有 3 种方式:类型自动转换、赋值类型转换和强制类型转换。

2.4.2 自动类型转换

在进行各种类型的数据混合运算时,一般先要进行类型转换。将不同类型的数据转换成同种类型然后进行计算,这种类型转换是系统的自动类型转换。系统自动按运算顺序将低级的数据直接转换成高级的数据,以保证运算的精度,具体规则如图 2-9 所示。

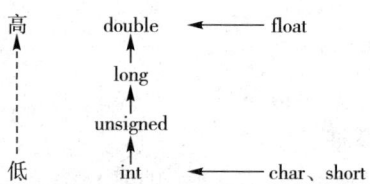

图 2-9 自动类型转换规则

图 2-9 中,从右向左的箭头表示:char 和 short 在运算时自动转换成 int,float 在运算时自动转换成 double;从下向上的箭头表示:混合运算时,低级的会转换成高级的类型再运算。

自动类型转换的原则是"精度不降低"。低级数据自动转换成高级数据,就能够保证这点。

2.4.3 赋值类型转换

在赋值运算时,如果赋值运算符两侧的类型(指基本类型)不一致,系统自动将表达式的值转换成变量的类型存到变量的存储单元中,转换的情况可能有以下几种:

①整型数据赋给实型变量时,数值上不发生任何变化。如:

    float f; f=100;

②实型数据赋给整型变量时,小数部分将被舍弃。如:

    int a=3.1415;   //内存中变量 a 的值为 3

③短的有符号整型数据赋给长整型变量时,需要进行符号位扩展,短的无符号的整型数据赋给长整型变量时,需要进行 0 扩展。

④长整型数据赋给短的整型变量时,有可能溢出。如:

  char c=321;

溢出后 c 的值为 'A'。

⑤同长度有符号整型数据赋给无符号整型变量时,数据将失去符号位功能。如:

  unsigned int i=-1;

则 i 的值为 4294967295。

⑥同长度无符号整型数据赋给有符号整型变量时,数据将得到符号位功能。如:

  int i=4294967295u;

则 i 的值为-1。

2.4.4 强制类型转换

有时为了达到某种目的,需要将一个表达式的类型转变成所需的类型,这时就要用到强制类型转换。C 语言特别设计了强制类型转换运算符,其形式为:

  (类型)(表达式)

强制类型转换用于不能自动转换的情况。例如:

  (int) 5.0 % 3   实型数据求余运算,5.0 转换成 int 型 5 再进行%运算
  (int)(x+0.5)   第一位小数的四舍五入算法
  (int)(x*10+0.5)/10.0 第二位小数的四舍五入算法

注意:(double) 5/2 不同于(double)(5/2),前者是 5 转换成 double 型再除以 2,结果等于 2.5;后者是 5 整除 2 得到 2 后转换成 double 型,结果为 2.0。

强制类型转换运算符的优先级同所有单目运算符,高于基本算术运算符。

2.5 综合案例

案例 2-1 编写程序输出"ABCDEFGHI"

◆**任务**

用 printf 函数逐个输出字符 ABCDEFGHI,采用不同的输出格式控制。

◆**分析**

输出单个字符的方式很多,例如:'A'、'\103'、0105、0x46 等,具体如下面的代码。

◆**代码**

```
1    #include <stdio.h>
2    #define CI 'I'                   //定义一个符号常量 CI
3    main()
4    {
5        char c='B';
6        printf("%c",'A');            //直接输出字符'A'
```

```
7       printf("%c",c);              //输出变量c,变量c存储的就是'B'
8       printf("%c",'\103');         //以八进制的转义字符形式输出'C'
9       printf("%c",'\x44');         //以十六进制的转义字符形式输出'D'
10      printf("%c",0105);           //将八进制整型数0105以字符形式输出
11      printf("%c",0x46);           //将十六进制整型数0x46以字符形式输出
12      printf("%c",0x47);           //将十六进制整型数0x47以字符形式输出
13      printf("%c",72);             //将十进制整型数72以字符形式输出
14      printf("%c",CI);             //将宏定义的符号常量CI以字符方式输出
15      printf("\n");                //输出换行符\n
16   }
```

输出结果如图2-10所示。

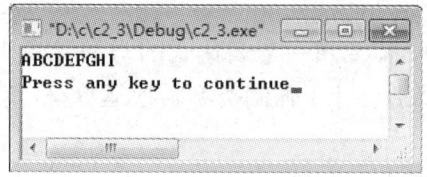

图2-10 案例2-1的运行结果

案例2-2 调试程序

✦任务

调试程序,观察其中不同类型的数据混合运算的情况、小数精确度的存储问题以及自增自减运算符的使用情况。

✦分析

大数和小数的加法运算,小数可以被忽略。小数的精确度和位数并没有必然的联系;自增自减运算符的前后缀运算是有区别的。

✦代码

```
1    #include <stdio.h>
2    void main()
3    {
4        int i,j;
5        float x, y;
6
7        x=1234567890000000000.0;
8        y=x+0.12345;
9        printf("x=%f, y=%f\n", x, y);
10       x=0.999969482421875;
```

```
11      y=0.99999999;
12      printf("x=%.15f\n",x);            //%.15f 表示输出 15 位小数
13      printf("y=%.8f\n",y);
14
15      i=5;
16      j=++i+i++;
17      printf("%d,%d,%d\n",i,++i,i++);
18      printf("%d,%d,%d\n",i+j,++j,j++);
19  }
```

运行结果如图 2-11 所示。

```
"D:\c\c2_4\Debug\c2_4.exe"
x=1234567939550609400.000000, y=1234567939550609400.000000
x=0.999969482421875
y=1.00000000
8,8,7
22,13,12
Press any key to continue
```

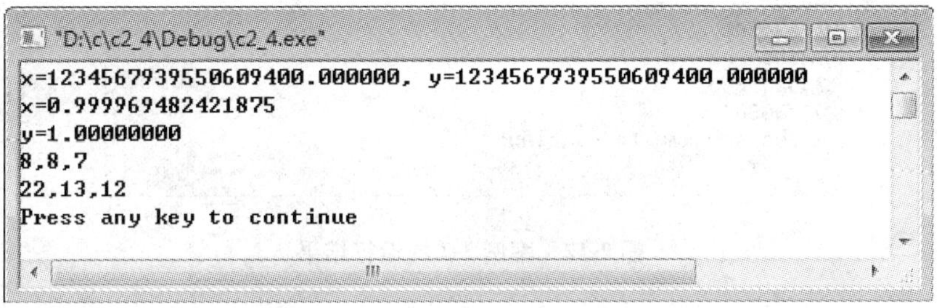

图 2-11 案例 2-2 的运行结果

案例 2-3 演示类型转换

✎ 任务

调试程序,观察其中不同类型数据的输出情况。

✎ 分析

对于类型不一致的数据,printf 函数输出是有区别的。

✎ 代码

```
1   #include<stdio.h>
2   int main()
3   {
4       char c='A';
5       int i=256+65;
6
7       printf("%c,%d,%x\n",c,c,c);
8       printf("%c,%d,%x\n",i,i,i);       //不同类型的表达式按整型输出
9       printf("%d,%d\n",1+'0',1.0+'0');  //正常输出
10      printf("%f\n",1.2345);            //正常输出
```

```
11      printf("%d\n",12345);              //实型用整型格式输出
12      printf("%d\n",1.2345);             //整型用实型格式输出
13      printf("%f\n",12345);
14
15      return 0;
16  }
```

运行结果如图 2-12。

图 2-12 案例 2-3 的运行结果

习题 2

一、选择题

1. 以下选项中_____是正确的整型常量。
   A. 3A   B. 03A   C. 0x3A   D. A3

2. 若有定义："int a=9,b=5,c;",执行语句"c=a/b+0.2;"后,c 的值是_____。
   A. 1.2   B. 1   C. 2.0   D. 2

3. 下列_____是正确的赋值语句。
   A. 10=a;   B. x=5=4+1;   C. a+47=c;   D. x=5==4+1;

4. 以下程序段输出结果为_____。
   int i=5,k;
   k=i++;
   printf("%d,%d",k,i);
   A. 5,6   B. 5,5   C. 6,5   D. 6,6

5. 若有"int x=3,y=2;float a=2.5,b=3.5;",则表达式(x+y)%2+(int)a/(int)b 的值是_____。
   A. 1.0   B. 1   C. 2.0   D. 2

6. 已知"int i,j;",执行语句"i=(j=15,j*2),j+10;"后,变量 i 的值为_____。
   A. 15   B. 30   C. 40   D. 25

7. 设有"float a=2,b=4,h=3;",以下 C 语言表达式中与代数式 $\frac{1}{2}(a+b)h$ 计算结果不相符

的是_____。
A. (a+b)*h*1/2　　　　　　B. (a+b)*h/2
C. 1/2*(a+b)*h　　　　　　D. h/2*(a+b)

8. 设 x,y 均为整型变量,且 x=5,y=4,则执行语句"printf("%d,%d\n",x--,--y);"后输出结果为_____。
A. 5,4　　　B. 4,4　　　C. 4,3　　　D. 5,3

9. 已知"int i;float f;",正确的语句是_____。
A. int(f)%2.0;　　B. int(f)%i;　　C. int(f%i);　　D. (int)f%i;

10. 设有以下变量定义,并已赋确定的值:
　　char c;int i;float f;double d;
　　则表达式 c+i+f/d 值的数据类型为_____。
A. char　　　B. int　　　C. float　　　D. double

11. 已知"int i,a;",执行语句"i=(a=6,a*5),a+6;"后,变量 i 的值是_____。
A. 6　　　B. 12　　　C. 30　　　D. 36

12. 下列程序的输出结果是_____。
```
#include <stdio.h>
void main()
{
    float d=2.2; int x,y;
    x=6.2; y=(x+3.8)/5.0;
    printf("%d \n", d*y);
}
```
A. 4　　　B. 4.4　　　C. 2　　　D. 0

二、填空题

1. 已知"int x=8,y=3;",则执行语句"x%=y;"后,x 的值是_____。

2. 已知"int a=7,b=2;",则执行语句"printf("%d",a/b);"后,输出结果是_____。

3. 执行语句"printf("%.4f",2015.20152105);"后,输出结果是_____。

4. 已知"int x=010;",则执行语句"printf("%d",x);"后,输出结果是_____。

第 3 章 顺序结构程序设计

考核目标

- 了解:顺序结构程序设计的概念。
- 理解:顺序结构程序执行的方式。
- 掌握:简单语句、复合语句、空语句的格式,字符输入函数、字符输出函数、格式输入函数、格式输出函数的使用。
- 应用:正确使用简单语句、复合语句和空语句,正确使用字符输入函数、字符输出函数、格式输入函数、格式输出函数进行数据的输入和输出。

3.1 C语言语句与顺序结构

3.1.1 C语言语句

语句是完成一定任务的命令。语句书写的特点是以分号";"作为结束符。

C语言的语句可分为5种类型,分别是表达式语句、函数调用语句、控制语句、复合语句和空语句。下面分别来介绍。

(1)表达式语句

由表达式组成的语句称为"表达式语句",其作用是计算表达式的值。它的一般形式是:

  表达式;

例如:

 x=100;   //赋值表达式语句(又称赋值语句)
 x=y=100;   //赋值语句,其中 y=100 是赋值表达式,相当于 x=(y=100);
 a=1,b=2;   //逗号表达式语句

(2)函数调用语句

由一个函数调用加上一个分号构成函数调用语句,其作用是完成特定的功能。它的一般形式是:

  函数名(参数列表);

例如:

 printf("Hello World! \n"); //调用 printf 函数,输出字符串
 scanf("%d,%d",&a,&b); //调用 scanf 函数,输入值给 a、b

(3)控制语句

控制语句用于完成一定的控制功能,以实现程序的结构化。

C语言有9种控制语句,可分为以下3类:

①条件判断语句:if 语句、switch 语句。
②转向语句:break 语句、continue 语句、goto 语句、return 语句。
③循环语句:for 语句、while 语句、do-while 语句。

(4)复合语句

复合语句是用花括号将若干语句组合在一起,又称"分程序",形式上是几条语句,但在语法上可相当于一条语句。例如,下面是一个复合语句:

 {
  s=s+i;
  i=i+1;
 }

在后面选择结构和循环结构的学习中要特别注意该类语句。

(5)空语句

只有一个分号的语句称为空语句,常用于占位、循环语句中的循环体等。它的一般形式是:

  ;

例如：

　　x=100;　　　　　//两条语句,后面是一条空语句

3.1.2 顺序结构

C语言是面向过程的程序设计语言,所有的C程序都可以分为顺序结构、选择结构和循环结构,任何复杂的程序都是由这三种基本结构组成的。这里先介绍顺序结构。

顺序结构是程序设计中最简单、最基本的结构,其特点是程序运行时按语句书写的次序依次执行,其结构如图3-1所示。

在图3-1中,执行完A后,按顺序再执行B。

顺序结构通常是由简单语句、复合语句及输入输出函数语句等组成,例如,下面的程序段：

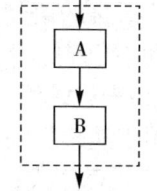

图3-1 顺序结构流程图

```
1    int a,b,c;
2    scanf("%d,%d",&a,&b);
3    c=a+b;
4    printf("c=%d\n",c);
```

上述几条语句是顺序结构,其语句执行的次序正如其前面的行号。

3.2 数据的输入与输出

为了实现人机交互,程序设计中经常需要通过输入输出语句来实现数据的输入和输出。高级程序设计语言中数据的输入输出都是通过输入输出语句来实现的,但C语言本身不提供输入输出语句,其数据的输入和输出功能是由函数来实现的,这使得C语言编译系统简单、可移植性好。

C语言提供的函数以库的形式存放在系统中,它们不是C语言文本中的组成部分。在使用函数库时,需要用预编译命令#include将有关的"头文件"包含到用户源文件中,例如：

　　#include <stdio.h>

预编译命令一般放在程序的开头,使用不同类型的函数需要包含不同的"头文件"。例如：使用标准输入输出库函数printf(格式输出)、scanf(格式输入)、putchar(输出字符)、getchar(输入字符)等时,要用到stdio.h文件。使用数学函数库时,要用到math.h文件。文件后缀中"h"是head的缩写。

3.2.1 格式化输入函数scanf

scanf函数的功能是从键盘上将数据按用户指定的格式输入并赋给指定的变量。

scanf函数也是一个标准库函数,其调用的一般形式为：

　　scanf(格式控制字符串,地址列表);

其中格式控制字符串的定义和使用方法与printf函数相同,但不能显示非格式字符。地址列表是要赋值的各变量地址。地址是由地址运算符"&"后跟变量名组成,如

&x 表示变量 x 的地址。"&"是取地址运算符,其作用是求变量的地址。例如:

scanf("%d%d",&a,&b);

运行时按以下三种方式之一输入 a、b 的值:

- 100␣−200↙(用空格作为分隔符)
- 100↙(用回车键作为分隔符)
  −200↙
- 100(Tab)−200↙(用 Tab 键作为分隔符)

多个数据输入需要分隔,否则无法分辨,默认的分隔符如上,有空格、回车符、Tab (跳格)键。

另外,也可以自定义分隔符,例如:

scanf("%d,%d",&a,&b);

输入数据的时候,只能按下面的方式输入:

100,−200

scanf 的格式字符串的一般形式为:

%[*][宽度][长度] 类型

"*"表示输入的数值不赋给相应的变量,即跳过该数据不读,常称为"虚读",例如:

scanf("%2d%*3d%4d",&a,&b);

实际输入:123456789,a 将等于 12,b 将等于 6789,中间的 345 虽然扫描,但未赋值给变量。

"宽度"是十进制正整数,表示输入数据的最大宽度,例如,上面的输入语句就是通过宽度来分隔数据给 a 和 b。

"长度"格式符为 l 和 h,l 表示输入长整型数据或双精度实型数据;h 表示输入短整型数据。

scanf 函数的类型格式说明与 printf 函数基本相同,这里不再给出。

【例 3-1】 分析下面程序。

```
1    #include <stdio.h>
2    void main()
3    {
4        char c;int a,b;
5    
6        printf("1. Input a,b(10 −20):");
7        scanf("%d%d",&a,&b);
8        printf("a=%d,b=%d\n",a,b);
9    
10       printf("2. Input a,b(10,−20):");
11       scanf("%d,%d",&a,&b);
12       printf("a=%d,b=%d\n",a,b);
13
```

```
14       printf("3. Input a,b,c(10,-20,A:");
15       scanf("%d,%d,%c",&a,&b,&c);
16       printf("a=%d,b=%d,c=%c\n",a,b,c);
17
18       printf("4. Input a,c,b(10A-20):");
19       scanf("%d%c%d",&a,&c,&b);
20       printf("a=%d,b=%d,c=%c\n",a,b,c);
21
22   }
```

程序的运行结果如图 3-2 所示。

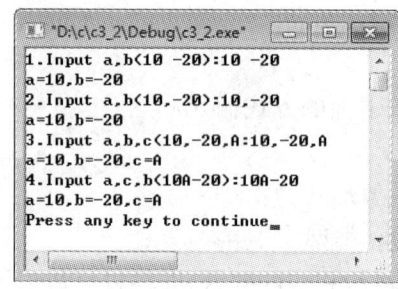

图 3-2　例 3-1 的运行结果

3.2.2　格式化输出函数 printf

printf 函数的功能是向系统指定的设备输出若干个任意类型的数据。

printf 函数是一个标准库函数,其调用的一般形式为:

　　printf(格式控制字符串,输出项列表);

其中,格式控制字符串是用双引号括起来的字符串,它包括"格式说明"和"一般字符"。"格式说明"由"%"和格式字符组成,如%d、%c、%f 等。它的作用是控制输出的数据格式,除了格式字符以外,都是一般字符,一般字符将按原样输出。例如:

　　printf("a=%d,b=%d\n",a,b);

其中,"%d"是格式说明,用来控制输出项 a、b 的输出格式。其他都是一般字符,原样输出,"\n"是转义字符,代表换行符,其效果是下一次输出将从下一行行首开始。如果 a、b 分别等于 5、10,那么输出结果是:

　　a=5,b=10

格式说明由"%"开头,后面跟若干个英文字母,用以说明数据输出的类型、长度、位数等。其一般形式为:

　　%[标志][最小宽度][.精度][长度]类型

上面"[]"中是可选项。

"标志"可以是"-、+、0"。"-"修改右对齐方式为左对齐方式,"+"将输出的正数前面的空格改为"+"号,"0"将宽度空余部分填充"0"。例如:

```
printf("%d",10);              //输出:10
printf("%+d",100);            //输出:+10
printf("%04d",100);           //输出:0010,4表示宽度,多余的两个位置用0填充
printf("%-4d %4d",20,20);     /*输出:20□□□□20,两个20之间有4个空格,分别是左对齐
                                留下的2个和右对齐留下的2个*/
```

"最小宽度"必须是十进制整数,表示输出的最少位数,例如,上面语句中的4。

".精度":"."加上一个十进制整数 n,其含义是:如果输出的是数值,则该数表示小数位数,若实际小数位数大于该值,则超出部分四舍五入;如果输出的是字符,则表示输出字符的个数。例如:

```
printf("%8.2f",3.1415926);    //输出:□□□□3.14,先处理"精度",宽度为8,需要增加4个空格
printf("%3.2f",3.1415926);    //输出:3.14,先处理"精度",宽度为3,小于实际宽度4,宽度无效
```

"长度"可以是 h、l。h 表示按短整型量输出,l 表示按长整型量或双精度量输出。

"类型"是格式说明符中必须要有的,它表示输出列表里要输出的数据类型。表 3-1 给出了常用的类型格式符及含义。

表 3-1　printf 函数常用类型格式符表

类型格式符	含　　义
d	以十进制形式输出一个有符号的整数
o	以八进制形式输出一个无符号的整数,不输出前导符 0
x 或 X	以十六进制形式输出一个无符号的整数
u	以十进制形式输出一个无符号的整数
f	以小数形式输出带符号的实数
e 或 E	以指数形式输出带符号的实数
c	输出一个单字符
s	输出一个字符串
p	输出一个地址

【例 3-2】 阅读下面程序。

```
1    #include <stdio.h>
2    void main()
3    {
4        char c='A';
5        int a=-100;
6        float x=3.14159263;
7        printf("%d,%c,%x,%o\n",c,c,c,c);              //输出 65,A,41,101
8        printf("%d,%8d,%-8d,%+d\n",a,a,a,a);
                    //输出:-100,□□□□-100,-100□□□□,-100
9        printf("%f,%6.f,%.3f,%6.3f,%10.3f\n",x,x,x,x,x);
                    //输出:3.141593,□□□□3,3.142,□3.142,□□□□□3.142
10   }
```

运行结果如图 3-3 所示,请分析。

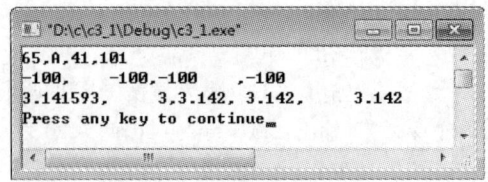

图 3-3　例 3-2 输出结果

3.2.3　字符数据的输入与输出

字符数据也可以通过字符输入函数 getchar 和字符输出函数 putchar 来实现输入和输出。不过,在使用这两个函数时,程序的头部要加上文件包含命令:

　　#include <stdio.h>

字符输入函数 getchar()的功能是从标准设备(键盘)上读入一个字符。其调用形式为:

　　getchar();

该函数没有参数,但一对圆括号不能省略。getchar()只能从键盘上接收一个字符。例如:

　　char c;
　　c=getchar();

字符输出函数 putchar()的功能是向标准输出设备(显示器)输出一个字符。其一般调用形式为:

　　putchar(c);

其中 c 是参数,它既可以是整型或字符型变量,也可以是整型或字符型常量。例如:

　　putchar('A');　　　　　　　　//输出字符 A
　　putchar(65);　　　　　　　　//输出 65 所对应的字符
　　putchar('\n');　　　　　　　　//输出换行符

3.3　综合案例

案例 3-1　编程交换两个变量中的数据

▷**任务**

编写程序,实现交换两个变量中的数据。

▷**分析**

实现两个变量的数据交换有很多办法,最常用的是**中间变量法**。

例如,假设有"int a=10,b=20;",交换两个变量 a 和 b。

　　t=a;　　　　//10→t
　　a=b;　　　　//20→a
　　b=t;　　　　//10→b

下面的算法是错误的:

　　a=b;　　　　//20→a
　　b=a;　　　　//20→b

当执行"a=b;"后,变量 a 原来的值将被"冲掉",虽然变量的值可以随时被修改,但是变量在任何时刻只能存储一个值。

如图 3-4 所示是交换算法的示意图。

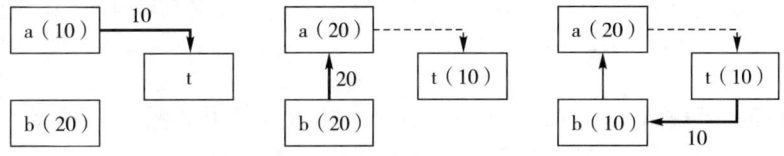

图 3-4 交换算法示意图

✧代码
```
1    #include <stdio.h>
2    void main()
3    {
4        int a,b,t;
5        a=10;
6        b=20;
7        t=a;
8        a=b;
9        b=t;
10       printf("a=%d,b=%d\n",a,b);
11   }
```
运行结果如图 3-5 所示。

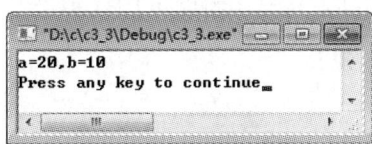

图 3-5 案例 3-1 的运行结果

案例 3-2 输入三角形的三条边,编程求该三角形的面积

✧任务

输入三角形的三条边,编程求该三角形的面积(保留 2 位小数)。

✧分析

三角形面积公式为(设三角形的三条边分别为 a、b、c):

$$area = \sqrt{s(s-a)(s-b)(s-c)}, 其中 s = \frac{1}{2}(a+b+c)$$

键盘输入三条边的数据即可计算出面积。

✧代码
```
1    #include <stdio.h>
2    #include <math.h>
3    void main()
4    {
```

```
5       double a,b,c,s,area;
6       scanf("%lf,%lf,%lf",&a,&b,&c);
7       s=(a+b+c)/2;
8       area=sqrt(s*(s-a)*(s-b)*(s-c));        //调用库函数sqrt,求平方根
9       printf("area=%.2lf\n",area);
10  }
```

程序运行时,若输入 3,5,7<回车>,则程序的运行结果如图 3-6 所示。

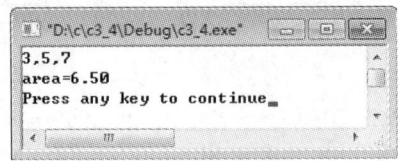

图 3-6 案例 3-2 的运行结果

程序中使用了求平方根的函数 sqrt,所以包含了头文件 math.h。

案例 3-3 计算一元二次方程的解

◆任务

设计程序计算一元二次方程的解。其中系数 a、b、c 用 scanf 函数输入。

◆分析

由数学知识可知:求 $ax^2+bx+c=0$ 的根可用求根公式。即当 $b^2-4ac \geqslant 0$ 时,方程的两个根可用如下公式进行求解:

$$x_{1,2} = \frac{-b \pm \sqrt{b^2-4ac}}{2a}$$

假设输入的 a、b、c 分别为 2、5、3,则 b^2-4ac 的值为 $5^2-4*2*3 \geqslant 0$,方程的系数满足条件,因此可直接求解。

◆代码

```
1   #include <stdio.h>
2   #include <math.h>
3   void main()
4   {
5       double a,b,c,d,x1,x2;
6       scanf("%lf,%lf,%lf",&a,&b,&c);
7       d=sqrt(b*b-4*a*c);
8       x1=(-b+d)/(2*a);
9       x2=(-b-d)/(2*a);
10      printf("x1=%f, x2=%f\n",x1,x2);
11  }
```

程序的运行结果如图 3-7 所示。

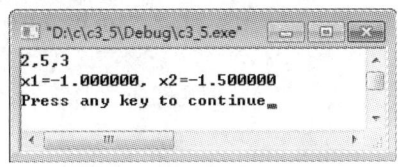

图 3-7　案例 3-3 的运行结果

一、选择题

1. 有如下程序段：
   int a1,a2;
   char c1,c2;
   scanf("%d%c%d%c",&a1,&c1,&a2,&c2);

   若要求 a1、a2、c1、c2 的值分别为 10、20、A、B,则正确的数据输入是_____。
   A. 10A20B 　　B. 10 A 20 B 　　C. 10 A20B 　　D. 10A20 B

2. 下面不是 C 语言语句的是_____。
   A. int i;　　　B. ;　　　C. a=1,b=5　　　D. {;}

3. 以下合法的 C 语言赋值语句是_____。
   A. a=b=58　　　B. k=a+b　　　C. a=58,b=58　　　D. ——i;

4. 运行下面的程序：
   ♯include <stdio.h>
   void main()
   {
   　　int a=5,b=3;
   　　printf("%d\n",a=a/b);
   }
   则输出结果是_____。
   A. 5　　　　　B. 1　　　　　C. 3　　　　　D. 2

5. 若变量已正确说明为 int 类型,要给 a、b、c 输入数据,以下正确的输入语句是_____。
   A. scanf("%d%d%d",&a,&b,&c);　　　B. scanf("%d%d%d",a,b,c);
   C. scanf("%D%D%D",&a,&b,&c);　　　D. scanf("%d%d%d",&a;&b;&c);

6. 已知 a、b、c 为 float 类型,执行语句："scanf("%f%f%f",&a,&b,&c);"使得 a 为 10,b 为 20,c 为 30,则以下不正确的输入形式是_____。
   A. 10　　　　　B. 10.0,20.0,30.0　　　C. 10.0　　　　　D. 10 20
   　　20　　　　　　　　　　　　　　　　　　20.0 30.0　　　　30
   　　30

7. 若变量已正确定义,现要将 a 和 b 中的数据进行交换,下面不正确的是_____。

A. a=a+b,b=a−b,a=a−b; 　　　B. t=a,a=b,b=t;
C. a=t; t=b; b=a; 　　　　　　D. t=b; b=a; a=t;

8. 执行下面的程序：
```
#include <stdio.h>
void main()
{
    int a=1,b=2,c=3;
    c=(a+=a+2),(a=b,b+3);
    printf("%d,%d,%d\n",a,b,c);
}
```
则输出结果是_____。
A. 2,2,4　　　B. 4,2,3　　　C. 4,2,5　　　D. 5,5,3

9. 执行下面的程序：
```
#include <stdio.h>
void main()
{
    int a;
    float b,c;
    scanf("%2d%3f%4f",&a,&b,&c);
    printf("\na=%d,b=%.1f,c=%.1f\n",a,b,c)
}
```
运行时,从键盘上输入12345654321↙,则输出结果是_____。
A. a=12,b=345,c=6543　　　　B. a=12,b=123,c=1234
C. a=12,b=345.0,c=6543.0　　D. a=12.0,b=345.0,c=6543.0

10. 执行下面的程序：
```
#include <stdio.h>
void main()
{
    int a=3,b=7;
    printf("a=%%d,b=%%d\n",a,b);
}
```
则输出结果是_____。
A. a=%3,b=%7　　　　　　　B. a=%d,b=%d
C. a=%%d,b=%%d　　　　　　D. a=3,b=7

二、阅读程序,写出程序运行结果

1.
```
#include <stdio.h>
void main()
{
    float d, f;
    long k; int i;
    i=f=k=d=20/3;
    printf("%3d%3ld%5.2f%5.2f \n", i,k,f,d);
```

}

2. ```
#include <stdio.h>
void main()
{
    int x=0177;
    float y=123.4567;
    printf("x=%2d,x=%6d,x=%o,x=%x\n",x,x,x,x);
    printf("y=%8.4f,y=%8.2f,y=%.5f\n",y,y,y);
}
```

3. ```
#include <stdio.h>
void main()
{
    int a=1,b=2;
    a+=b;b=a-b;a-=b;
    printf("%d,%d\n",a,b);
}
```

4. ```
#include <stdio.h>
void main()
{
    int a=1234;
    printf("%2d\n",a);
}
```

5. ```
#include <stdio.h>
void main()
{
    int x=3,y=5;
    printf("%d,%d\n",(x--,--y),x++);
}
```

6. ```
#include <stdio.h>
void main()
{
    int a=3;
    printf("%d,%d\n",a,(a-=a*a));
}
```

### 三、程序设计题

1. 编写程序，输入一个字符，输出其对应的 ASCII 码。
2. 编写程序，从键盘输入圆锥体的半径 $r$ 和高度 $h$，计算其体积。
3. 输入 3 个整数 $a$、$b$、$c$，编程交换它们的值，即把 $a$ 中的值给 $b$，把 $b$ 中的值给 $c$，把 $c$ 中的值给 $a$。
4. 编程将任意输入的小写字母转化成大写字母并输出。
5. 编写程序，输入一个 3 位整数，把 3 个数字逆序组成一个新数再输出。例如，输入 123，输出 321。
```

第 4 章　选择结构程序设计

考核目标

- 了解:选择结构程序设计的概念。
- 理解:选择结构的程序流程。
- 掌握:if 语句实现选择结构的方法,switch 语句实现多分支选择结构的方法,break 语句的使用。
- 应用:正确使用 if 语句、switch 语句实现各种类型的选择结构。

4.1 引 例

【例 4-1】 输入一个整数 a,判断其是奇数还是偶数。

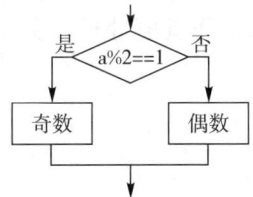

显然,判断该数是否为奇数取决于一个条件:除以 2 的余数是否等于 1。
程序可以写成:

```
1   #include <stdio.h>
2   void main()
3   {
4       int a;
5       printf("Please input a:");
6       scanf("%d",&a);
7       if(a%2==1)              //判断 a%2 是否等于 1
8           printf("a 是奇数\n");
9       else
10          printf("a 是偶数\n");
11  }
```

程序运行结果如图 4-1 所示。

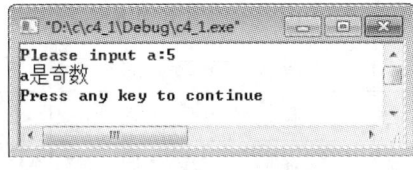

图 4-1 例 4-1 运行结果

程序中第 7 行用来进行判断,根据判断的结果程序将分别执行不同的输出语句。本章将讨论基于判断的程序设计,即选择结构程序设计。

在具体学习选择结构程序之前,先学习关系运算符和逻辑运算符。

4.2 关系运算符与逻辑运算符

4.2.1 运算符

1. 运算符的种类

C 语言提供了 6 种关系运算符和 3 种逻辑运算符。

①关系运算符:＞(大于)、＞＝(大于等于)、＜(小于)、＜＝(小于等于)、＝＝(等于)、!＝(不等于)。

②逻辑运算符:!(逻辑非)、&&(逻辑与)、‖(逻辑或)。

关系运算符用于判断和比较,其结果只有两个:1 或 0。C 语言用 1 表示真,用 0 表示假,所有非 0 的值在 C 语言中都当作真值处理。关系运算符将两个表达式连接起来,构成关系表达式,例如:

  a＞b

  x＜＝y

  a％2＝＝1

  x!＝0

关系运算符都是双目运算符,运算的结果为逻辑值(1 或 0),即关系成立时,其值为 1,否则为 0。

逻辑运算符用来连接一个或两个关系表达式,所对应的表达式称为"逻辑表达式"。例如:

  !(x＞0) x＞0 时,x＞0 等于 1,!(x＞0)等于 0

  !x x 等于 0 时,!x 等于 1,x 不等于 0 时,!x 等于 0

  a＞b&&b＞c a＞b 并且 b＞c 时,a＞b&&b＞c 等于 1,其他情况都等于 0

  a＞b‖b＜c a＜b 并且 b＜c 时,a＞b‖b＞c 等于 0,其他情况都等于 1

  a&&b a 不等于 0 并且 b 不等于 0 时,a&&b 等于 1,其他情况都等于 1

表 4-1 是逻辑运算的真值表。

表 4-1 逻辑运算的真值表

a	b	!a	!b	a&&b	a‖b
真	真	假	假	真	真
真	假	假	真	假	真
假	真	真	假	假	真
假	假	真	真	假	假

2. 运算符优先级和结合性

关系运算符的优先级低于算术运算符,关系运算符中＞、＞＝、＜、＜＝优先级相同;＝＝和!＝的优先级低于前 4 种。逻辑运算符的优先级各不相同。以上运算符的优先级次序由低到高如下所示:

‖ → && → ＝＝、!＝ → ＞、＞＝、＜、＜＝ → 算术运算符 → !、++、--

关系运算符的结合性均为左结合,逻辑运算符中,非运算符(!)的结合性为右结合,与运算符(&&)和或运算符(‖)的结合性为左结合。当有多个运算同时进行时,按优先级次序运算,优先级相同时按结合方向来计算。

例如：

a+b>c≡(a+b)>c	算术运算符优先
a>b!=0≡(a>b)!=0	关系运算符>优先于!=
1>2<3≡(1>2)<3≡0<3≡1	相同优先级，先计算左边的>，再计算右边的<
!a==b‖c≡((!a)==b)‖c	!优先，其次是==、最后是‖

4.2.2 逻辑运算符的短路现象

所谓"短路现象"指的是：若 && 运算符左边的表达式为假(或 0)，则整个表达式的值必然为假，其右边的表达式将不再运算；同理，若‖运算符左边的表达式为真(或非 0 值)，则整个表达式的值必然为真，其右边的表达式将不再运算。例如：

1<0&&++a

1>0‖++a

由于左边表达式 1<0 的值为 0，因此 && 运算符右边的式子将不再运算(即 a 的值不变)，整个逻辑表达式的值为 0。同理，由于表达式 1>0 的值为 1，因此‖运算符右边的式子将不再运算(即 a 的值不变)，整个逻辑表达式的值为 1。

【例 4-2】 测试关系运算符、逻辑运算符及逻辑运算符的短路现象。

```
1    #include <stdio.h>
2    void main()
3    {
4        int a=0,b=1,c=2;
5        printf("%d,%d\n",a>b,a>b>c);                              //a>b 等于 0,0>c 等于 0
6        printf("%d,%d,%d,%d,%d\n",a%2,a%2==0,a%2!=0,a,!a);
                                                                    //a 等于 0,!a 等于 1
7        c=a>b&&++b; printf("%d,%d,%d\n",a,b,c);                   //a>b 等于 0,短路,b 仍然等于 1
8        c=a<b‖++c; printf("%d,%d,%d\n",a,b,c);                    //a<b 等于 1,短路,b 仍然等于 1
9    }
```

程序的运行结果如图 4-2 所示。

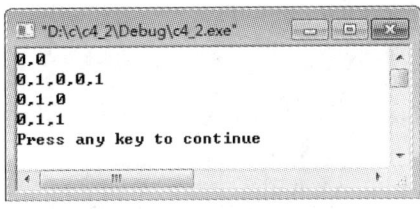

图 4-2 例 4-2 的运行结果

4.3 if 语句

C 语言通过选择结构来实现先判断后处理的功能，选择结构可以通过 if 语句来实现。

4.3.1 单分支 if 语句

单分支 if 语句的一般形式为:

if(表达式) 语句;

执行过程:首先判断表达式的值是否为真,若表达式的值非 0,则执行其后的语句;否则不执行该语句。if 语句的控制流程如图 4-3 所示。

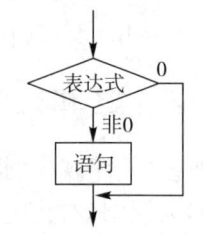

图 4-3 单分支选择结构

【例 4-3】 从键盘输入一个整数,判断是否是奇数,若是,则输出"a 是奇数"。用单分 if 语句实现。

```
1    #include <stdio.h>
2    void main()
3    {
4        int a;
5        printf("Please input a:");
6        scanf("%d",&a);
7        if(a%2==1)
8        printf("a 是奇数\n");
9    }
```

如果输入 5,输出"a 是奇数",如果输入 6,程序没有输出。

4.3.2 双分支 if 语句

双分支 if 语句为 if-else 形式,语句的一般形式为:

if(表达式)
 语句 1;
else
 语句 2;

执行过程:当表达式的值为真时,执行语句 1;否则执行语句 2。双分支 if 语句的控制流程如图 4-4 所示。

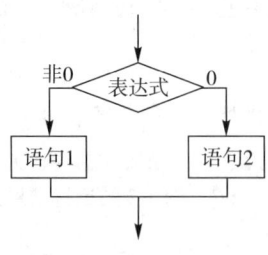

图 4-4 双分支选择结构

【例 4-4】 从键盘输入一个整数,判断是否是奇数,若是,则输出"a 是奇数",否则输出"a 是偶数",用双分支 if 语句实现。

```
1   #include <stdio.h>
2   void main()
3   {
4       int a;
5       printf("Please input a:");
6       scanf("%d",&a);
7       if(a%2==1)
8           printf("a 是奇数\n");
9       else
10          printf("a 是偶数\n");
11  }
```

程序的运行结果如图 4-5 所示。

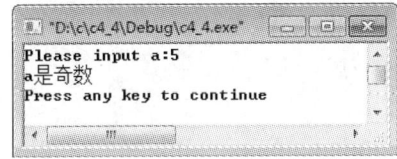 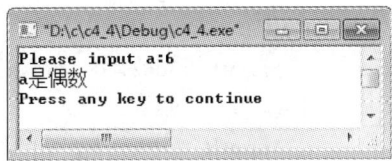

图 4-5　例 4-4 的运行结果

4.3.3　多分支选择结构

多分支选择结构的 if 语句一般形式为：
  if(表达式 1) 语句 1;
   else if (表达式 2) 语句 2;
    …
   else if (表达式 n) 语句 n;
  else 语句 $n+1$;

执行过程：依次判断表达式的值，当某个表达式的值为真时，执行其对应的语句，然后跳到整个 if 语句之外继续执行程序；如果所有的表达式均为假，则执行语句 n，然后继续执行后续程序。多分支选择结构的 if 语句控制流程如图 4-6 所示。

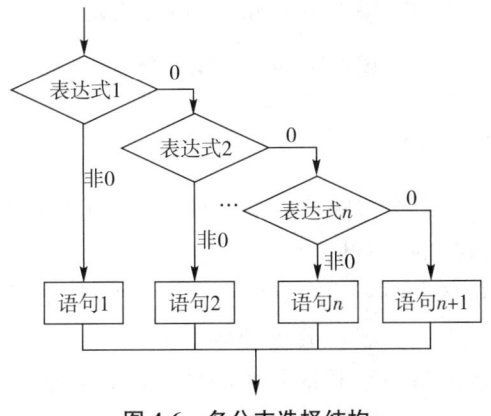

图 4-6　多分支选择结构

【例 4-5】 输入 3 个数,按从小到大顺序输出。

```
1   #include <stdio.h>
2   void main()
3   {
4       int a,b,c;
5       printf("Input a,b,c:");
6       scanf("%d%d%d",&a,&b,&c);
7
8       if(a<b)
9           if(b<c)
10              printf("%d<%d<%d\n",a,b,c);
11          else
12              if(a<c)
13                  printf("%d<%d<%d\n",a,c,b);
14              else
15                  printf("%d<%d<%d\n",c,a,b);
16      else
17          if(b>c)
18              printf("%d<%d<%d\n",c,b,a);
19          else
20              if(a<c)
21                  printf("%d<%d<%d\n",b,a,c);
22              else
23                  printf("%d<%d<%d\n",b,c,a);
24  }
```

输入 3 2 5<Enter>后,运行结果如图 4-7 所示。

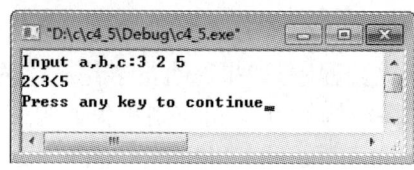

图 4-7 例 4-5 的运行结果

4.3.4 if 语句的嵌套

例 4-5 中的程序还存在分支结构的嵌套。所谓"分支结构的嵌套"指的是一个分支结构作为另外一个分支结构的分支模块。

例 4-5 中,第 9、11 行的 if-else 语句就是嵌套在 8、16 的分支结构中,12、14 行的 if-else 语句就是嵌套在 9、11 的 if-else 分支结构中。

其实"嵌套"也可以认为是一个 if 语句中的单个语句复杂化为另外一个 if 语句。

当出现多个 if 和 else 时,就会存在 else 和 if 配对的问题。C 语言规定 else 总是和其前面最近的没有 else 配对的 if 配对。当然,配对后必须能构成一个合理的选择结构才行,如图 4-8 所示。

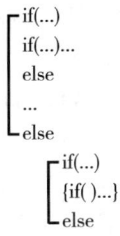

图 4-8   if 和 else 配对关系示意图

最后一个 else 前面的两个 if 都没有 else 配对,但花括号中的 if 不能与其配对,虽然离其最近,因为不能构成合理的选择结构,所以是花括号前面的 if(…)和最后一个 else 配对。

【例 4-6】 输入一个正整数作为年份,编程判断该年是不是闰年。满足下面条件之一即为闰年:

①能被 4 整除,但不能被 100 整除。
②能被 400 整除。

程序如下:

```
1    #include <stdio.h>
2    void main()
3    {
4        int year;
5        scanf("%d",&year);
6        if(year%4==0)
7        {
8            if(year%100 !=0)
9                printf("%d 是闰年\n",year);
10           else
11               if(year%400==0)                    //2000、2400、2800 等
12                   printf("%d 是闰年\n",year);
13               else
14                   printf("%d 不是闰年\n",year);   //1900、2100 等
15       }
16       else
17           printf("%d 不是闰年\n",year);
18   }
```

程序运行时,若输入 2015<Enter>、2016<Enter>,运行结果如图 4-9 所示。

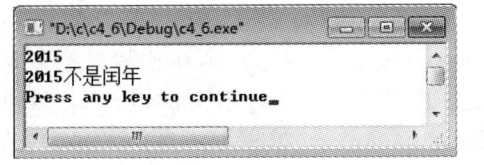 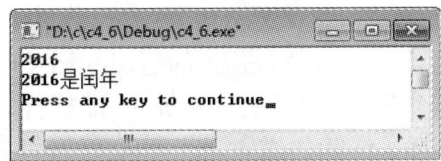

图 4-9   例 4-6 的运行结果

4.3.5 条件运算符与条件表达式

条件运算符是 C 语言中唯一的一个三目运算符,由"?"和":"组合而成,要求有 3 个操作对象,并且 3 个操作对象都是表达式。

由条件运算符构造成的表达式称为"条件表达式"。

条件表达式的一般形式为:

  表达式 1? 表达式 2:表达式 3

条件运算的求值规则为:计算表达式 1 的值,若表达式 1 的值为真,则以表达式 2 的值作为整个条件表达式的值,否则以表达式 3 的值作为整个条件表达式的值。表达式 1 通常是关系表达式或逻辑表达式。

if 语句构成的选择结构也可以用条件表达式完成,例如:

 if(x>y)
  max=x;
 else
  max=y;

用条件表达式可以写成:

 max=x>y? x:y

条件运算符的运算优先级低于关系运算符和算术运算符,高于赋值运算符,其结合方向是自右至左。下面式子是等价的:

 max=(x>y)? x:y 等价于 max=x>y? x:y
 a>b? a:b>c? b:c 等价于 a>b? a:(b>c? b:c)

4.4 switch 语句

利用嵌套的 if 语句可以处理多个分支的问题,但是当分支太多的时候,由于嵌套层次数的增加会给程序的设计和阅读带来困难。为此,C 语言提供了专门用于解决多分支选择问题的语句——switch 语句,其一般形式为:

```
switch(表达式)
{
    case 常量表达式 1:语句 1;
    case 常量表达式 2:语句 2;
    …
    case 常量表达式 n:语句 n;
    default:语句 n+1;
}
```

执行过程:计算表达式的值,并逐个与 case 后的常量表达式值相比较。当表达式的值与某个常量表达式的值相等时,即执行 case 后的语句,然后不再进行判断,继续执行后面所有 case 后的语句。若表达式的值与所有 case 后的常量表达式均不相同时,则执行 default 后的语句。

【例 4-7】 输入 0、1、2、3、4、5、6、7、8、9、10 中的一个数，输出对应的"零、壹、贰、叁、肆、伍、陆、柒、捌、玖、拾"。

```
1   #include <stdio.h>
2   void main()
3   {
4       int a;
5       printf("Input a:");
6       scanf("%d",&a);
7       switch(a)
8       {
9           case 0: printf("零");
10          case 1: printf("壹");
11          case 2: printf("贰");
12          case 3: printf("叁");
13          case 4: printf("肆");
14          case 5: printf("伍");
15          case 6: printf("陆");
16          case 7: printf("柒");
17          case 8: printf("捌");
18          case 9: printf("玖");
19          case 10: printf("拾");
20          default: printf("其他");
21      }
22      printf("\n");
23  }
```

程序运行时，若输入 5<Enter>，则程序的运行结果如图 4-10 所示。

图 4-10 例 4-7 的运行结果

结果显然不符合设计初衷。输入 5 应该只输出"伍"，为什么会出现这种情况呢？

在 switch 语句中，"case 常量表达式"只起语句标号的作用，并不是每次都进行条件判断。这是与前面介绍的 if 语句完全不同的，应特别注意。当执行 switch 语句时，程序会根据 case 后面表达式的值找到匹配的入口标号，并由此处开始执行下去，不再进行判断。为了避免这种情况，C 语言提供了 break 语句，专门用于跳出 switch 语句。break 语句不但可以用在 switch 语句中终止 switch 语句的执行，还可以用在循环中终止循环。

下面的 switch 语句格式才是例 4-7 需要的。

```
switch(表达式)
{
    case 常量表达式 1：语句 1;break;
    case 常量表达式 2：语句 2; break;
    …
    case 常量表达式 n：语句 n; break;
    default:语句 n+1;
}
```

最后面的"default：语句 $n+1$；"之后有没有 break 已经无所谓了。

修改后的例 4-7 程序如下：

```
1   #include <stdio.h>
2   void main()
3   {
4       int a;
5       printf("Input a:");
6       scanf("%d",&a);
7       switch(a)
8       {
9           case 0：printf("零"); break;
10          case 1：printf("壹"); break;
11          case 2：printf("贰"); break;
12          case 3：printf("叁"); break;
13          case 4：printf("肆"); break;
14          case 5：printf("伍"); break;
15          case 6：printf("陆"); break;
16          case 7：printf("柒"); break;
17          case 8：printf("捌"); break;
18          case 9：printf("玖"); break;
19          case 10：printf("拾"); break;
20          default：printf("其他");
21      }
22      printf("\n");
23  }
```

程序的运行结果如图 4-11 所示。

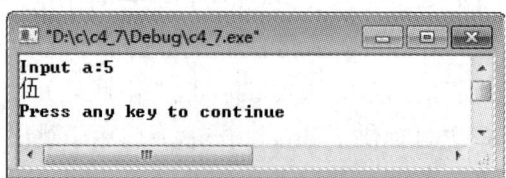

图 4-11 例 4-10 修改后的运行结果

关于 switch 语句,还要注意的是:
①switch 后跟的"表达式"允许为任何整型或字符型表达式,其数据类型和 case 后面的常量表达式的数据类型一致。
②每一个 case 后的常量表达式的值不允许重复,否则会报错。
③每一个 case 后允许有多条语句,可以不用花括号"{}"括起来。
④case 和 default 子句出现的先后顺序可以变动,不会影响程序的执行结果。default 子句也可以省略不用。
⑤多个 case 可以共用一组执行语句。例如:

 …
 case ′1′:
 case ′2′:
 case ′3′:printf("叁");break;
 …

这时候如果输入 1、2、3,输出的结果都是"叁"。

4.5 综合案例

案例 4-1 判断十进制正整数是否包含数字字符"5"

◆ **任务**

输入一个 100～999 之间的十进制正整数,判断该数是否包含数字字符"5"。

◆ **分析**

三位正整数(假设用变量 a 表示)的各位数码表示方法如下:

个位数:a%10;

十位数:a/10%10;

百位数:a/100%10 或者 a/100。

◆ **代码**

```
1    #include <stdio.h>
2    void main()
3    {
4        int a;
5        printf("Input a:");
6        scanf("%d",&a);
7        if(a%10==5 || a/10%10==5 || a/100==5)
8            printf("%d 包含数字 5\n",a);
9        else
10           printf("%d 不包含数字 5\n",a);
11   }
```

程序运行时,分别输入 165 和 166,两次程序的运行结果如图 4-12 所示。

图 4-12 案例 4-1 的运行结果

案例 4-2 将 3 个数按从小到大的顺序输出

❥**任务**

输入 3 个数,按从小到大的顺序输出。

❥**分析**

这是一个简单的排序,需要比较和交换。

❥**代码**

```
1   #include <stdio.h>
2   void main()
3   {
4       int a, b, c, t;
5       printf ("Input a,b,c:");
6       scanf ("%d%d%d", &a, &b, &c);
7       if (a>b)                              //让 a<=b
8           t=a,a=b,b=t;
9       if (b>c)                              //让 b<=c
10          t=b,b=c,c=t;
11      if (a>b)                              //b 可能变了,再次让 a<=b
12          t=a,a=b,b=t;
13      printf ("%d <= %d <= %d\n", a, b, c);
14  }
```

程序运行时,若输入 1,8,6<Enter>,则程序的运行结果如图 4-13 所示。

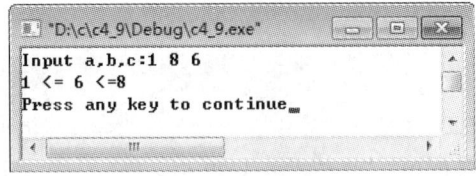

图 4-13 案例 4-2 的运行结果

案例 4-3　根据成绩输出其对应的等级

🔖 **任务**

将一个百分制的成绩(设为整数)转化成 6 个等级：100 分为'A'，90～99 分为'B'，80～89 分为'C'，70～79 分为'D'，60～69 分为'E'，60 分以下为'F'。例如，输入 85，则显示 C。

🔖 **分析**

通过嵌套的 if 语句可以实现不同等级的输出。

🔖 **代码**

```
1    #include <stdio.h>
2    void main()
3    {
4        int a;
5        printf("Input a:");
6        scanf("%d",&a);
7        if( a<0 || a>100)
8            printf("Input data error\n");
9        else
10           if(a==100)
11               printf("A");
12           else
13               if(a>=90)
14                   printf("B");
15               else
16                   if(a>=80)
17                       printf("C");
18                   else
19                       if(a>=70)
20                           printf("D");
21                       else
22                           if(a>=60)
23                               printf("E");
24                           else
25                               printf("F");
26       printf("\n");
27   }
```

程序运行时,若输入 85＜Enter＞,则程序的运行结果如图 4-14 所示。

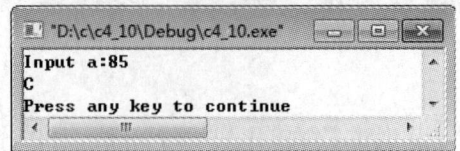

图 4-14 案例 4-3 的运行结果

✧分析

上面的程序是利用多分支 if 语句的结构编写的,也可以利用 switch 语句来实现上面的程序段。

使用 switch 语句,当然最笨的办法是每一个分数一个 case 分支,将需要 101 个分支,显然这种程序不值得推荐。但是如果将输入的成绩 a 整除 10,101 种情况将减少为 0～10 等 11 种情况,整除 10 以后的数也正好对应题目中所设置的区间。

✧代码

```
1    #include <stdio.h>
2    void main()
3    {
4        int a;
5        printf("Input a:");
6        scanf("%d",&a);
7        if( a<0 || a>100)
8            printf("Input data error\n");
9        else
10           switch(a/10)
11           {
12               case 10: printf("A");break;
13               case 9: printf("B");break;
14               case 8: printf("C");break;
15               case 7: printf("D");break;
16               case 6: printf("E");break;
17               default: printf("F");
18           }
19       printf("\n");
20   }
```

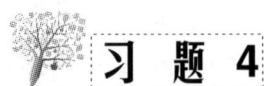

习 题 4

一、选择题

1.若 x 为 int 类型,则下面与逻辑表达式!x 等价的 C 语言关系表达式是_____。

　　A. x==1　　　　B. x!=1　　　　C. x==0　　　　D. x!=0

2. 最适合解决选择结构"若 x>0,则 y=1;否则 y=0"的语句是_____。
   A. switch　　　　　B. 嵌套的 if-else　　C. if-else　　　　D. if

3. if 语句的控制条件是_____。
   A. 只能用关系表达式　　　　　　　B. 能用关系表达式或逻辑表达式
   C. 只能用逻辑表达式　　　　　　　D. 可以用任何表达式

4. 设"int x=2,y=1;",则表达式(!x∥y--)的值是_____。
   A. 0　　　　　　　B. 1　　　　　　　C. 2　　　　　　　D. -1

5. 与"y=(x>0?1:x<0?-1:0);"的功能相同的 if 语句是_____。
   A. if (x>0) y=1;　　　　　　　　　B. if(x)
      else if(x<0)y=-1;　　　　　　　　 if(x>0)y=1;
      else y=0;　　　　　　　　　　　　 else if(x<0)y=-1;
   　　　　　　　　　　　　　　　　　　 else y=0;

   C. y=-1;　　　　　　　　　　　　　D. y=0;
      if(x)　　　　　　　　　　　　　　 if(x>=0)
      if(x>0)y=1;　　　　　　　　　　　 if(x>0)y=1;
      else if(x==0)y=0;　　　　　　　　 else y=-1;
      else y=-1;

6. 假定 w、x、y、z、m 均为整型变量,且 w=1,x=2,y=3,z=4,则执行语句"m=(w<x)?w: x;m=(m<y)? m:y;m=(m<z)? m:z;"后,m 的值是_____。
   A. 4　　　　　　　B. 3　　　　　　　C. 2　　　　　　　D. 1

7. 有如下程序段:
   int a=14,b=15,x;
   char c='A';
   x=(a&&b)&&(c<'B');
   执行该程序段后,x 的值为_____。
   A. true　　　　　　B. false　　　　　C. 0　　　　　　　D. 1

8. 设 x、y、t 均为 int 型变量,则执行语句"x=y=2;t=++x∥++y;"后,y 的值为_____。
   A. 不确定　　　　　B. 2　　　　　　　C. 3　　　　　　　D. 1

9. 若有定义"float w; int a, b;",则合法的 switch 语句是_____。
   A. switch(w)　　　　　　　　　　　B. switch(a);
      {case 1.0: printf(″*\n″);　　　　　{case 1 printf(″*\n″);
       case 2.0: printf(″**\n″);}　　　　 case 2 printf(″**\n″);}
   C. switch(b)　　　　　　　　　　　D. switch(b)
      {case 1: printf(″*\n″);　　　　　　{case 1: printf(″*\n″)
       default: printf(″\n″);　　　　　　 case 2: printf(″**\n″)
       case 1+2: printf(″**\n″);}　　　　 default: printf(″\n″)}

10. 有如下程序:
    #include <stdio.h>
    void main()
    {

```
        int x=1,a=0,b=0;
        switch(x)
        {
            case 0: b++;
            case 1: a++;
            case 2: a++;b++;
        }
        printf("a=%d,b=%d\n",a,b);
}
```
该程序的输出结果是_____。
A. a=2,b=1　　　　B. a=1,b=1　　　　C. a=1,b=0　　　　D. a=2,b=2

11. 有如下程序：
```
#include <stdio.h>
void main()
{
    int a=3,b=-1,c=1;
    if(a<b)
        if(b<0) c=0;
        else c++;
    printf("%d\n",c);
}
```
该程序的输出结果是_____。
A. 0　　　　　　　　B. 1　　　　　　　　C. 2　　　　　　　　D. 3

12. 若变量 c 为 char 类型，能正确判断出 c 为大写字母的表达式是_____。
A. 'A'<=c<='Z'　　　　　　　　　　B. (c>='A') || (c<='Z')
C. ('A'<=c) and ('Z'>=c)　　　　D. (c>='A')&&(c<='Z')

13. 运行下列程序：
```
#include <stdio.h>
void main()
{
    int n='c';
    switch(n++)
    {
        case 'a':case 'A':case 'b':case 'B':printf("good");break;
        case 'c':case 'C':printf("pass");
        case 'd':case 'D':printf("warn");
        default: printf("error");break;
    }
}
```
则输出结果是_____。
A. good　　　　　　B. pass　　　　　　C. warn　　　　　　D. passwarn

14. 设 a、b、c、d、m、n 均为整型变量,且 a=5,b=7,c=3,d=8,m=2,n=2,则逻辑表达式 (m=a>b)&&(n=c>d) 运算后,n 的值为_____。
   A. 0   B. 1   C. 2   D. 3

15. 以下程序的输出结果是_____。
   ♯include <stdio.h>
   void main()
   {
       int score=85;
       switch(score/10)
       {
           case 10:
           case 9: printf("A"); break;
           case 8: printf("B"); break;
           case 7: printf("C"); break;
           case 6: printf("D"); break;
           default: printf("E"); break;
       }
   }
   A. A   B. B   C. BCDE   D. ABCDE

16. 运行下列程序:
   ♯include <stdio.h>
   void main()
   {
       int a=0,b=1,c=2,d;
       d=!a && !(--b) || !c++;
       printf("%d\n",c);
   }
   则输出结果是_____。
   A. 3   B. 2   C. 1   D. 0

17. 运行下列程序:
   ♯include <stdio.h>
   void main()
   {
       int x;
       scanf("%d",&x);
       if(x>60) printf("%d",x);
       if(x>40) printf("%d",x);
       if(x>30) printf("%d",x);
   }
   若从键盘输入 58✓,则输出结果是_____。
   A. 585858   B. 5858   C. 58   D. 58

18. 运行下列程序：
```
#include <stdio.h>
void main()
{
    int a=16,b=21,m=0;
    switch(a%3)
    {
        case 0:m++;break;
        case 1:m++;
        switch(b%2)
        {
            default:m++;
            case 0:m++;break;
        }
    }
    printf("%d\n",m);
}
```
则输出结果是_____。
A. 1   B. 2   C. 3   D. 4

二、阅读程序题

1. 有如下程序：
```
#include <stdio.h>
void main()
{
    int x=1,a=0,b=0;
    switch(x)
    {
        case 0: b++;
        case 1: a++;
        case 2: a++;b++;
    }
    printf("a=%d,b=%d\n",a,b);
}
```
该程序的输出结果是_____。

2. 下面程序运行后，输入 2015,11,12<Enter>，程序的运行结果是_____。
```
#include <stdio.h>
void main()
{
    int a, b, c, t;
    scanf ("%d,%d,%d", &a, &b, &c);
    if (a<b) { t=a; a=b; b=t;}
```

```
        if (a<c) { t=a; a=c; c=t;}
        if (b<c) { t=b; b=c; c=t;}
        printf ("%d>=%d>=%d", a, b, c);
}
```

三、程序设计题

1. 设计一个简单的计算器程序,用户输入运算数和四则运算符(+、-、*、/),输出计算的结果。

2. 根据输入的 x 的值求 y 的值,当 x 大于 0 时,$y=(x+1)/(x-2)$;当 x 等于 0 或 2 时,$y=0$;当 x 小于 0 时,$y=(x-1)/(x-2)$。

3. 编写程序,从键盘输入学生成绩,输出对应的等级(100 分为 A,90~99 分为 B,80~89 分为 C,70~79 分为 D,60~69 分为 E,小于 60 分为 F)。

4. 编写程序,输入一个不多于 4 位的正整数,判断它是几位数。如输入 168,则输出 3。

第 5 章　循环结构程序设计

考核目标

- 理解:单重循环和循环嵌套的概念。
- 掌握:while 循环、do-while 循环和 for 循环的结构及其使用方法,常见的循环嵌套的使用,break 语句和 continue 语句的使用。
- 应用:正确使用循环结构解决实际问题。

5.1 有变化的重复

假设有"int i=1,s=0;",观察语句:

　　s=s+i;i++;

　　s=s+i;i++;

　　s=s+i;i++;

　　……

　　s=s+i;i++;

语句"s=s+i;i++;"重复10遍后,s和i的值分别是多少?`

第1遍:s等于0+1,即等于1;i等于1+1,即等于2;

第2遍:s等于1+2,即等于3;i等于2+1,即等于3;

第3遍:s等于3+3,即等于6;i等于3+1,即等于4;

……

第10遍:s等于45+10,即等于55;i等于10+1,即等于11。

可以看出,虽然每次的语句都是"s=s+i;i++;",但处理的数据和计算的结果是不一样的。可以将"s=s+i;"视为一个累加器,第i次累加i;"i++;"每次使得i变成i+1。正是每次运行语句"s=s+i;i++;"后,i的值都发生了变化,使得下一次执行该语句时处理的数据发生变化,这就是有变化的重复,在C语言里面,可以用循环结构来实现。

上面重复10遍的10条语句可以写成:

　　int i=1,s=0;

　　while(i<=10)

　　{

　　　　s=s+i;

　　　　i++;

　　}

C语言中可以用while语句、do-while语句和for语句构成循环结构,下面分别来介绍。

5.2 while 循环

while 循环通过 while 语句实现。while 循环又称为**"当型"循环**。

while 语句的一般格式为:

　　while(表达式)

　　　　语句

其中,括号后面的语句既可以是一条语句,也可以是复合语句。它们都称为"循环体"。

while 语句的执行过程为:

①计算并判断表达式的值。若值为0,则结束循环,退出 while 语句;若值为非0,则执行循环体。

②转步骤①。

流程图如图 5-1 所示。

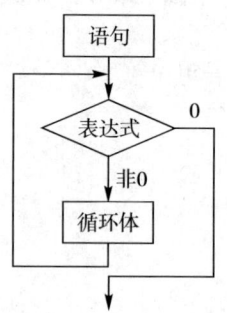

图 5-1　while 循环流程图

【例 5-1】　计算 s＝1＋2＋3＋…＋10。

```
1    #include <stdio.h>
2    void main()
3    {
4        int i,s;
5        i=1;                      //初始值
6        s=0;
7        while(i<=10)
8        {
9            s=s+i;                //累加
10           i=i+1;                //自增,为下一次累加作准备
11       }
12       printf("s=%d\n",s);
13   }
```

程序的运行结果如图 5-2 所示。

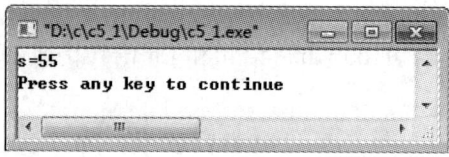

图 5-2　例 5-1 的运行结果

例 5-1 中包含了一个标准的 while 循环,该循环中包含了循环所需要的各种因素。

(1)循环条件(i<=10)

满足条件继续循环,否则退出。

(2)循环变量(i)

通常把控制循环的变量称为"循环变量"。由于 i 初值为 1,每次循环加 1,使得 i 不断接近 10,当 i 等于 11 的时候,循环退出。所以 i 控制了循环的运行和退出。

循环变量通常有初值和终值。例 5-1 中 i 的初值是 1,终值是 10,每次加 1(步长)。

由于很有规律性,也可以通过下面的公式得到循环的次数:

$$循环次数 = \frac{终值-初值}{步长} + 1$$

步长大于0,循环是递增循环,步长小于0,循环是递减循环。例5-1的循环也可以写成递减循环:

```
int i=10,s=0;
while(i>=0)
{
    s=s+i;
    i--;
}
```

(3)循环体(s=s+i;i++;)

一对花括号"{}"括起来的部分是循环体,即重复运行的部分,如果只有一条语句,可以省略花括号"{}"。

(4)有限次循环

循环应该是有限次的,如果循环不能退出,就是无限次的,称为"死循环",在程序设计中应该避免出现。

例如,上例中的循环条件为i<=10,i从1逐渐增加到10,当i等于11时,不满足i<=10的条件从而退出循环。如果将循环条件改成i>0,由于i每次都是加1,其趋势为递增,所以条件等于虚设,循环将一直执行下去,变成"死循环"。

5.3 do-while 循环

do-while 循环是循环的另外一种形式,又称为**"直到型"循环**。
do-while 语句的一般格式为:
```
do
{
    语句
} while(表达式);
```

do-while 语句的执行过程为:先执行循环体语句,再判断表达式的值。若值为0,则结束循环,退出 do-while 语句;若值为非0,则继续执行循环体。

流程图如图 5-3 所示。

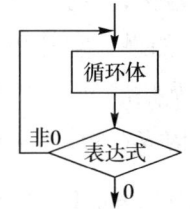

图 5-3 do-while 循环流程图

例 5-1 的程序可以改写成:

```
1    #include <stdio.h>
2    void main()
3    {
4        int i,s;
5        i=1;                         //初始值
6        s=0;
7        do
8        {
9            s=s+i;                   //累加
10           i=i+1;                   //自增,为下一次累加作准备
11       } while(i<=10);
12       printf("s=%d\n",s);
13   }
```

do-while 循环和 while 循环可以完成相同的任务。不同于 while 循环的是,do-while 循环的循环体至少运行一次。下面的程序体现了二者的区别。

```
int i=1,s=0;                         int i=1,s=0;
while(i<1)                           do
{                                    {
    s=s+i;                               s=s+i;
    i=i+1;                               i=i+1;
}                                    } while(i<1);
printf("s=%d\n",s);                  printf("s=%d\n",s);
```

左边的程序运行结果为 s=0,而右边的程序运行结果为 s=1。

这是由于 do-while 循环的循环体至少运行一次后再判断循环条件是否为真,从而决定是否退出循环;while 循环首先判断循环条件是否满足,所以当第一次运行时条件为假时就立即退出循环,从而循环次数为 0。

5.4 for 循环

for 循环是循环的一种标准形式,又称"计数式循环",其语法如下:

  for(①;②;③) ④

- 表达式①:通常用于循环的初始化,包括循环变量的赋初值、其他变量的准备等。
- 表达式②:循环的条件判断式,如果为空则相当于真值。
- 表达式③:通常设计为循环的调整部分,主要是循环变量的变化部分。
- 循环体④:由一条或多条语句构成,多条语句需要用一对花括号{}括起来。

执行次序如图 5-4 所示。

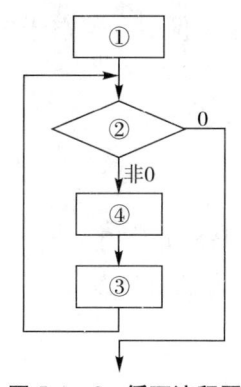

图 5-4 for 循环流程图

例 5-1 的程序可以改写成：
```
1    #include <stdio.h>
2    void main()
3    {
4        int i,s;
5        s=0;                        //初始值
6        for(i=1;i<=10;i++)
7        s=s+i;                      //累加
8        printf("s=%d\n",s);         //自增,为下一次累加作准备
9    }
```

表达式①可以是多个表达式构成的逗号表达式,如:"i=1,s=0;"。

表达式①、②、③构成循环的控制部分,3 个表达式之间用 2 个分号";"分隔。

表达式①可以放在 for 循环的前面,但后面的分号不能少,例如：

①;

for(;②；③)④;

表达式②可以省略,相当于②始终为真值(非 0 值),从而构成无条件循环,循环将不能终止,需要在循环体内控制循环的退出。

表达式③可以省略,但作为循环变量的调整功能不能缺少,可以在循环体中完成,例如,下面的 for 循环：

for (i=1,s=0;i<=10;)

　　s=s+i++;

如果表达式①和③都省略的话,相当于 while 循环,例如,下面的程序形式：

i=1,s=0;

for (;i<=10;)   //相当于 while(i<=10)

　　s=s+i++;

表达式①、②、③均省略,即：

for (;;)④;

相当于"while (1) ④;"。循环的所有控制和计算功能都必须在循环体④中完成,这样的循环适合于随机退出循环程序的情况。

表达式④也可以省略,但必须至少保留一条空语句(;),即:

  for(①;②;③);

如果表达式①、②、③、④均省略,即:

  for(;;);

这将构成一个死循环。

for 循环的 4 个部分并非严格划分,允许有一定的交叉,但不建议破坏划分的功能结构,在程序设计中应该尽量遵守,从而使程序易于控制和维护,并且具有其他两种循环难得的易读性。

【例 5-2】 计算:

$$1-\frac{1}{2}+\frac{1}{3}-\frac{1}{4}+\frac{1}{5}-\cdots+\frac{1}{99}-\frac{1}{100}$$

题目要求计算 1~100 的倒数之和,其中偶数项前面是负号。

程序如下:

```
1   #include <stdio.h>
2   void main()
3   {
4       int i;
5       double s;
6       double f=1;
7       for(i=1,s=0;i<=100;i++)
8       {
9           s=s+f*1.0/i;        //累加
10          f=-f;               //f 由 1 变为-1,或-1 变为 1
11      }
12      printf("s=%lf\n",s);
13  }
```

程序的运行结果如图 5-5 所示。

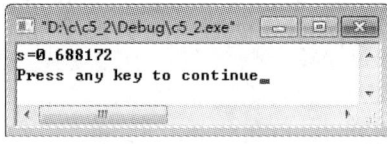

图 5-5 例 5-2 的运行结果

程序的设计还有其他方法,下面几种方法供参考。

参考程序 1:

```
1   #include <stdio.h>
2   void main()
3   {
4       int i;
5       double s;
```

```
6        for(i=1,s=0;i<=50;i++)
7            s=s+1.0/i-1.0/(i+1);              //同时累加两项
8        printf("s=%lf\n",s);
9    }
```

参考程序2：
```
1    #include <stdio.h>
2    void main()
3    {
4        int i;
5        double s;
6        for(i=1,s=0;i<=100;i++)
7            if(i%2==0)                        //考虑i的奇偶性分别累加
8                s=s-1.0/i;
9            else
10               s=s+1.0/i;
11       printf("s=%lf\n",s);
12   }
```

5.5 循环的嵌套

当循环体被复杂化为另外一个循环时，就构成了循环的嵌套，例如，下面的嵌套形式：

```
while ()                          while ()
{ …                               { …
  while ()                          for (;;)
  …                                 …
}                                 }
for (;;)                          for (;;)
{                                 {
  …                                 …
  for (;;)                          while (;;)
  …                                 …
}                                 }
do                                do
{                                 {
  …                                 …
  do{                               for (;;);
  …                                 …
  } while ();                       }while ();
  …
}while ();
```

【例 5-3】 计算 s=1+(1+2)+(1+2+3)+ (1+2+3+4)+ (1+2+3+4+5)。

前面学习了计算 1+2+3+…+10，程序如下：

for(i=1;i<=10;i++) s=s+i;

类似地，这里可以这样写：

int i,s=0;
for(i=1;i<=1;i++) s=s+i;
for(i=1;i<=2;i++) s=s+i;
for(i=1;i<=3;i++) s=s+i;
for(i=1;i<=4;i++) s=s+i;
for(i=1;i<=5;i++) s=s+i;

这样写很麻烦，如果有 100 条呢？

程序可以改写成：

```
1    #include <stdio.h>
2    void main()
3    {
4        int i,j,s=0;
5        for(i=1;i<=5;i++)           //外循环 i 循环 5 次，相当于上面的 5 条语句
6            for(j=1;j<=i;j++)       //内循环 j 从 1~i
7                s=s+j;
8        printf("s=%d\n",s);
9    }
```

程序的运行结果如图 5-6 所示。

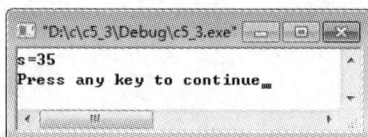

图 5-6 例 5-3 的运行结果

图 5-7 是程序中 i、j、s 的变化过程。

```
i   j   s
1   1   1         s=0+1
2   1   2
2   2   4         s=0+1+1
3   1   5
3   2   7         s=0+1+1+2
3   3   10        s=0+1+1+2+1
4   1   11
4   2   13        s=0+1+1+2+1+2
4   3   16
4   4   20        s=0+1+1+2+1+2+3
5   1   21
5   2   23        …
5   3   26        s=0+1+1+2+1+2+3+1+2+3+4
5   4   30
5   5   35        s=0+1+1+2+1+2+3+1+2+3+4+1+2+3+4+5
```

图 5-7 例 5-3 中变量 i、j、s 的变化情况

5.6　break、continue 和 goto 语句

5.6.1　break 语句

switch 结构中可以用 break 语句跳出结构去执行 switch 语句的下一条语句。实际上，break 语句也可以用来从循环体中跳出，常常和 if 语句配合使用。例如：

```
for(i=1;i<100;i++)
    if(i>100) break;
```

当变量 i>100 时，退出循环。

break 语句不能用于循环语句和 switch 语句之外的任何其他语句中。

5.6.2　continue 语句

与 break 语句退出循环不同的是，continue 语句只结束本次循环，接着进行下一次循环的判断，如果满足循环条件，继续循环，否则退出循环。

【例 5-4】　阅读下面程序，写出运行结果。

```
1    #include <stdio.h>
2    void main()
3    {
4        int i,s;
5        for(i=1,s=0;i<=10;i++)
6        {
7            if(i%3==0)                    //3,6,9 满足条件
8                continue;
9            if(i%10==5) break;            //5,10 满足条件
10           s=s+i;                        //1,2,4 在此累加
11       }
12       printf("s=%d\n",s);
13   }
```

程序流程图如图 5-8 所示。

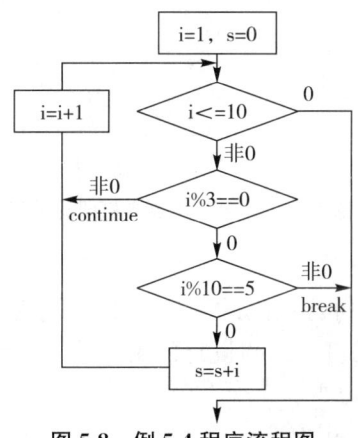

图 5-8　例 5-4 程序流程图

程序的运行结果如图 5-9 所示。

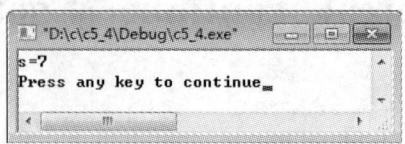

图 5-9 例 5-4 的运行结果

5.6.3 goto 语句

goto 语句为无条件转向语句,形式为:

　　goto 语句标号

语句标号用标识符表示,命名规则同变量名。例如,下面的程序段:
　　i=1;
　　s=0;
　　sum:if (i<=10)
　　{
　　　　s=s+i;
　　　　i=i+1;
　　　　goto sum;　　　　　　　　//sum 就是标识符
　　}
　　…

但对于结构化程序的设计,不主张使用 goto 语句,否则会导致程序流程混乱、可读性差,一般用在特殊的场合,且不宜多用。

5.7　综合案例

案例 5-1　打印"*"组成的图形

▶ 任务

打印如图 5-10 所示的图形。

图 5-10 案例 5-1 要求打印的图形

▶ 分析

程序需要输出 5 行"*",每行输出的"*"个数分别为 1、3、5、7、9,每行"*"星号前面的空格的个数分别为 4、3、2、1、0。假设行的编号为 i(i=1、2、3、4、5),则"*"的个数为 2*i−1,空格的个数为 5−i。

利用循环的嵌套可以完成程序。

⇩ 代码

```c
#include <stdio.h>
void main()
{
    int i,j;
    for(i=1;i<=5;i++)              //i=1~5,代表5行
    {
        for(j=1;j<=5-i;j++)        //j循环5-i次,每次输出1个空格,共5-i个空格
            printf(" ");
        for(j=1;j<=2*i-1;j++)      //j循环2*i-1次,输出2*i-1个"*"
            printf("*");
        printf("\n");              //每行输完需要换行
    }
}
```

案例 5-2 计算 5 的阶乘

⇩ 任务

计算 s＝1×2×3×4×5。

⇩ 分析

题目实际上是求 5!,需要利用"累乘器",如:s＝s*i。

⇩ 代码

```
1    #include <stdio.h>
2    void main()
3    {
4        int i,s;
5        for(i=1,s=1;i<=5;i++)      //s初始化等于1,而不是0
6            s=s*i;                 //累乘器
7        printf("s=%d\n",s);        //当阶乘很大时,用%ld
8    }
```

程序的运行结果为:

　　s＝720

计算阶乘的方法与求和差不多,但要注意累加器 s 初始化为 0,累乘器初始化为 1。由于阶乘的值很容易放大,数据类型定义时要够用才行。

案例 5-3 计算 100 以内的所有素数之和

⇩ 任务

计算 100 以内的所有素数之和。

✣ 分析

"素数"可以从定义来判断,除了 1 和本身之外,没有其他因子。对于任意 100 以内的整数 i,判断其是否为素数的最简单的办法是用 2～i-1 之间的这些数整除 i,只要有能够整除的,则 i 不是素数;如果所有的数都不能整除,则 i 是素数。

判断出 i 是素数后,进行累加求和,即可完成题目的要求。

✣ 代码

```
1     #include <stdio.h>
2     void main()
3     {
4         int i,j,s=0;
5         for(i=2;i<=100;i++)          //通过 i 遍历 100 以内的数
6         {
7             for(j=2;j<=i-1;j++)      //列出 2～i-1 之间的数,判断是否能整除 i
8                 if(i%j==0) break;    //发现整除 i 的数,立即退出 j 循环
9             if(j>i-1)                //j>i-1 表示在 2～i-1 之间没有发现可以整除 i
10            {                         //的数,则可以得出结论:i 是素数
11                printf("%3d",i);     //这一句可以不要,主要用来显示找到的素数
12                s=s+i;               //累加
13            }
14        }
15        printf("\ns=%d\n",s);
16    }
```

程序的运行结果如图 5-11 所示。

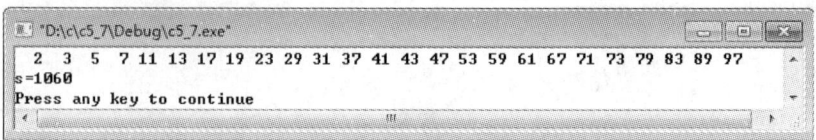

图 5-11 案例 5-3 的运行结果

案例 5-4 计算 Fibonacci 数列前 40 项之和

✣ 任务

计算 Fibonacci 数列前 40 项的和。

✣ 分析

Fibonacci 数列的特点是:前两个数为 1 和 1,从第 3 个数开始,每个数都是前面两个数的和,即:

$$f(n) = \begin{cases} 1 & n=1,2 \\ f(n-1)+f(n-2) & n \geqslant 3 \end{cases}$$

Fibonacci 数列依次为:1,1,2,3,5,8,13,21,34…

代码

```
1   #include <stdio.h>
2   void main()
3   {
4       int f1,f2,f;
5       int i,s;
6       f1=f2=1;
7       s=f1+f2;                //先累加前面 2 个数
8       for(i=3;i<=40;i++)      //i 从 1 到 38 也可以
9       {
10          f=f1+f2;            //计算出下一个数
11          s=s+f;              //累加
12          f1=f2;f2=f;         //准备计算下一个数
13      }
14      printf("%d\n",s);
15  }
```

程序的运行结果如图 5-12 所示。

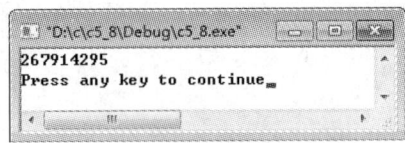

图 5-12　案例 5-4 的运行结果

案例 5-5* 找到三位的"黑洞数"

任务

键盘输入一个三位数（至少有一个数码不同），找到对应的"黑洞数"。

分析

所谓"黑洞数"，指的是将任意一个三位数的三个数码分别从大到小和从小到大排列，所构成的两个数的差再重复刚才的操作，最终止步于某一个数，该数就是"黑洞数"。

例如：168

第 1 次重排，得到最大数 861 和最小数 168，相减得到 693；

第 2 次重排，得到最大数 963 和最小数 369，相减得到 594；

第 3 次重排，得到最大数 954 和最小数 459，相减得到 495；

第 4 次重排，得到最大数 954 和最小数 459，相减得到 495。

相同的操作最后止于 495，则 495 是"黑洞数"。

代码

```
1   #include <stdio.h>
2   void main()
```

```
3    {
4        int w1,w2,w3;
5        int a,b;
6        int max,min;
7        printf("Input a:");
8        scanf("%d",&a);
9        if(a<100 || a>=1000)
10           printf("Input data error");
11       else
12       {                                              //检测是否3个数码都相同
13          if(a%111==0)
14          {
15              printf("data error");
16              return;
17          }
18          while(1)
19          {
20              w1=a%10;                                //个位数码
21              w2=a/10%10;                             //十位数码
22              w3=a/100;                               //百位数码
23
24              max=w1>w2? w1:w2;max=max>w3? max:w3;    //最大数码
25              min=w1<w2? w1:w2;min=min<w3? min:w3;    //最小数码
26              b=(max-min)*100+(min-max);   /*重排的两个数的差,因为中间的
27                                              数相同,相见后抵消,这里不考虑*/
28              if(a==b)                                //找到"黑洞数",输出,退出循环
29              {
30                  printf("a=%d\n",a);
31                  break;
32              }
33              a=b;           //不是"黑洞数",让a等于刚才的两数之差,继续重排、判断
34          }
35      }
36   }
```

程序输出结果如图5-13所示。

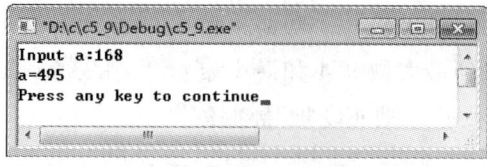

图5-13 案例5-5的运行结果

案例 5-6 完数

▷任务
统计 2~2019 之间所有完数的个数。

▷分析
所谓"完数",指的是一个数如恰好等于它的因子(因子包含 1 但不包含它本身)之和,这个数称为完数,如 6 的因子为 1、2 和 3,因子之和也为 6,所以 6 是完数。

▷代码

```
1   #include <stdio.h>
2   int main()
3   {
4       int i,j,t,n=0;
5       for (i=2;i<=2019;i++)              查找范围
6       {
7           t=1;                            因子和的累加器
8           for (j=2;j<=i/2;j++)
9               if(i%j==0) t+=j;            j是因子就累加到t中
10          if (t==i)                       i是完数,计数器加1
11          {
12              printf("%d\t",i);           输出完数
13              n++;
14          }
15      }
16      printf("n=%d\n",n);                 输出完数的个数
17
18      return 0;
19  }
```

程序输出结果如下:

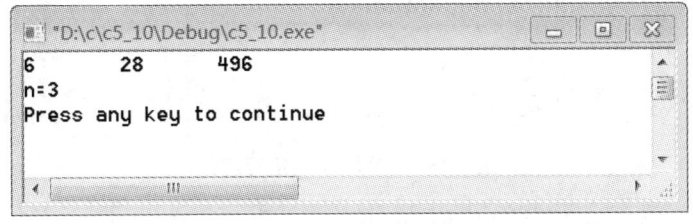

图 5-14 图 5-14 案例 5-6 的运行结果

案例 5-7　计算数列和

🔖**任务**

编程计算并输出下列数列的和:0,1,10,11,100,101,110,111,1000,…,1111。

注意:数列的每一项只能包含数字 0、1。

🔖**分析**

程序需要判断 0~1111 中所有的数的各位数码是 0 或 1,其实相当于数码小于等于 1。

🔖**代码**

```
1    #include <stdio.h>
2    void main()
3    {
4        int s=0;
5        int i;
6        int a,b,c,d;                    //可能有 4 个数码
7        for(i=0;i<=1111;i++)
8        {
9            a=i%10;                     //个位数
10           b=i/10%10;                  //十位数
11           c=i/100%10;                 //百位数
12           d=i/1000;                   //千位数
13           if(a<=1 && b<=1 && c<=1 && d<=1)
14               s=s+i;
15       }
16       printf("s=%d\n",s);
17   }
```

程序输出结果如下:

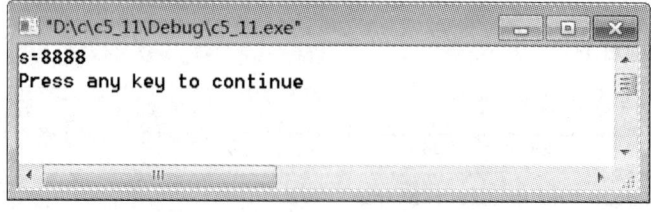

图 5-15　案例 5-7 的运行结果

下面的程序也能完成任务,请读者思考:

```
#include <stdio.h>
void main()
{
```

```
int s=0;
int a=0;
int i,c;
while(a<=1111)
{
    s=s+a;
    a=a+1;
    c=a%10;
    i=10;
    while(c==2)
    {
        a=a+i-2*i/10;
        c=a/i%10;
        i*=10;
    }
}
printf("s=%d\n",s);
}
```

习 题 5

一、选择题

1. "for(i=9;i<=9;i++);"结束后,i 的值是_____。
   A. 9　　　　　　B. 10　　　　　　C. 11　　　　　　D. 12

2. 已知"int k=1;",则语句"while(k<=5) k++;"中循环体语句执行的次数是_____。
   A. 0　　　　　　B. 4　　　　　　C. 5　　　　　　D. 6

3. 执行下面程序后,输出结果是_____。
   ```
   #include <stdio.h>
   void main()
   {
       int x,y;
       for(x=1,y=10;x<y;x++)
           y--;
       printf("%d\n",x);
   }
   ```
   A. 5　　　　　　B. 6　　　　　　C. 4　　　　　　D. 死循环

4. 已知以下程序段:
   ```
   int p;
   do
   ```

```
{    scanf("%d",&p);
}while(p>=100);
```
此处循环的结束条件是_____。

A. p 的值大于 100　　　　　　　　　B. p 的值大于等于 100

C. p 的值小于 100　　　　　　　　　D. p 的值小于等于 100

5. 运行下列程序：
```
#include <stdio.h>
void main()
{
    int i=10,j=0;
    do
    {
        j=j+i;
        i--;
    }while(i>5);
    printf("%d\n",j);
}
```
则输出结果是_____。

A. 45　　　　　B. 40　　　　　C. 34　　　　　D. 55

6. 运行下列程序：
```
#include <stdio.h>
void main()
{
    int k=0,a=1;
    while(k<10)
    {
        for(;;)
        {
            if((k%10)==0)
                break;
            else
                k--;
        }
        k+=11;
        a+=k;
    }
    printf("%d %d\n",k,a);
}
```
则输出结果是_____。

A. 21 32　　　　B. 21 33　　　　C. 11 12　　　　D. 10 11

7. 以下叙述正确的是_____。
   A. do-while 语句构成的循环不能用其他语句构成的循环来代替
   B. do-while 语句构成的循环只能用 break 语句退出
   C. 用 do-while 语句构成的循环，在 while 后的表达式为非零时结束循环
   D. 用 do-while 语句构成的循环，在 while 后的表达式为零时结束循环
8. 有如下程序：
   ```
   #include <stdio.h>
   void main()
   {
       int x=3;
       do
       {
           printf("%d",x——);
       }while(!x);
   }
   ```
   该程序的执行结果是_____。
   A. 3 2 1   B. 2 1 0   C. 3   D. 2
9. 若 k 为整型变量,则下面 while 循环执行的次数为_____。
   k=10;
   while(k==0) k=k-1;
   A. 0 次   B. 1 次   C. 10 次   D. 无限次
10. 下面有关 for 循环的正确描述是_____。
    A. for 循环只能用于循环次数已经确定的情况
    B. for 循环是先执行循环体语句,后判断表达式
    C. 在 for 循环中,不能用 break 语句跳出循环体
    D. for 循环的循环体语句中,可以包含多条语句,但必须用花括号括起来
11. 对 for(表达式 1; ;表达式 3)可理解为_____。
    A. for(表达式 1;0;表达式 3)   B. for(表达式 1;1;表达式 3)
    C. for(表达式 1;表达式 1;表达式 3)   D. for(表达式 1;表达式 2;表达式 3)
12. 若 i 为整型变量,则以下循环执行次数是_____。
    for(i=2; i==0;) printf("%d",i——);
    A. 无限次   B. 0 次   C. 1 次   D. 2 次
13. 以下循环体的执行次数是_____。
    ```
    #include <stdio.h>
    void main()
    {
        int i,j;
        for(i=0,j=3;i<=j;i+=2,j——)
            printf("%d \n",i);
    }
    ```
    A. 3   B. 2   C. 1   D. 0

14. 执行以下程序后,输出结果是_____。
```
#include <stdio.h>
void main()
{
    int y=10;
    do{y--;}while(--y);
    printf("%d\n",y--);
}
```
A. −1 B. 1 C. 8 D. 0

15. 以下程序的输出结果是_____。
```
#include <stdio.h>
void main()
{
    int a,b;
    for(a=1,b=1;a<=100;a++)
    {
        if(b>=10)
            break;
        if(b%3==1)
        {
            b+=3;
            continue;
        }
    }
    printf("%d \n",a);
}
```
A. 101 B. 3 C. 4 D. 5

二、填空题

1. 循环的 3 个常见语句分别是_____、_____和_____。

2. 下面程序的运行结果为_____。
```
#include <stdio.h>
void main()
{
    int a=10, y=0;
    do
    {
        a+=2; y+=a;
        if (y>50) break;
    } while (a<14);
    printf("a=%d, y=%d\n", a, y);
}
```

3. 以下程序的运行结果是_____。
   ```
   #include <stdio.h>
   void main()
   {
       int i,j;
       for (i=1;i<=3;i++)
       {
           for (j=1;j<=i;j++)
               printf("*");
       }
   }
   ```

4. 以下程序的运行结果是_____。
   ```
   #include <stdio.h>
   void scan(char s[])
   {
       int i=0;
       while(s[i]<='9' && s[i]>='0')
           i++;
       s[i]='\0';
   }
   void main()
   {
       char s[]="2015year";
       scan(s);
       printf("%s",s);
   }
   ```

5. 下面程序的运行结果为_____。
   ```
   #include <stdio.h>
   void main()
   {
       int i=10, s=0;
       for (;--i;)
           if (i%3==0)
               s+=i;
       s++;
       printf("s=%f\n", s);
   }
   ```

6. 下面程序的运行结果为_____。
   ```
   #include <stdio.h>
   void main()
   {
   ```

```
    int a=2, n=5, s;
    s=a;
    for (; --n;)
        s=s*10+a;
    printf("%d", s);
}
```

7. 下面程序运行时,循环体语句"a++;"运行的次数为_____。
```
#include <stdio.h>
void main()
{
    int i, j, a=0;
    for ( i=0; i<2; i++)
        for ( j=4; j>=0; j--)
            a++;
}
```

8. 下面的程序运行后,a 的值为_____。
```
#include <stdio.h>
void main()
{
    int i, j, a=0;
    for ( i=0; i<2; i++) a++;
        for ( j=4; j>=0; j--) a++;
}
```

9. 下面程序的运行结果为_____。
```
int i=1, s=3;
do
{
    s+=i++;
    if (s%7==0)    continue;
    else ++i;
} while (s<15);
printf("%d", i);
```

10. 当运行以下程序时,从键盘输入 China#<Enter>,则下面程序的运行结果是_____。
```
#include <stdio.h>
void main()
{
    int v1=0, v2=0;
    char c;
    while ( (c=getchar())!='#')
    {
        switch (c)
```

```
            {
                case 'a':
                case 'h':
                default: v1++;
                case 'o': v2++;
            }
        }
        printf("%d,%d\n", v1, v2);
    }
```

三、改错题

1. for(i=0,i<5,i++) j++;
2. while(j<10);{j++;i=j;}
3. do{j++;a=j;}while(j<10)
4. 用下列程序段实现求 5!。
   int s=1,i=1;
   while(i<=5)
   s*=i;
   i++;
5. 下列程序段实现求半径 r=1 到 r=10 的圆面积,直到面积大于 100 为止。
   for(r=1;r<=10;r++)
   {
       s=3.14159*r*r;
       if(s>100) continue;
       printf("%f",s);
   }

四、编程题

1. 求 1-2+3-4+5-6+7-…+99-100。
2. 任意输入 10 个数,分别计算输出其中正数和负数的和。
3. 计算 1~100 以内所含 6 的数的和。
4. 输出所有的三位水仙花数。所谓"水仙花数"是指所有位的数字的立方之和等于该数,例如:
   $153=1^3+5^3+3^3$
5. 编写程序输出下面的图形。
   1
   23
   456
   7890
6. 输入两个正整数 m 和 n,求其最大公约数和最小公倍数。
7. 输入一个整数,判断它的位数,并重新组合成同样位数的最大值。例如,输入 1345,输出 5431。
8. 换零钱。把一元钱人民币全兑换成硬币,有多少种兑换方法?

第6章 数　组

考核目标

- 了解：数组的存储特点。
- 理解：字符串与字符数组的概念。
- 掌握：一维数组、二维数组和字符数组的定义、初始化和数组元素的使用方法，字符串函数的使用方法。
- 应用：正确使用数组和字符串来解决实际问题。

6.1 数组的基本概念

设有以下变量：

　　int a1,a2,a3,…,a10

请给这10个变量赋值，并求它们的平均值。

这个任务有点麻烦，难道需要这样：

　　scanf("%d%d%d%d%d%d%d%d%d%d",&a1,&a2,&a3,&a4,&a5,&a6,&a7,&a8,&a9,&a10);

这是一条非常糟糕的语句。

其实可以用"数组"来解决这个问题。

所谓**"数组"**，就是一组类型相同的变量。它用一个数组名标识，每个数组元素都是通过数组名和元素的相对位置——下标来引用的。数组可以是一维的，也可以是多维的。所以，数组是一种构造的数据类型。

上面的10个变量可以用数组来代替：

　　int a[10];

该数组包括以下10个元素：

a[0],a[1],a[3],…,a[9]

其中下标从0开始，和前面不同的是，这些变量统一共享一个数组名a。如果要对10个变量赋值，可以这样：

```
for(i=0;i<10;i++)
    scanf("%d",&a[i]);
```

求平均值也很简单：

```
for(i=0;i<10;i++)
    s=s+a[i];
average=s/10;
```

6.2 一维数组

一维数组用于存储一行或一列的数据。定义方式如下：

　　<类型> <数组名>[<常量表达式>];

"类型"指的是数组元素的数据类型，可以是 int、char、float 等各种类型。"数组名"是数组的标识，其命名规则同变量名。"常量表达式"用来定义数组的长度，数组必须先定义再使用。

例如：

　　int a[10];
　　char name[20];

C语言不允许对数组的大小作动态定义,即定义行中的数组长度可以包括常量和符号常量,但不能包括变量。例如,下面的定义是错误的。

  int n=10; int a[n];   //n是变量

而下面的定义是正确的:

  #define N 10
  void main()
  {
    int a[N];   //N为符号常量
    …
  }

定义数组的同时可以对数组初始化。以下初始化的方法都是允许的:

  int a[10]={1,2,3,4,5,6,7,8,9,10}; //完全初始化
  int a[]={1,2,3,4,5,6,7,8,9,10};   //完全初始化,省略长度说明
  int a[10]={1,2,,4,5};   //部分元素初始化

数组元素的下标从0开始。

  int a[10];

例如,第5个元素是a[4]。有的书上也称第1个元素为第0个元素,这种说法会导致歧义。

n个元素的数组,其最大下标是$n-1$,如上面的数组,最后一个元素是a[9],不存在a[10]这个元素。

数组名不能像变量一样进行赋值操作。以下用法是错误的:

  int a[10],b[10];
  a=b;

有意思的是 &a 也是可以的,但不建议这样使用,实际上 & 后面应该是变量。

【例6-1】 编程求10个数中的最大值、最小值和平均值。输出所有小于平均值的数。

运行后输入 55 66 77 88 99 44 55 66 77 88<Enter>。

程序如下:

```
1    #include <stdio.h>
2    void main()
3    {
4        int i;
5        double a[10];
6        double max,min;
7        double s=0,average;
8        printf("Input 10 numbers:");
9        for (i=0;i<10;i++)
10           scanf("%lf",&a[i]);
11       s=max=min=a[0];
```

```
12      for (i=1;i<10;i++)
13      {
14          max=max>a[i]? max:a[i];          //最大数
15          min=min<a[i]? min:a[i];           //最小数
16          s=s+a[i];                         //求和
17      }
18      average=s/10;                         //平均值
19      printf("max=%.2lf,min=%.2lf,average=%.2f\n",max,min,average);
20      for(i=0;i<10;i++)
21          if(a[i]<average)
22              printf("%.2lf ",a[i]);        //输出小于平均值的数
23      printf("\n");
24  }
```

运行结果如图 6-1 所示。

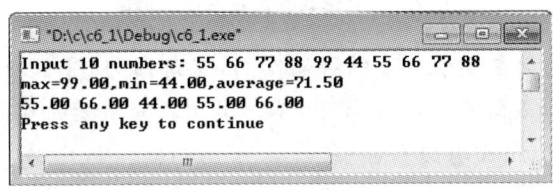

图 6-1　例 6-1 的运行结果

通过上面的程序可以看出，数组的最大优点就是：

①数组元素可以用数组名和下标来访问，而下标可以是变量甚至是表达式，所以可以结合循环来访问数组中的所有元素，从而给访问和操作一组变量带来了极大的方便。

②数组元素之间有密切的顺序关系。

6.3　二维数组和多维数组

二维数组用于存放矩阵形式的数据，如二维表格等数据。

定义二维数组的格式如下：

　　<类型> <数组名> [<常量表达式 1>][<常量表达式 2>];

例如：

　　int a[3][4];   //3×4 的矩阵，共 12 个元素

　　float f[5][10];   //5×10 的矩阵，共 50 个元素

以上和一维数组相似，定义了一组变量，只不过这些变量有行和列的排列。例如，int a[3][4]的排列如下：

　　　　a[0][0]　a[0][1]　a[0][2]　a[0][3]
　　　　a[1][0]　a[1][1]　a[1][2]　a[1][3]
　　　　a[2][0]　a[2][1]　a[2][2]　a[2][3]

以上是便于理解和引用的逻辑排列结构，在计算机的内存中，其物理存储结构会因

为系统的不同而不同,例如,图6-2所示的物理存储结构。

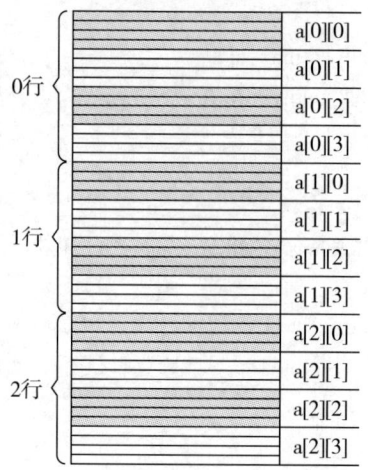

图6-2 二维数组内存存储示意图

注意:图中每个元素占4个字节的存储空间,这是因为32位机器的int型的长度为4字节,如果是16位机器就是2个字节了,不同类型不同机器每个元素的长度不一样。

二维数组的初始化形式可以有:

  int a[3][4]={1,2,3,4,5,6,7,8,9,10,11,12}; //完全初始化

  int a[][4]={1,2,3,4,5,6,7,8,9,10,11,12}; //完全初始化,省略行

  int a[3][4]={{1,2,3,4},{5,6,7,8},{9,10,11,12}}; //分行完全初始化,可读性较好

  int a[3][4]={1,2,3,4}; //部分初始化

引用二维数组元素的方法与一维数组类似,只不过多了一个下标,经常需要结合循环的嵌套来完成。

【例6-2】 演示二维数组的定义及元素引用。

```
1   #include <stdio.h>
2   void main()
3   {
4       int i,j;
5       int a[4][4];
6       for(i=0;i<4;i++)
7       {
8           for(j=0;j<4;j++)
9           {
10              a[i][j]=i+j;
11              printf("%3d",a[i][j]);
12          }
13          printf("\n");
14      }
15  }
```

程序的运行结果如图 6-3 所示。

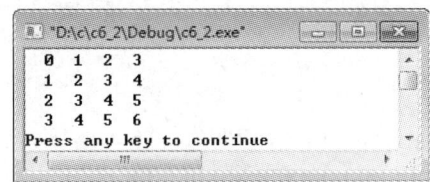

图 6-3　例 6-2 的运行结果

【例 6-3】 输出一个二维整型数组中所有的素数。

```
1   #include <stdio.h>
2   void main()
3   {
4       int a[2][10]={{16,31,17,97,45,23,87,64,55,37},
5                     {17,32,18,98,46,24,88,65,56,38}};
6       int i,j,k;
7       for(i=0;i<2;i++)                         //控制行
8           for(j=0;j<=10;j++)                   //控制列
9           {
10              for(k=2;k<=a[i][j]-1;k++)        //判断 a[i][j]是否是素数
11                  if(a[i][j]%k==0)
12                      break;
13              if(k==a[i][j])                   //a[i][j]是素数
14                  printf("%3d",a[i][j]);
15          }
16      printf("\n");
17  }
```

程序的运行结果如图 6-4 所示。

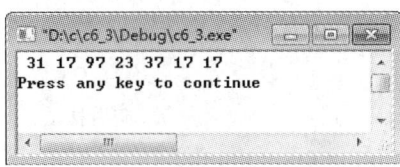

图 6-4　例 6-3 的运行结果

二维数组的引用需要两重循环来分别控制行和列,程序中需要注意行与列的关系。

6.4　字符数组与字符串

6.4.1　字符数组及字符串的定义与初始化

字符数组其实就是类型为字符型的数组,每一个元素存放一个字符,主要用于存储和处理字符型数据。

字符数组的定义和一般的数组一样,例如:

char s[10];

char t[2][20];

初始化的方法如下:

char s[12]={'H','e','l','l','o',' ','W','o','r','l','d','!'};   //完全初始化

char s[]={'H','e','l','l','o',' ','W','o','r','l','d','!'};   //完全初始化,省略长度

char s[12]={'H','e','l','l','o'};   //不完全初始化

char s[12]={"Hello World!"};   //字符串形式的初始化

char s[12]="Hello World!";   //省略花括号的字符串形式的初始化

后面两种初始化的结果如图 6-5 所示。

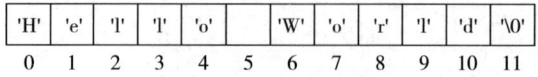

图 6-5　字符串存储形式

如果长度不是 12 而是 11 的话,最后一个字符串结束符'\0'将不能存储。

【例 6-4】　输入一串字符,将其按逆序输出。

```
1    #include <stdio.h>
2    #include <string.h>
3    void main()
4    {
5        char s[100];
6        int i=0;
7        printf("Input a string:");
8        gets(s);
9        while(s[i]!='\0') i++;        //循环结束后,i指向结束符
10       --i;                          //i指向结束符前面的字符,即最后一个字符
11       while(i>=0)                   //循环的条件是i没超过第1个字符
12       {
13           putchar(s[i]);
14           i--;                      //i向后移动
15       }
16       putchar('\n');
17   }
```

程序的运行结果如图 6-6 所示。

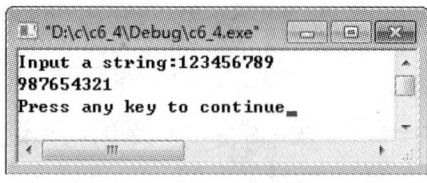

图 6-6　例 6-4 的运行结果

其实，程序的第 10 到 15 行可以简化为：
```
while(——i>=0)
    putchar(s[i]);
```
——i 放在循环的条件表达式位置，也是循环的一部分，会重复运行。

6.4.2 字符串函数

为了处理字符串方便，C 语言库函数中提供了很多字符串处理函数，使用这些函数需要包含头文件 string.h，形式如下：

♯include <string.h>

下面具体介绍其中常用的函数。

(1)strlen(字符串) 字符串长度函数

求字符串 s 中第一个结束符'\0'前的字符个数。例如：

```
char s[100]="Hello World!";        //长度是 12,存储长度 100
char t[100]="123456789\06789\0";   //长度是 9,存储长度 100
```

(2)strcpy(字符串 1, 字符串 2) 字符串复制函数

函数将字符串 2 复制到字符串 1。很显然，字符串 1 必须有足够的空间来存储复制过来的字符串 2。例如：

```
char s1[20];
char s2[]="Good luck";
strcpy(s1,s2);
puts(s1);
```

strcpy 函数可以将结束符一起复制过去，以上复制操作也可以直接写成：

strcpy(s1,"Good luck");

(3)strcat(字符串 1, 字符串 2) 字符串连接函数

函数将字符串 2 连接到字符串 1 后面。很显然，字符串 1 也必须有足够的空间来存储由原来的字符串 1 和字符串 2 构成的新字符串 1 字符串。例如：

```
char s1[20]="Good luck";
char s2[]=" to you!";
strcpy(s1,s2);
puts(s1);
```

连接后 s1 的有效字符长度为 18，包括结束符在内，s1 至少需要 19 个字符长度，否则连接是错误的。

(4)strcmp(字符串 1, 字符串 2) 字符串比较函数

函数比较 s1 和 s2 字符串的大小，并返回比较的结果。若 s1 大于 s2，则返回一个正整数；若 s1 等于 s2，则返回 0；若 s1 小于 s2，则返回一个负整数。

字符串比较规则：自左向右按 ASCII 码值大小进行比较，直至出现一对不同字符或者遇到结束符为止。例如：

strcmp("ABC","abc")   //返回负整数,前面字符串小

strcmp("ABC","ABC\0abc")   //返回0,二者相等,'\0'后面不是有效字符
strcmp("ABC","AB")   //返回正整数,前面的大,可以理解成'C'比'\0'大
strcmp("AB","ABC")   //返回负整数,前面的小,可以理解成'\0'比'C'小

根据比较结果可以进行字符串排序操作。

(5) strlwr(字符串) 字符串大写变小写

将字符串 s 的所有大写字母转换成小写字母。

(6) strupr(字符串) 字符串小写变大写

将字符串 s 的所有小写字母转换成大写字母。

6.5 综合案例

案例 6-1 用冒泡法将 5 个数排序输出

✦任务

将 5 个数排序输出(用冒泡法)。

✦分析

冒泡法是排序算法中的一种比较容易理解的一种方法。所谓**"冒泡法"**,就是指找到的小数像气泡一样浮出水面被发现。为了理解算法,来看下面的例子。

假如有 5 个数 6、2、9、1、8。冒泡法采用的基本操作是"比较和交换",规则是:两两比较,若前者小于后者,则交换。具体见表 6-1。

表 6-1 冒泡法实例

轮次	数据	比较对象	大小关系	是否交换
1	6 2 9 1 8	6 和 2	6>2	不交换
	6 2 9 1 8	2 和 9	2<9	交换
	6 9 2 1 8			
	6 9 2 1 8	2 和 1	2>1	不交换
	6 9 2 1 8	1 和 8	1<8	交换
	6 9 2 8 1			
2	6 9 2 8 1	6 和 9	6<9	交换
	9 6 2 8 1			
	9 6 2 8 1	6 和 2	6>2	不交换
	9 6 2 8 1	2 和 8	2<8	交换
	9 6 8 2 1			
3	9 6 8 2 1	9 和 6	9>6	不交换
	9 6 8 2 1	6 和 8	6<8	交换
	9 8 6 2 1			
4	9 8 6 2 1	9 和 8	9>8	不交换

第 1 轮,4 次比较,2 次交换,得到 5 个数中的最小数 1;
第 2 轮,3 次比较,2 次交换,得到前 4 个数中的最小数 2;
第 3 轮,2 次比较,1 次交换,得到前 3 个数中的最小数 6;
第 4 轮,1 次比较,0 次交换,得到前 2 个数中的最小数 8。
剩下的数 9 自然是最大数了。

算法中,每轮的比较范围是在收敛的,第 1 轮,所有的数都参与比较;第 2 轮,因为第 1 轮找到了 5 个数中的最小数,所以比较范围减少 1 个数,即 5 个数中的最小数。

▷ 代码

```
1   #include <stdio.h>
2   void main()
3   {
4       int a[5]={6,2,9,1,8};
5       int i,j,t;
6       for(i=0; i<4; i++)              //0~3,共 4 轮
7       {
8           for( j=0; j<4-i; j++)       //0~3-i,分别是 4、3、2、1 次比较
9               if(a[j]<a[j+1])         //前面的数比后面的数小,则交换
10              {
11                  t=a[j];             //交换 a[j]和 a[j+1]
12                  a[j]=a[j+1];
13                  a[j+1]=t;
14              }
15      }
16      for(i=0;i<5;i++)
17          printf("%3d",a[i]);
18      printf("\n");
19  }
```

程序的运行结果如图 6-7 所示。

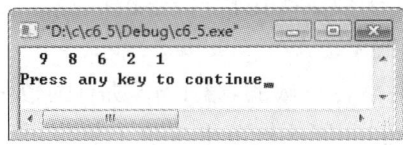

图 6-7 案例 6-1 的运行结果

案例 6-2 用选择排序法将 5 个数排序输出

▷ 任务

将 5 个数排序输出(用选择排序法)。

✏ 分析

选择排序法也是一种比较容易理解的一种方法。为了理解算法,来看下面的例子。

假如有 5 个数 6、2、9、1、8。选择排序采用的基本操作也是"比较和交换",不过比较的对象中有一个数是固定的,具体见表 6-2。

表 6-2 选择排序法实例

轮次	数据	比较对象	大小关系	是否交换
1	6 2 9 1 8	6 和 2	6>2	不交换
	6 2 9 1 8	6 和 9	6<9	交换
	9 2 6 1 8			
	9 2 6 1 8	9 和 1	9>1	不交换
	9 2 6 1 8	9 和 8	9>8	不交换
2	9 2 6 1 8	2 和 6	2<6	交换
	9 6 2 1 8			
	9 6 2 1 8	6 和 1	6>1	不交换
	9 6 2 1 8	6 和 8	6<8	交换
	9 8 2 1 6			
3	9 8 2 1 6	2 和 1	2>1	不交换
	9 8 2 1 6	2 和 6	2<6	交换
	9 8 6 1 2			
4	9 8 6 1 2	1 和 2	1<2	交换
	9 8 6 2 1			

第 1 轮,第 1 个数和后 4 个数 4 次比较,1 次交换,得到 5 个数中的最大数 9;
第 2 轮,第 2 个数和后 3 个数 3 次比较,2 次交换,得到后 4 个数中的最大数 8;
第 3 轮,第 3 个数和后 2 个数 2 次比较,1 次交换,得到后 3 个数中的最大数 6;
第 4 轮,第 4 个数和后 1 个数 1 次比较,1 次交换,得到后 2 个数中的最大数 2;
剩下的数 1 自然是最小数了。

算法中,每轮的比较范围是在收敛的,第 1 轮,所有的数都参与比较;第 2 轮,因为第 1 轮找到了 5 个数中的最小数,所以比较范围减少 1 个数,即 5 个数中的最小数。

✏ 代码

```
1   #include <stdio.h>
2   void main()
3   {
4       int a[5]={6,2,9,1,8};
5       int i,j,t;
6       for(i=0; i<4; i++)          //0~3,共 4 轮
7       {
```

```
8           for( j=i+1; j<=4; j++)      //i+1~4,分别是 1~4,2~4,3~4,4~4
9             if(a[i]<a[j])             //a[i]比 a[j]小,则交换
10            {
11                t=a[i];
12                a[i]=a[j];
13                a[j]=t;
14            }
15      }
16      for(i=0;i<5;i++)
17          printf("%3d",a[i]);
18      printf("\n");
19  }
```

程序的运行结果同图 6-7。

案例 6-3　编写程序实现字符串的复制与连接

🌱**任务**

编写程序实现字符串的复制与连接。

🌱**分析**

字符串的复制和连接操作分别对应字符串函数 strcpy 和 strcat。下面编程来实现这两个函数的功能。

复制操作是字符的赋值操作,源串和目标串的字符位置是对应的;连接操作是将一个字符串中的字符依次放在另一个字符串的后面。

🌱**代码**

```
1   #include <stdio.h>
2   void main()
3   {
4       char s1[100];
5       char s2[]="12345",s3[]="6789";
6       int i,j;
7
8       i=0;                            //字符串复制操作
9       while(s2[i]!='\0')
10      {
11          s1[i]=s2[i];
12          i++;
13      }
14      s1[i]='\0';                     //字符串结束符没有复制,单独设置
15
```

```
16        j=0;                              //字符串连接操作
17        while(s3[j]!='\0')                //j 指向 s3,i 指向 s1
18        {
19            s1[i]=s3[j];
20            i++;
21            j++;
22        }
23        s1[i]='\0';
24        printf("%s\n",s1);                 //输出的是复制和连接后字符串 s1
25    }
```

程序的运行结果如图 6-8 所示。

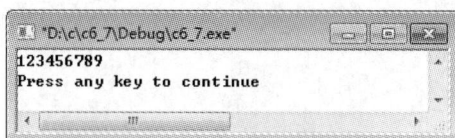

图 6-8　案例 6-3 的运行结果

案例 6-4　编写程序实现字符串中字符的插入和删除操作

▷任务
编写程序实现字符串中字符的插入和删除操作。

▷分析
字符串的插入和删除需要整体移动字符串,插入操作需要后移,删除操作需要前移。

▷代码

```
1    #include <stdio.h>
2    void main()
3    {
4        char s[100]="123456789123456789";
5        char c1='0',c2='4';          //c1 是要插入的字符,c2 是要删除的字符
6        int i,j,n=9;                 //n 是要插入的位置
7
8        i=0;
9        while(s[i]!='\0') i++;       //i 指向结束符
10
11       while(i>=n)                  /*从 n 位置开始的字符全部后移 1 位,后移的方法是从
12       {                              最后一个字符开始依次后移 1 位*/
13           s[i]=s[i-1];
14           i--;
15       }
```

16	s[i]=c1;	//插入字符 c1
17	printf("%s\n",s);	
18	i=0;	//开始删除指定的字符 c2
19	j=0;	
20	while(s[i]!='\0')	//i 从头到尾逐个扫描
21	{	
22	if(s[i]!=c2)	//遇到不是要删除的字符
23	{	
24	s[j]=s[i];	//将 i 指向的字符赋值给 j 指向的位置
25	j++;	
26	}	/*i 总是逐个字符向后移动,j 的移动是有条件的,即 i 指向
27	i++;	的不是要删除的字符才移动,相当于删除指定的字符 */
28	}	
29	s[j]='\0';	//最后设置一个结束符
30	printf("%s\n",s);	
31	}	

程序的运行结果如图 6-9 所示。

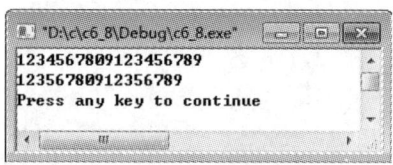

图 6-9 案例 6-4 的运行结果

案例 6-5 编程输出杨辉三角形

✏ 任务

编程输出杨辉三角形(前 10 行)。

✏ 分析

杨辉三角形最初是由我国古代数学家杨辉发现,其样式如图 6-10 左图所示。

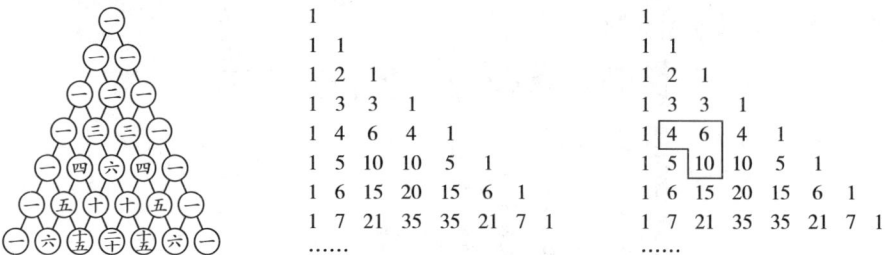

图 6-10 杨辉三角形

实际上,三角形中的数字是由 $(x+y)^n$ 展开后的多项式系数排列而成,例如:

$(x+y)^1$ 展开后: $x+y$

$(x+y)^2$ 展开后: $x^2+2xy+y^2$

$(x+y)^3$ 展开后:$x^3+3x^2y+3xy^2+y^3$

$(x+y)^4$ 展开后:$x^4+4x^3y+6x^2y^2+4xy^3+y^4$

……

将多项式系数排列可以得到如图 6-10 的中图。

杨辉三角形的规律如下:

①第一列及对角线元素均为 1。

②其他元素为其所在位置的上一行对应列和上一行前一列元素之和。如图 6-10 右图所示的三角形中标注的 3 个数 4、6、10。

如果用二维数组 a[10][10]来存储杨辉三角形(10 行),则有:

①a[i][0]和 a[i][i]都等于 1。

②其他元素 a[i][j]=a[i−1][j−1]+a[i−1][j]。

这个在数学里很容易证明,有兴趣的读者可以去验证一下:

$$C_{n+1}^m = C_n^{m-1} + C_n^m$$

✦代码

```
1    #include <stdio.h>
2    void main()
3    {
4        int i,j,a[10][10];
5        for(i=0;i<10;i++)
6            a[i][i]=a[i][0]=1;              //第 1 列和对角线都是 1
7        for(i=2;i<10;i++)
8            for(j=1;j<=i-1;j++)
9                a[i][j]=a[i-1][j-1]+a[i-1][j];   //除了第 1 列和对角线的元素的处理
10       for(i=0;i<10;i++)
11       {
12           for(j=0;j<=i;j++)                /* 只输出到对角线位置,对角线之外的
13               printf("%4d",a[i][j]);       数组元素没有赋值,不需要输出 */
14           printf("\n");
15       }
16   }
```

程序的运行结果如图 6-11 所示。

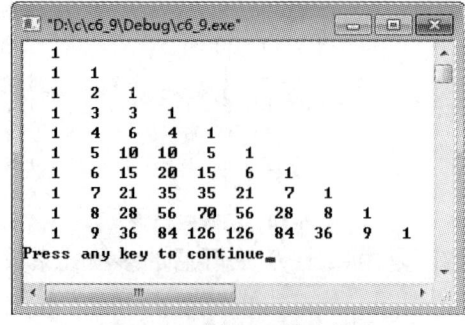

图 6-11 案例 6-5 输出结果

实际上,也可以用一维数组来输出杨辉三角形,程序如下:

```
1   #include <stdio.h>
2   void main()
3   {
4       int i,j,a[10];
5       for(i=0;i<10;i++)
6       {
7           a[0]=a[i]=1;                //第1列和对角线都是1
8           for(j=i-1;j>=1;j--)         //从后往前更新数据
9               a[j]=a[j-1]+a[j];       //除了第1列和对角线的元素的处理
10          for(j=0;j<=i;j++)           //输出所有的数组元素
11              printf("%4d",a[j]);
12          printf("\n");
13      }
14  }
```

程序的输出结果是一样的。

案例 6-6 输入某年的某个月份,打印该月份的日历

▶ **任务**

输入2015年的某个月份,打印该月份的日历。

▶ **分析**

只要将2015年每月的天数存储在数组中,然后根据2015年1月1日是星期几,即可得到该月的1号是星期几,然后根据该月的天数可输出该月份的日历。

▶ **代码**

```
1   #include <stdio.h>
2   void main()
3   {
4       int i;
5       int a[12]={31,28,31,30,31,30,31,31,30,31,30,31};   //数组a保存每个月有多少天
6       int begin=4;                                        //2015.1.1是星期四
7       int m;
8       printf("输入月份:");
9       scanf("%d",&m);
10      for(i=0;i<m-1;i++)
11          begin=(begin+a[i]) % 7;                         //根据月份调整1号的星期数
12      printf("\n 日一二三四五六\n");
13      for(i=0;i<begin*3;i++)printf(" ");                  //输出1号前面的空格
14      for(i=1;i<=a[m-1];i++)
```

```
15        {
16            printf("%3d",i);
17            if((i+begin) % 7==0)   printf("\n");        //输出一行后换行
18        }
19        printf("\n");
20  }
```

输出效果如图 6-12 所示。

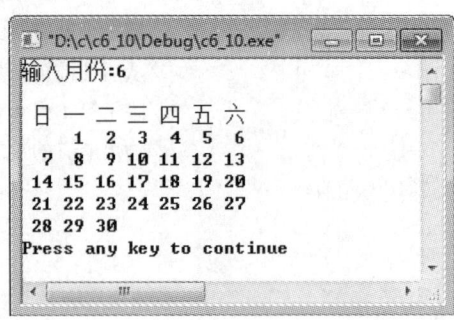

图 6-12 案例 6-6 运行效果图

案例 6-7 编程计算打车费用

✎任务

小汪参加了一个研究生考试培训班,共 30 次课,由于路途较远,每次都是打车去上课,来回的车费分别存储在数组 a 和 b 中,其中-1 表示未去上课。

编程计算小汪参加培训班共打车花费多少钱?平均每次打车的费用是多少。

✎分析

程序很简单,只要在累加费用的时候判断费用是否为-1,不是则累加。需要注意的是,在计算有效费用的次数时排除-1 的情况。

✎代码

```
1   #include <stdio.h>
2   void main()
3   {
4       double a[30]={31.0,32.0,30.3,32.8,30.5,30.6,31.0,32.8,-1,31.8,31.9,31.5,
5       32.3,32.3,31.8,32.5,31.5,30.3,30.4,32.5,30.2,30.2,30.7,32.1,32.1,31.4,
6       31.9,31.9,-1,30.5};                    //去程车费
7       double b[30]={30.2,30.2,30.3,31.6,32.7,31.5,30.4,32.4,-1,31.0,31.8,32.1,
8       31.6,31.4,32.4,32.1,32.5,32.3,32.5,31.4,31.2,30.3,32.3,30.7,31.3,30.2,
9       31.1,30.5,-1,31.9};                    //回程车费
10      int i=0,n=0;
11      double s=0;
```

```
12      for(i=0;i<30;i++)
13      {
14          if(a[i]!=-1) {s=s+a[i];n++;}
15          if(b[i]!=-1) {s=s+b[i];n++;}
16      }
17      printf("s=%.1f,average=%.1f\n",s,s/n);
18  }
```

输出效果如图 6-15：

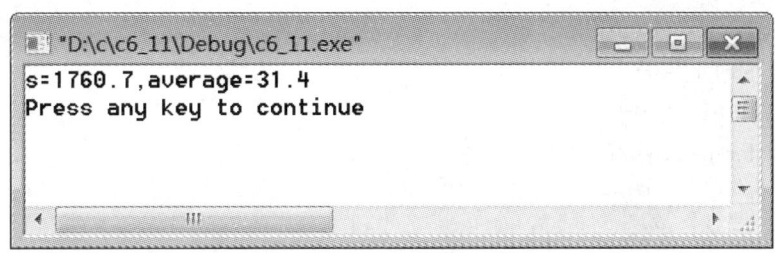

图 6-15 案例 6-7 运行效果图

习 题 6

一、选择题

1. 已知："char s[20];"，以下正确的语句是_____。
   A. s="Merry Christmas";   B. s[20]="Merry Christmas";
   C. strcpy(s,"Merry Christmas"); D. strcpy("Merry Christmas",s);

2. 以下程序的输出结果是_____。
   ```
   #include <stdio.h>
   void main()
   {
       int i,k,a[10],p[3];
       k=5;
       for (i=0;i<10;i++) a[i]=i;
       for (i=0;i<3;i++) p[i]=a[i*(i+1)];
       for (i=0;i<3;i++) k+=p[i]*2;
       printf("%d\n",k);
   }
   ```
   A. 20   B. 21   C. 22   D. 23

3. 下列描述中不正确的是_____。
   A. 字符型数组中可以存放字符串
   B. 可以对字符型数组进行整体输入、输出

C. 可以对实型数组进行整体输入、输出

D. 不能在赋值语句中通过赋值运算符"="对字符型数组进行整体赋值

4. 以下程序的输出结果是_____。

```
#include <stdio.h>
void main()
{
    int a[3][3], i, j;
    for(i=0;i<3;i++)
        for(j=0;j<3;j++)
            a[i][j]=i+j;
    for(i=0;i<2;i++)
        for(j=0;j<2;j++)
            a[i+1][j+1]+=a[i][j];
    printf("%d \n",a[i][j]);
}
```

A. 14   B. 0   C. 6   D. 值不确定

5. 设有数组定义："char array[]="China";"，则数组 array 所占的空间为_____。

A. 4 个字节   B. 5 个字节   C. 6 个字节   D. 7 个字节

6. 执行下列程序时输入：123<空格>456<空格>789<回车>，输出结果是_____。

```
#include <stdio.h>
void main()
{
    char s[100]; int c, i;
    scanf("%c",&c);
    scanf("%d",&i);
    scanf("%s",s);
    printf("%c,%d,%s \n",c,i,s);
}
```

A. 123,456,789   B. 1,456,789   C. 1,23,456,789   D. 1,23,456

7. 下列程序执行后的输出结果是_____。

```
#include <stdio.h>
void main()
{
    char arr[2][4];
    strcpy(arr,"you"); strcpy(arr[1],"me");
    arr[0][3]='&';
    printf("%s\n",arr);
}
```

A. you&me   B. you   C. me   D. arr

8. 下面能正确将字符串"Boy"进行完整赋值操作的语句是_____。
   A. char s[3]={'B','o','y'};   B. char s[ ]="Boy";
   C. char s[3]={"Boy"};   D. char s[3];s[0]='B';s[1]='o';s[2]='y';
9. 已知:"char a[3][10]={"hefei","anqing","huangshan"};",能正确显示字符'q'的语句是_____。
   A. printf("%c",a[1][2]);   B. printf("%c",a[2][2]);
   C. printf("%c",a[1][3]);   D. printf("%c",a[2][3]);
10. 已知:"int s[8]={1,2,3,4,5,6,7,8},x;",则执行语句"x=s[2]+s[4];"后,x的值是_____。
    A. 6   B. 8   C. 3   D. 7

二、阅读程序题

1. 写出下面程序的运行结果。
```
#include <stdio.h>
void main()
{
    int s[2][3]={6,5,4,3,2,1};
    int i,j;
    for(i=0;i<=1;i++)
    {
        for(j=0;j<=2;j++)
            printf("%3d",s[i][j]);
        printf("\n");
    }
}
```

2. 写出下面程序的运行结果。
```
#include <stdio.h>
void main()
{
    char s1[6],s2[6],s3[6],s4[6];
    scanf("%s%s",s1,s2);
    gets(s3);
    gets(s4);
    puts(s1);puts(s2);puts(s3);puts(s4);
}
```
运行时输入以下数据:

aaa bbb↙

ccc ddd↙

3. 写出下面程序的运行结果,并指出该程序的功能。
```
#include <stdio.h>
void main()
```

```
    {
        int i,j;
        int temp;
        int ii,jj;
        int s[4][3]={{3,32,14},{10,12,3},{11,2,33},{6,7,28}};
        temp=s[0][0];
        ii=jj=0;
        for(i=0;i<4;i++)
            for(j=0;j<3;j++)
                if(s[i][j]<temp)
                {
                    temp=s[i][j];
                    ii=i;
                    jj=j;
                }
        printf("%d,%d,%d\n",temp,ii,jj);
    }
```

三、编程题

1. 编程,求一个4×4矩阵两条对角线上所有元素之和。

2. 将一个二维数组行和列交换后,存到另一个二维数组中。

3. 输入4个字符串,找出其中最大者。

4. 编写程序,求下列矩阵各行元素之和及各列元素之和。

1	2	3	4	5
2	3	4	5	6
3	4	5	6	7
4	5	6	7	8

5. 有一篇文章,共有3行文字,每行最多80个字符。要求分别统计其中英文大写字母、小写字母、数字、空格,以及其他字符的个数。

6. 设有未完成的函数:

```
char GetChar(char c)
{
    char s[]="9038571426";
    …
}
```

字符串 s 中无序存储了10个数字字符,没有重复。函数的功能是:

(1)如果字符 c 不是数字字符,函数原样返回该字符。

(2)在 s 中查找字符 c 并返回其在 s 中的前一个字符。如果该字符位于 s 的最前面(字符'9'),则返回最后一个字符'6'。

例如:GetChar('4')得到字符'1',GetChar('T')得到字符'T'。

请设计并完成该函数。

第7章 函 数

考核目标

- 了解:变量存储类别的概念。
- 理解:函数的定义和调用,函数返回值及类型。
- 掌握:函数参数传递的方式,函数调用的方法和规则,函数嵌套调用和递归调用的执行过程,数组作为函数参数的使用方法,多个函数组成C程序的方法。
- 应用:使用函数完成程序设计任务的分解,实现模块化程序设计。

7.1　计算 1＋2＋3＋…＋100

【例 7-1】 计算 1＋2＋3＋…＋100。

参考第 5 章,很容易写出下面的程序:

```
1    #include <stdio.h>
2    void main()
3    {
4        int i,s=0;
5        for(i=1;i<=100;i++) s=s+i;
6        printf("%d\n",s);
7    }
```

程序也可以这样写:

```
1    #include <stdio.h>
2    int sum(int n)               //定义一个函数 sum,用来计算 1 到 n 的和
3    {
4        int i,s=0;
5        for( i=1; i<=n; i++) s=s+i;
6        return s;
7    }
8    void main()
9    {
10       printf("s=%d\n",sum(100));   //调用 sum,计算 1 到 100 的和
11   }
```

改写的程序其实是将原先程序中的一段代码单独作为一个可以调用的模块,这个模块就是"函数",函数可以实现程序的模块化,使得程序设计简单、直观,提高程序的可读性和可维护性,程序员还可以将一些常用的算法编写成通用函数,以供随时调用。因此无论程序的设计规模有多大、多复杂,都是划分为若干个相对独立、功能较单一的函数,通过对这些函数的调用,从而实现程序的功能。

上面改写的程序可以很轻松地计算:

(1)＋(1＋2)＋(1＋2＋3)＋…＋(1＋2＋3＋…＋10)

只要在主函数中写入下面的代码即可:

for(i=1;i<=10;i++) s=s+sum(i);

C 语言的函数分为库函数和用户自定义函数。

下面具体介绍函数的定义和使用。

7.2 函数的定义与使用

7.2.1 函数定义

函数的定义如下：

  类型 函数名(参数列表)
  {
    函数体
  }

"类型"指的是函数返回值的数据类型。"函数名"采用标识符命名，一对括号"( )"内是形式参数列表。一对大括号"{ }"内是"函数体"，由一组语句组成，用来实现具体的功能。

函数通过 return 语句返回值，返回值通常是运行结果或状态值。例如：

  return 0;

return 后面也可以跟表达式，如：

  return x+y;

返回值的类型也可以是 void 类型，这种情况下可以写成：

  return;

也可以省略返回语句。

参数列表可以是以下形式：

(1) void

表示函数没有参数，通常把这种函数称为"无参函数"。例如：

```
int welcome(void)
{
    printf("Welcome to you,sit down please! \n");
    return 0;
}
```

(2) **类型 1 参数名 1，类型 2 参数名 2，…**

函数包含一个或多个参数，每个参数都必须标注具体的数据类型。这样的函数又称为"有参函数"。例如：

```
int sum(int n)
{
    int i,s=0;
    for(i=1;i<=n;i++)
        s=s+i;
    return s;
}
```

函数计算并返回 1 到 n 之间的整数之和。

7.2.2 函数调用

函数的执行是由函数的调用来完成的。

C程序通过main()函数直接或间接调用其他函数。函数被调用时获得程序控制权,调用完成后,返回调用处执行后面的语句。

函数调用的形式如下：

  函数名(实参列表)

函数调用的形式既可以出现在表达式中,也可以作为一条单独的语句来使用。例如：

  s=sum(1)+sum(2)+sum(3)+sum(4)+sum(5);
  strcpy(s,"Good luck to you!");

从调用的角度,参数可分为实际参数和形式参数,或简称为实参和形参。实参和形参一一对应的关系,参数的个数和类型都必须一致。如果类型不一致将自动转换,不能自动转换的将在编译或运行时出错。

实参和形参各自分配独立的存储单元,形参在所在函数被调用时才分配存储单元,调用完成后被立即释放。实参可以是常量、变量和表达式,而形参必须是变量。

7.2.3 参数传递

实参向形参的参数传递有两种形式:值传递和地址传递。地址传递本质上也是值传递,只不过传递的是整型的地址值。

值传递,又称传值,是单向的数据传递,传递完成后,对形参的任何操作都不会影响实参。地址传递,又称传址,也可以说是单向的数据传递,不过,这种数据往往是变量、结构体、对象等的地址,对形参的操作会直接影响实参,从而使得这种形式上的"单向"数据传递变成"双向"的。地址传递也可以称作指针传递,在后面的指针章节中将详细介绍。

下面通过一个具体的例子来观察两种参数传递形式之间的区别。

【例7-2】 演示函数的参数传递。

```
1    #include <stdio.h>
2    void swap(int a,int b)
3    {
4        int t;
5        t=a; a=b; b=t;                          //交换a,b
6        printf("a=%d,b=%d\n",a,b);
7    }
8    void tolower(char t[])
9    {
10       int i=0;
11       while(t[i]!='\0')
12       {
13           if(t[i]>='A' && t[i]<='Z')          //大写字母转换为小写字母
```

```
14              t[i]=t[i]+32;
15           i++;
16         }
17  }
18  void main()
19  {
20      int x=10,y=20;
21      char s[]={"Hello World!"};
22
23      swap(x,y);
24      printf("x=%d,y=%d\n",x,y);              //输出 x,y
25
26      tolower(s);                              //调用转换函数 tolower
27      printf("%s\n",s);                        //输出 s
28  }
```

程序的运行结果如图 7-1 所示。

图 7-1　例 7-2 的运行结果

从程序中可以看出：

①swap 函数虽然交换了形式参数 a 和 b，但由于形参 a、b 和实参 x、y 分别存储在不同的位置，a、b 值的变化并不影响 x、y。

②主函数调用 tolower 函数，传递的实参是数组名 s，其实就是数组的首地址，tolower 函数操作的形参 t 其实就是 s。调用返回后再输出 s，发现 s 中大写字母都变成小写字母了。

7.2.4　函数声明

函数的声明是对函数类型、名称等的说明。对函数及其函数体的建立称为"函数的定义"。对函数的声明可以和定义一起完成，也可以只对函数的原型进行声明，这种声明通常称为"引用性声明"，其格式如下：

　　<类型><函数名>（<形参表>）；

如：

 int sum(int n);

和完整的函数定义声明不同的是，形参表可以只给出形参的类型，如：

 int sum(int);

形参名可以省略。

声明是一条语句,后面的分号(;)必不可少。之所以需要对函数进行声明,主要是为了获得调用函数的权限。如果调用之前定义或者声明了函数,则可以调用该函数。

被声明的函数其定义往往放在其他文件或函数库中。经常把各种需要的库函数声明分类存储在不同的文件中,然后在自己设计的程序中包含该文件,例如:

　　#include <math.h>

其中 math.h 文件其实包含了很多数学函数的原型声明。

这样做最大的好处在于方便调用和保护源代码。库函数的定义代码已经编译成机器码,对用户而言是不透明的,但用户可以通过库函数的原型声明来获得参数说明并使用这些函数,完成程序设计的需要。

对于用户自定义的函数,也可以这样处理。和使用库函数不同的是,我们经常把自己设计的函数放在调用函数之后,例如,我们习惯于先设计 main() 函数,再设计自定义函数,这个时候需要超前调用自定义函数,在调用之前需要进行超前函数原型声明。

所以,变量的声明通常是对变量的类型和名称的一种说明,不一定会分配内存,而变量的定义肯定会分配内存空间。定义时的声明也称作"定义性声明"。函数的声明是对函数的类型和名称的一种说明,而函数的定义是一个模块,包括函数体部分。

7.3 作 用 域

所谓"作用域"就是作用范围,不同作用域允许相同的变量和函数出现,同一作用域内的变量和函数不能重复。根据作用域的不同,可将变量分为全局变量和局部变量,函数分为内部函数和外部函数。下面是一个具体的演示程序。

【例 7-3】 作用域演示。

```
1    #include <stdio.h>
2    int a=10;                      //全局变量 a,初始化等于 10
3    int sub(int a, int b)
4    {
5        return a-b;                //a、b 都是局部变量,局部变量 a 屏蔽全局变量 a
6    }
7    int b;                         //全局变量 b,自动初始化等于 0
8    void main()
9    {
10       int a,b,c;                 //局部变量 a、b、c
11       int s=0;                   //局部变量 s
12       int add(int,int);          //函数声明,因为 add 函数在后面
13       extern int d;              //外部变量 d 的声明,扩大了 d 的作用域
14       a=20;b=10;
15       {
16           int a,b=20;            //复合语句内定义的局部变量 a、b
17           c=10;                  //c 是 main 开始所定义的局部变量
```

```
18          a=sub(b,c);                    /*调用函数sub,实参分别是复合语句定义的局部
19       }                                  变量和main函数开始定义的局部变量c*/
20       printf("a=%d,b=%d,c=%d\n",a,b,c);  //a,b并非是上面复合语句内定义的
21       s=a+b+c;
22       printf("s=%d\n",s);
23       printf("d=%d\n",d);               //外部变量d
24    }
25    int add(int a, int b)
26    {
27       return a+b;
28    }
29    int d=12345;
```

程序的运行结果如图 7-2 所示。

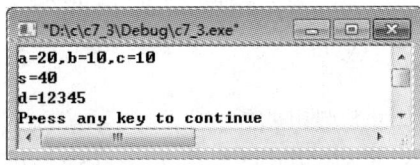

图 7-2 例 7-3 的运行结果

局部变量通常是指在函数的形式参数、函数内部或复合语句内部声明的变量,只能在函数和复合语句内使用;全局变量通常是指在函数外部定义的变量,其默认的作用域是从声明位置开始到文件尾。后面要介绍的 static 和 extern 存储类型也会影响变量和函数的作用域。加了 static 的全局变量和函数只能在当前文件使用。加了 extern 的全局变量和函数可以提前获得使用权限,例如,上面程序中的函数 add 和变量 d 就是这种情况。

全局变量可以为所有作用域的函数共享,为函数之间的数据交换提供便利,但这种便利是建立在分配静态存储空间基础上的,前面提到的函数之间参数的传递则是动态分配存储空间给形参,函数调用完成后会自动释放存储资源,数据流向清晰自然,易于控制,所以程序设计过程中应尽量少用全局变量,除非遇到很多函数都需要共享数据。

7.4 存储类型

程序在内存中占用的存储空间可分成两个部分:程序区和数据区,数据区也可以分成静态数据区和动态数据区,如图 7-3 所示。

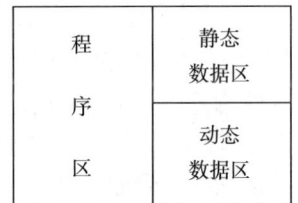

图 7-3 程序在内存中的存储空间

静态数据区包括常数、全局变量、静态存储的局部变量;动态数据区包括动态分配和自动分配的局部变量。

不同存储类型的变量从分配内存到被回收,具有一定的时效性,这就是变量的生存期。静态存储区用来存放静态数据,如静态常量、静态变量。动态存储区用来存放动态数据,如动态常量(不变的变量)、动态变量。

静态变量是指 main()函数执行前就已经分配内存的变量,其生存期为整个程序执行期;动态变量是在程序执行到该变量声明的作用域才开始临时分配内存,其生存期仅在其作用域内。

生存期和作用域是两个不同的概念,分别从时间上和空间上对变量的使用进行界定,相互关联又不完全一致,例如,静态变量的生存期贯穿整个程序,但作用域是从声明位置开始到文件结束。

变量的存储类型包括自动(auto)、寄存器(register)、静态(static)、外部(extern)4种。

7.4.1 自动(auto)类型

auto 用于局部变量的存储类型声明,可以省略,系统默认局部变量为 auto 类型。

auto 类型的变量是动态变量,声明时系统不会自动初始化,其值是随机的,所以必须在使用前初始化或赋值。下面的用法是错误的:

```
int f(int n)
{
    int t;
    t=t+n;              //t 是 auto 类型,没有初始化,引用错误
    return t;
}
```

另外要注意的是:外部变量不能声明为 auto 类型。

7.4.2 寄存器(register)类型

register 用于局部变量的存储类型声明,表示请求编译器尽可能直接分配使用 CPU 的寄存器,在寄存器满的情况下才分配内存。这种类型的变量主要用于循环变量,可以大大提高对这种变量的存取速度,从而提高程序效率。

实际上,能作为 register 类型的变量很少,主要是因为寄存器数量有限。

7.4.3 静态(static)类型

static 类型变量称为静态变量,存放在静态存储区。

全局变量和局部变量都可以声明为 static 类型,但意义不同。

全局变量总是静态存储,默认值为 0。全局变量前加上 static 表示该变量只能在本程序文件内使用,其他文件无使用权限。加了 static 的全局变量只是限制了作用范围,对于只有一个文件的程序有无 static 是一样的。

局部变量也可以声明为 static 类型,称为"静态存储的局部变量"。要注意的是:

static 类型的局部变量的初始化只进行一次,多次遇到该声明语句,将不再被执行。

【例 7-4】 演示 static 存储类型。

```
1   #include <stdio.h>
2   static int t;                      //全局变量 t,自动初始化为 0
3   int sum(int n)                     //计算 1~n 的和
4   {
5       static int s=0;                //静态存储的局部变量 s,只初始化一次
6       int i;
7       for( i=1; i<=n; i++)s=s+i;     //求和
8       return s;
9   }
10  void main()
11  {
12      int s;
13      s=sum(5);                      //s 等于 1+2+3+4+5,即 15
14      t=t+sum(5);                    //第 2 次调用 sum 时,s=15+15,即 30
15      s=s+sum(5);                    //第 3 次调用 sum 时,s=30+15,即 45
16      printf("s=%d,t=%d\n",s,t);
17  }
```

程序的运行结果如图 7-4 所示。

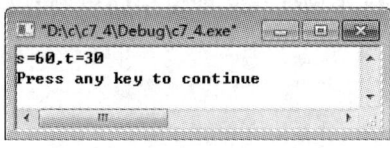

图 7-4　例 7-4 的运行结果

如果将 sum 函数中的"static int s=0;"改成"int s=0;",则程序运行结果将变成如图 7-5 所示。

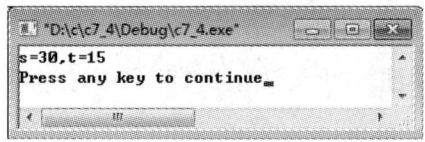

图 7-5　例 7-4 修改后的运行结果

7.4.4　外部(extern)类型

extern 关键字用于声明外部的连接。对于全局变量,以下定义形式没什么区别:
　　extern int a;
　　int a;

默认情况下,在文件域中声明的变量和函数都是外部的。但对于作用域范围之外的变量和函数(例如其他文件内的),需要用 extern 来进行引用性声明。读者可以在例

7-3中与普通变量和函数进行比较。

有的书籍上提到的外部变量是指用extern限定的变量。由于局部变量不存在也不允许用extern限定,因此用extern限定或声明的变量必然是全局变量,之所以在函数内部出现,是因为该变量超出了作用范围。全局变量默认是extern存储类型,但加了static则只能在当前文件域使用,这种全局变量就不是所谓的"外部变量"了。

7.5 递归函数

函数不能嵌套定义,但可以嵌套调用。函数A可以调用B,函数B也可以调用C,这种调用称为"嵌套调用"。如果函数直接或间接调用自身,则称为"递归调用",例如,A调用B,B再调用A;或者A直接调用A,这样的函数则称为"递归函数"。

例如,下面的函数:
```
int f(int n)
{
    if(n==1) return 1;
    else
        return n+f(n-1);         //f调用函数f
}
```

f函数就是一个典型的递归函数,其原理也很简单,假设计算f(5):

$f(5)=5+f(4)$
　　$f(4)=4+f(3)$
　　　　$f(3)=3+f(2)$
　　　　　　$f(2)=2+f(1)$
　　　　　　　　$=2+1$

f(2)等于3,则f(3)等于3+3,等于6

f(3)等于6,则f(4)等于4+6,等于10

f(4)等于10,则f(5)等于5+10,等于15

递归本质上并不简单,但形式上的确很简练,利用好递归算法能很好地解决很多实际问题。

【例7-5】 计算s=5!。

程序如下:
```
1   #include <stdio.h>
2   int f(int n)
3   {
4       if(n==1)
5           return 1;
6       else
7           return n*f(n-1);                //递归调用
```

```
8    }
9    void main()
10   {
11       printf("5!=%d\n",f(5));
12   }
```

程序的运行结果如图 7-6 所示。

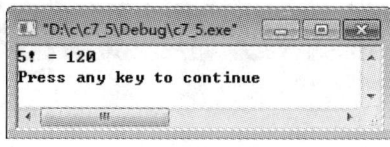

图 7-6　例 7-5 的运行结果

7.6　综合案例

案例 7-1　利用递归函数输出"*"组成的图形

✿**任务**

利用递归函数调用输出如图 7-7 所示的图形。

图 7-7　案例 7-1 要求输出的图形

✿**分析**

由于每行之间的"*"个数和前导空格的个数有明显的规律，可以利用递归函数的收敛性来实现输出图形。

✿**代码**

```
1    #include <stdio.h>
2    void print(int n)
3    {
4        int i;
5        if( n >=1)
6        {
7            for(i=0;i<n;i++) printf(" ");      //先输出 n 个空格
8            for(i=0;i<n;i++) printf("*");      //再输出 n 个 *
9            printf("\n");                       //换行
10           print(n-1);                         //递归调用,输出下面的图形
11       }
12       else return;
```

```
13    }
14    void main()
15    {
16        print(5);
17    }
```

案例 7-2 判断一个字符串是否是顺序串

✥ **任务**

设计一个函数,判断一个字符串是否是顺序串(从小到大或从大到小排序,如:AABccd 或 dccBAA),"是"返回 1,"否"则返回 0。

✥ **分析**

判断是否是顺序串的简单方法是以连续 3 个字符为单位,检测是否是顺序的,例如,3 个字符:s1、s2、s3,如果 s1≤s2≤s3 或者 s1≥s2≥s3,必然有 s1-s2 和 s2-s3 相同正负号,或者其中有一个 0,即(s1-s2)*(s2-s3)≥0。

另外,程序还需要考虑不足 3 个字符的情况。

✥ **代码**

```
1   #include <stdio.h>
2   #include <string.h>
3   int shunxu(char s[])
4   {
5       int i=1;                                //i 从 1 开始,先判断 0、1、2 下标对应的字符
6       if(strlen(s)>2)                         //少于 3 个字符的串都是顺序串
7       {
8           while(s[i+1]!='\0')                 //下一个字符不是结束符,当前字符加上前后
9           {                                   //字符,共 3 个有效字符,可以用作判断
10              if((s[i-1]-s[i])*(s[i]-s[i+1])<0) return 0;   //前后字符的差的乘积
11              else i++;                                      //小于 0 表示顺序不一致
12          }
13      }
14      return 1;                               //通过检测的都是顺序串
15  }
16  void main()
17  {
18      char s[100];
19      printf("Input a string:");
20      gets(s);
21      if(shunxu(s)) printf("是顺序串");        //根据函数 shunxu 分别输出结果
22      else printf("不是顺序串");
23  }
```

运行结果如图 7-8 所示。

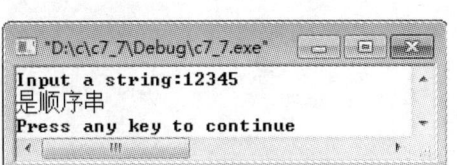 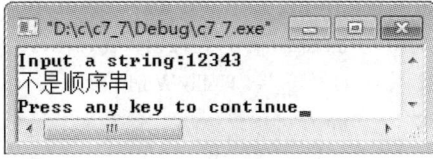

图 7-8 案例 7-2 的运行结果

案例 7-3　编写程序实现数组元素的逆序存储

✤任务
编写程序实现数组元素的逆序存储。

✤分析
例如,int a[10]={1,2,3,4,5,6,7,8,9,10},逆序存储后,元素依次应该为:10、9、8、7、6、5、4、3、2、1。

下面程序编写了两个函数,分别实现整型数组和字符串的元素反转(逆序)。

✤代码

```
1   #include <stdio.h>
2   void reverseInt(int a[],int n)         //整型数组的反转
3   {
4       int i,t;
5       for(i=0;i<=n/2;i++)
6       {
7           t=a[i];                        //前后对调
8           a[i]=a[n-1-i];
9           a[n-1-i]=t;
10      }
11  }
12  void reverseString(char s[])           //字符串的反转
13  {
14      int i,j=0;
15      char t;
16      while(s[j]!='\0') j++;
17      j--;                               //j指向结束符前的字符,即最后一个字符
18      for(i=0;i<j;i++,j--)
19      {
20          t=s[i];                        //前后对调
21          s[i]=s[j];
22          s[j]=t;
23      }
24  }
25  void main()
```

```
26    {
27        int a[10]={1,2,3,4,5,6,7,8,9,10};
28        char s[]="Hello World!";
29        int i;
30        for(i=0;i<10;i++)
31            printf("%3d",a[i]);
32        printf("\n");
33        reverseInt(a,10);
34        for(i=0;i<10;i++)
35            printf("%3d",a[i]);
36        printf("\n");
37
38        printf("%s\n",s);
39        reverseString(s);
40        printf("%s\n",s);
41    }
```

运行结果如图 7-9 所示。

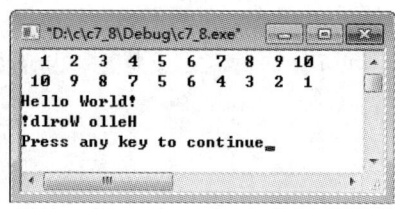

图 7-9　案例 7-3 的运行结果

一、选择题

1. 当调用函数时，实参是一个数组名，则向函数传送的是_____。

　　A. 数组的长度　　　　　　B. 数组的首地址

　　C. 数组每一个元素的地址　　D. 数组每个元素中的值

2. C 语言中，关于函数说法正确的是_____。

　　A. 函数的定义可以嵌套，但函数的调用不可以嵌套

　　B. 函数的定义不可以嵌套，但函数的调用可以嵌套

　　C. 函数的定义和函数的调用均不可以嵌套

　　D. 函数的定义和函数的调用均可以嵌套

3. C 语言中，下列说法正确的是_____。

　　A. C 语言程序必须要有 return 语句

　　B. C 语言程序中，要调用的函数必须在 main() 函数中定义

C. C语言程序中,只有 int 类型的函数可以未经声明而出现在调用之后

D. C语言程序中,main()函数必须放在程序开始的部分

4. C程序中,若实参是普通变量,则调用函数时,下面说法正确的是_____。

　　A. 实参和形参各占用一个独立的存储单元

　　B. 实参和形参可以共用存储单元

　　C. 可以由用户指定是否共用存储单元

　　D. 由计算机系统自动确定是否共用存储单元

5. 已知函数 sum 定义为:

　　void f(int &n)

　　{

　　　　int i;

　　　　…

　　}

　　则函数定义中 void 的含义是_____。

　　A. 执行函数 f 后,函数没有返回值

　　B. 执行函数 f 后,函数不再返回

　　C. 执行函数 f 后,函数返回任意类型值

　　D. 以上 3 个答案都是错误的

6. 下面叙述中不正确的是_____。

　　A. 在不同的函数中可以使用相同名字的变量

　　B. 函数中的形式参数是局部变量

　　C. 在一个函数内定义的变量只在本函数范围内有效

　　D. 在一个函数内的复合语句中定义的变量在本函数范围内有效

7. C语言中,可以用来说明函数类型的是_____。

　　A. auto 或 static　　B. extern 或 auto　　C. static 或 extern　　D. auto 或 register

8. C语言中,若有一个变量能在本文件中被所有函数使用,则该变量的存储方式是_____。

　　A. register　　B. extern　　C. static　　D. auto

9. 下面描述中不正确的是_____。

　　A. 在一个函数中,既可以使用本函数中的局部变量,又可以使用全局变量

　　B. 在函数之外定义的变量称为外部变量,外部变量是全局变量

　　C. 在同一程序中,若外部变量与局部变量同名,则在局部变量作用范围内,外部变量不起作用

　　D. 外部变量定义和外部变量说明的含义不同

10. 在 C语言中,变量的存储方式为类型时,系统才在使用时分配存储单元。

　　A. static　　B. static 和 auto　　C. auto 和 register　　D. register 和 static

11. 一个源文件中定义的全局变量的作用域是_____。

　　A. 本函数的全部范围　　　　　　B. 本程序全部范围

　　C. 本文件全部范围　　　　　　　D. 从定义开始至本文件结束

12. 有函数调用语句 func(f2(v1,v2),(v3,v4,v5),v6);，则该调用语句中实参的个数是_____。
   A. 3   B. 4   C. 5   D. 6

二、填空题

1. 函数参数的传递方式有_____、_____。
2. 全局变量与函数体内定义的局部变量同名时，在函数体内_____变量起作用。
3. 表示存储类型的关键字有 auto、static、register 和_____。
4. 下面程序的功能是在 f 函数中计算 10 个学生的平均成绩，返回主函数输出，请填空。

```
#include <stdio.h>
float f(float x[],int n)
{
    int i;
    float average,s=0;
    for(i=0; i<n; i++)
        s=s+_____;
    average=s/n;
    _____
}
int main()
{
    float a[20];
    for (int i=0; i<20; i++)
        scanf("%d",&a[i]);
    printf("average=%f\n",_____);
    return 0;
}
```

5. 下面程序的功能是用函数的递归调用求 1!+2!+3!+…+5!。

```
#include <stdio.h>
long f(int n)
{
    if(n==1)
        return 1;
    else
        return _____;
}
int main()
{
    long s;
    s=_____;
```

```
        for( int i=1; i<=5;i++)
            s=s+_____;
        printf("1!+2!+3!+…+5!=%d\n",s);
}
```

三、阅读程序,写出运行结果

1. 下列程序的输出结果是_____。

```
#include <stdio.h>
int add(int a,int b);
int main()
{
    extern int x,y;
    printf("%d\n",add(x,y));
    return 0;


}
int x=20,y=5;
int add(int a,int b)
{
    int s=a+b;
    return s;
}
```

2. 下列程序的输出结果是_____。

```
#include <stdio.h>
void f(void)
{
    int x=5;
    static int y=10;
    ++x;
    ++y;
    printf("%d,%d\n",x,y);
}

void main()
{
    f();
    f();
}
```

四、程序设计题

1. 编写函数,求 1+3+5+7+…+99。

2. 编写函数,求 3 个整数中的最大数。

3. 斐波那契数列 $F(n)$ 的定义为：数列前两个数都是 1，从第 3 个数开始，每个数都是前面两个数的和，即：

(1) $F(1)=1, F(2)=2$ $n=1,2$

(2) $F(n)=F(n-1)+F(n-2)$ $n\geqslant 3$

编写一函数实现调用该函数，输出该数列的第 n 项的数值。

4. 编写函数，实现在一个字符串中插入指定字符。

5. 编写函数，将输入的十进制数转换成十六进制数并输出。

6. 用递归算法和循环结构分别编写程序，将一个整数 n 转换成字符串。例如，输入整数 1234，应输出字符串"1234"。n 的位数不确定，可以是任意的整数。

第 8 章　编译预处理

考核目标

- 了解：编译预处理。
- 理解：宏定义。
- 掌握：文件包含命令的使用方法，宏的使用方法。
- 应用：正确使用带参宏。

编译预处理是指在进行编译的第一遍扫描(词法扫描和语法分析)之前所做的工作。预处理是C语言的一个重要功能,它由预处理程序负责完成。当对一个源文件进行编译时,系统将自动引用预处理程序对源程序中的预处理部分作处理,处理完毕自动进入对源程序的编译,过程如图 8-1 所示。

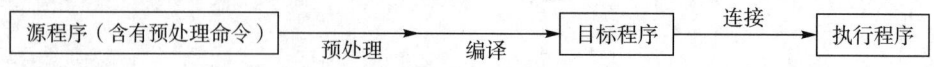

图 8-1 编译预处理的执行过程

C语言提供了多种预处理功能,如宏定义、文件包含、条件编译等。合理地使用预处理功能编写的程序便于阅读、修改、移植和调试,也有利于模块化程序设计。

预处理的命令有以下几个特点:

①预处理命令均以"♯"号开头,在它前面不能出现空格以外的其他字符。

②每一行命令独占一行,命令不以";"为结束符,它是命令不是语句。

③预处理程序控制行的作用范围仅限于说明它们的那个文件。

下面介绍常用的几种预处理功能。

8.1 宏 定 义

宏提供了用一个标识符来表示一个字符串的机制,实际上就是一种替换,有时称为"宏替换"。在编译预处理时,对程序中所有出现的"宏",都用宏定义中的字符串去替换。宏定义由宏定义命令完成,宏代换是由预处理程序自动完成的。宏分为无参数宏和带参数宏两种。

1. 无参宏定义

无参宏的宏名后不带参数。其定义的一般形式为:

　　♯define 标识符 字符串

说明:define 为宏定义命令,标识符为所定义的宏名,字符串可以是常数、表达式、格式串等。

【例 8-1】 计算圆柱体的底面积和体积。

```
1   #include <stdio.h>
2   #define PI 3.1415926              //定义宏 PI
3   void main()
4   {
5       double r,h;
6       double s,v;
7       printf("input r,h:");
8       scanf("%lf,%lf",&r,&h);       //键盘输入底圆半径和高
9       s=PI*r*r;
10      v=PI*r*r*h;
11      printf("s=%.4lf,v=%.4lf\n",s,v);
12  }
```

输入 3,4<Enter>,程序的运行结果如图 8-2 所示。

图 8-2 例 8-1 的运行结果

宏定义是用宏名来表示一个字符串,在宏展开时又以该字符串取代宏名,这只是一种简单的替换,字符串中可以含任何字符,可以是常数,也可以是表达式,预处理程序对它不作任何检查。如有错误,只能在编译已被宏展开后的源程序时发现。

宏定义必须写在函数之外,其作用域从宏定义命令起到源程序结束。如要终止其作用域可使用♯undef 命令,例如:

♯define PI 3.14159
void main()
{
　　(1)
}
♯undef PI
　　(2)

PI 只在(1)中有效,在(2)中无效。

宏名在源程序中若用引号括起来,则预处理程序不对其作宏替换。

♯define PI 3.14159
void main()
{
　　Printf("PI");
　　…
}

程序的运行结果为:PI,而不是 3.14159。

宏定义允许嵌套,在宏定义的字符串中可以使用已经定义的宏名。在宏展开时由预处理程序层层代换。例如:

♯define PI　　3.14159
♯define S　　PI*r*r　　　　//PI是已定义的宏名

习惯上宏名用大写字母表示,以便与变量区别。

2. 带参宏定义

格式:
　　♯define 标示符(形参表)形参表达式
例如:
　　♯define MAX(a,b) (a>b)? (a):(b)

当进行宏替换时,也可以像使用函数一样,通过实参与形参传递数据。

【例 8-2】 计算 1 到 5 的平方和。

```
1    #include <stdio.h>
2    #define F(a) a*a              //定义宏 F(a)
3    void main()
4    {
5        int i;
6        int s=0;
7        for(i=1;i<=5;i++)
8            s=s+F(i);             //F(i)相当于 i*i
9        printf("s=%d\n",s);
10   }
```

程序的运行结果如图 8-3 所示。

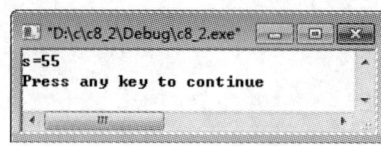

图 8-3　例 8-2 的运行结果

要注意的是,宏名和括号之间不能有空格。有些参数表达式必须加括号,否则会出现替换错误,例如:

　　#define F(a) a*a

则 F(5+6)并不是 11 的平方,而是:5+6*5+6 结果为 41。

而如果宏定义为:

　　#define F(a) (a)*(a)

F(5+6)就会被替换为:(5+6)*(5+6),从而符合设计的要求。这样的问题在无参宏定义时也要注意。

另外,函数和宏是完全不一样的。函数要求实参与形参类型一致,而宏替换不需要。函数只有一个返回值,而宏替换可能有多个。函数影响运行时间,而宏替换只影响编译时间。

8.2　文件包含

文件包含是把指定的文件插入该命令行位置取代该命令行。
命令的一般形式为:

　　格式 1:#include <文件名>

或

　　格式 2:#include "文件名"

例如:

　　#include <stdio.h>

　　#include <math.h>

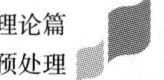

使用格式1时,预处理程序在C编译系统定义的标准目录下查找指定的文件。使用格式2时,预处理程序首先在当前源文件所在目录下查找指定文件,如没找到,则在C编译系统定义的标准目录下查找指定的文件。

一个♯include命令只能包含一个文件,而且必须是文本文件。

文件包含可以嵌套,如 a 包含 b 且 b 包含 c。

文件包含在程序设计中非常有用,像C语言中的头文件,其中定义了很多外部变量或宏,在设计程序时只要包含进来就可以了,不需要重复定义,既节省了工作量,又可以避免出错。

8.3 条件编译

预处理程序提供了条件编译的功能。按不同的条件可以编译不同的程序,因而产生不同的目标代码文件。这对于程序的移植和调试是很有用的。

条件编译有3种形式,下面分别介绍。

(1) 第一种形式

　　♯ifdef 标识符
　　　程序段1
　　♯else
　　　程序段2
　　♯endif

功能:如果标识符已被♯define命令定义过,则对程序段1进行编译;否则对程序段2进行编译。如果没有程序段2(它为空),本格式中的♯else可以没有,即可以写为:

　　♯ifdef 标识符
　　　程序段
　　♯endif

例如下面的程序段。

【例8-3】 条件编译示例。

```
1    #include <stdio.h>
2    #include <string.h>
3    #define USEMOBILE 1              //定义宏 USEMOBILE
4    struct people
5    {
6        int id;
7        char name[20];
8        int mobile;
9        int tel;
10   } wang;
11   void main()
```

```
12    {
13        wang.id=24000101;
14        strcpy(wang.name,"Wang Ping");
15        wang.mobile=1395600000;
16        wang.tel=88888888;
17    #ifdef USEMOBILE                          //定义宏 USEMOBILE
18        printf("%d,%s,%d\n",wang.id,wang.name,wang.mobile);
19    #else                                     //未定义宏 USEMOBILE
20        printf("%d,%s,%d\n",wang.id,wang.name,wang.tel);
21    #endif
22    }
```

程序的运行结果如图 8-4 所示。

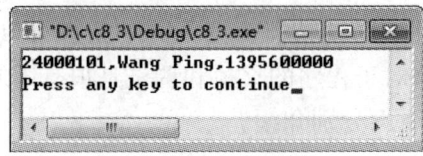

图 8-4　例 8-3 的运行结果

程序根据 USEMOBILE 是否被定义过,决定编译哪一个 printf 语句。而在程序的第一行已对 USEMOBILE 作过宏定义,因此应对第一个 printf 语句作编译,故运行结果是输出了 mobile。在程序的第一行宏定义中,定义 USEMOBILE 表示数值 1,其实并没有使用,当然也可以在程序中利用这个宏。

如果删除 #define 命令,程序的运行结果如图 8-5 所示。

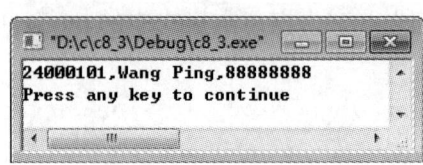

图 8-5　修改例 8-3 后的运行结果

(2) 第二种形式

　　#ifndef 标识符
　　程序段 1
　　#else
　　程序段 2
　　#endif

与第一种形式的区别是将 ifdef 改为 ifndef。它的功能是,如果标识符未被 #define 命令定义过,则对程序段 1 进行编译,否则对程序段 2 进行编译。这与第一种形式的功能正相反。

(3) 第三种形式

♯if 常量表达式

程序段 1

♯else

程序段 2

♯endif

功能：如常量表达式值为真(非 0)，则对程序段 1 进行编译，否则对程序段 2 进行编译。

上面介绍的条件编译当然也可以用条件语句来实现。但是用条件语句将会对整个源程序进行编译，生成的目标代码程序很长，而采用条件编译，则根据条件只编译其中的程序段 1 或程序段 2，生成的目标程序较短。如果条件选择的程序段很长，采用条件编译的方法是十分必要的。

习 题 8

1. 编译预处理的基本特点是什么？C 语言中主要有哪些编译预处理命令？
2. 带参宏的特点是什么？观察下面程序，其运行结果是什么？

```
♯define MOD(x,y) x%y
void main( )
{
    printf("%d",MOD(2+4,3));
}
```

第 9 章 指 针

考核目标

- 了解:指针数组和多级指针的概念,指针型函数。
- 理解:地址、指针和指针变量的概念。
- 掌握:指向变量、数组、字符串的指针变量的定义与使用方法,指针变量作为函数参数的使用方法。
- 应用:正确地使用指针变量。

9.1 指针简介

指针是什么？指针是一种表示地址的数据类型。

有的书籍将指针等同于地址，这可能会有些争议，好在并不影响阅读程序和编写程序。"指针"和"指针变量"文字上的区别以及我们经常将"指针变量"简称为"指针"的习惯给读者带来很多困惑，其实指针也有常量，如（void *）0。

下面具体来学习指针及指针变量。

存取数据的方式有直接和间接两种方式。前面学过的变量名是一种间接访问数据的方式，通过变量名获得对应的值。其实程序运行后，数据是存储在内存中的，都有唯一对应的内存地址，通过地址也可以直接访问数据。

【例 9-1】 运行下面实现程序。

```
1   #include <stdio.h>
2   void main()
3   {
4       int a=100;
5       printf("%d,%p\n",a,&a);
6       printf("%d\n",*(&a));
7   }
```

结果如图 9-1 所示。

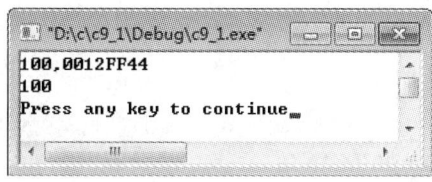

图 9-1 实验程序运行结果 1

从上可以观察到变量 a 的地址是"0012FF44"。程序中的"*"运算符是取出后面地址所对应的值，可以看出和通过变量名 a 取出的值是一样的。

"*"运算符要求后面的运算对象是指针，是否可以定义一个变量来存储变量 a 的地址呢？可以，不过这个变量必须是区别于 a 的一种变量。观察下面修改的实验程序：

```
1   #include <stdio.h>
2   void main()
3   {
4       int a=100;
5       int *p=&a;
6       printf("%d,%p\n",a,&a);
7       printf("%d,%p\n",*p,p);
8   }
```

程序运行结果如图9-2所示。

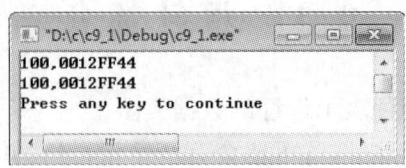

图9-2　实验程序运行结果2

程序中p就是这种特殊的变量——指针变量,p存储了a的地址,输出*p、p的结果和输出a、&a是一样的。要注意的是,输出地址的时候要用"%p"格式符。

指针变量p的值是一个地址,该地址就是普通变量a的内存地址,可以看作p指向了a。再来看下面第3个实验程序:

```
1   #include <stdio.h>
2   void main()
3   {
4       int a=100,b=200;
5       int *p=&a;
6       printf("%d,%p\n",a,&a);
7       printf("%d,%p\n",*p,p);
8       p=&b;
9       printf("%d,%p\n",b,&b);
10      printf("%d,%p\n",*p,p);
11  }
```

程序运行结果如图9-3所示。

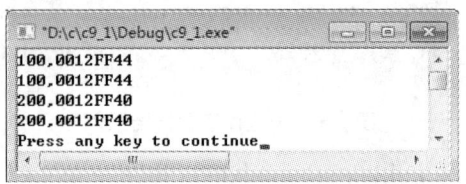

图9-3　实验程序运行结果3

因为p其实也是变量,当p=&b后,输出*p、p的结果和输出b、&b是一样的。这时候,可以看作p指向了普通变量b。

所以,所谓的"指向",其本质是p的值是所指向对象的地址。

当然,可以定义各种类型的指针变量来"指向"各种类型的数据,如:数组、函数等。而"指向"变量的指针变量称为"变量指针","指向"数组的指针变量,称"数组指针","指向"函数的指针变量称为"函数指针",等等。

有时候,"指针变量"简称为"指针"。读者会遇到各种"指针"概念的解释,其实指针来源于"地址"及"地址"的变化。在描述和使用指针的时候,只要注意"指针变量"存储的是"地址",指针是一种数据类型即可。

注意:"＊p"是直接通过 p 的值——地址访问数据的,并没有通过所"指向"的变量,是直接访问数据的方式,效率较高,而通过变量 a、b 访问数据时,是先找到 a、b 的地址,再去访问数据,其实是间接访问数据的方式,容易使用,但效率并不高。

有时候也把"＊p"看作间接访问所指向变量 a 的值。

下面是刚才程序的再一次修改:

```
1    #include <stdio.h>
2    void main()
3    {
4        int a=100,b=200;
5        int *p=&a;
6        printf("%d,%p\n",a,&a);
7        printf("%d,%p\n",*p,p);
8        p=&b;
9        printf("%d,%p\n",b,&b);
10       printf("%d,%p\n",*p,p);
11       printf("%d,%p\n",*(int *)(0x0012FF44),(int *)(0x0012FF44));
12   }
```

程序运行结果如图 9-4 所示。

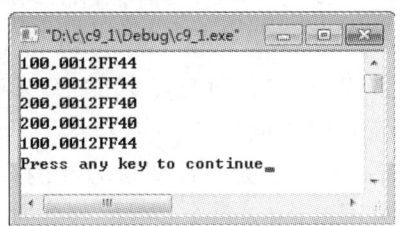

图 9-4　实验程序运行结果 4

读者是否注意到最后一行的输出和第一行是一样的。这是因为:0x0012FF44 是一个十六进制的整型数,经过强制类型转换后,变成 int＊类型的指针,然后通过运算符"＊"获得指针对应的数据。

注意:程序中的地址"0012FF44"在不同机器上可能不一样,请根据前面的实验结果调整。

下面,我们来具体学习如何定义和使用指针变量。

9.2　指针变量的定义和初始化

定义指针变量的形式如下:

　　数据类型＊指针变量名;

定义并初始化的形式为:

　　数据类型＊指针变量名=&变量名;

没有"指向"的指针变量的值是随机的,称为"野指针"。只有被赋值以后,指针变量才有确定的指向,没有初始化的指针变量必须在使用之前进行赋值操作,使其有所指向。

例如:
　　int a=100;
　　int * p=&a;

或者:
　　int a=100, * p;
　　p=&a;

指针变量的数据类型是任意类型,是指针所指向的变量的类型。"*"不是指针变量的一部分,这里用来说明不是普通变量,而是一个指针变量。

图 9-5 显示了 p 和 a 的关系。

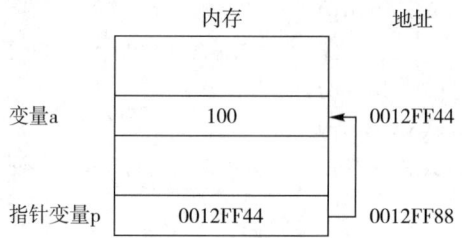

图 9-5　指针和普通变量的内存存储关系

在图 9-5 中,指针变量 p 的值是变量 a 的地址 0012FF44,而 p 的地址是 0012FF88。

在定义指针变量时还要注意,一个指针变量只能指向同一个类型的变量。如前面定义的 p 只能指向变量 a,不能同时指向另外一个变量。

在定义了一个指针变量后,系统会为指针变量分配内存单元。各种类型的指针变量被分配的内存单元大小是相同的,因为每个指针存放的都是内存地址的值,所需要的存储空间当然相同,但不同类型的指针变量的运算是不同的,与其指向的对象的类型密切相关。

9.3　指 针 运 算

9.3.1　取值运算符 * 和取地址运算符 &

"*"运算符作用在指针(地址)上,代表该指针所指向的存储单元(及其值),又叫"指向运算符"。如:
　　int a=100, * p;
　　p=&a;

* p 的值为 100,与 a 等价。"*"运算符为单目运算符,与其他的单目运算符具有相同的优先级和结合性(右结合性)。根据"*"运算符的作用,"*"运算符和取地址运算符"&"互逆:
　　(&a)==a　　&(p)==p

注意:在定义指针变量时,"*"表示其后是指针变量,在执行部分的表达式中,"*"是指向运算符。

&(*a)是错误的,因为 & 要求其操作对象必须是变量。

*(&p)是正确的,因为 * 不要求其后是指针变量,只要是地址即可。

9.3.2 指针变量的引用

有了指针变量及运算符,就可以引用指针变量了。

【例 9-2】 输入两个整数 a 和 b,演示指针变量的引用。

```
1   #include <stdio.h>
2   void swap1(int x, int y)        //函数参数传递方式为值传递,a、b 的值以及 pa、pb
3   {                                //指针变量都不受影响
4       int temp;
5       temp=x;
6       x=y;
7       y=temp;
8   }
9   void swap2(int *x, int *y)      //形参是指针变量,实参也是指针变量。交换算法中
10  {                                //采用指向运算符*,所以*x、*y 和 pa、pb 对应的是
11      int temp;                    //相同的数据 a、b,最后函数实现了交换
12      temp=*x;
13      *x=*y;
14      *y=temp;
15  }
16  void swap3(int *x, int *y)      //形参是指针变量,实参也是指针变量。交换算法中
17  {                                //临时指针变量虽然把 x、y 交换,但 x、y 所对应的数据
18      int *temp;                   //a、b 没有受到影响,交换是失败的
19      temp=x;
20      x=y;
21      y=temp;
22  }
23  void main()
24  {
25      int a,b;
26      int *pa,*pb;
27  
28      pa=&a;
29      pb=&b;
30      a=10,b=20;
31      swap1(a,b);
32      printf("a=%d,b=%d,*pa=%d,*pb=%d\n",a,b,*pa,*pb);
33      a=10,b=20;
```

```
34      swap2(pa,pb);
35      printf("a=%d,b=%d,*pa=%d,*pb=%d\n",a,b,*pa,*pb);
36      a=10,b=20;
37      swap3(pa,pb);
38      printf("a=%d,b=%d,*pa=%d,*pb=%d\n",a,b,*pa,*pb);
39  }
```

程序的运行结果如图 9-6 所示。

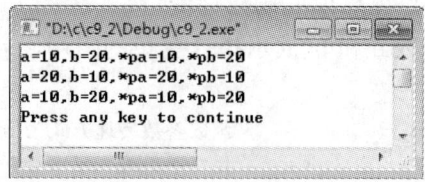

图 9-6　例 9-2 的运行结果

swap3 交换算法如图 9-7 和图 9-8 所示。

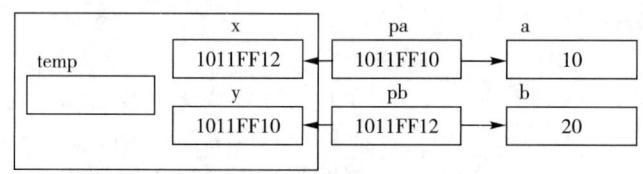

图 9-7　交换算法之前

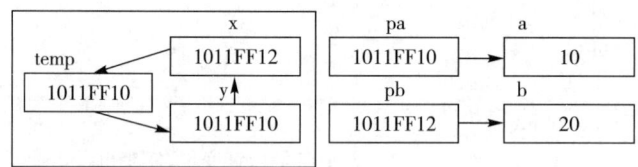

图 9-8　交换算法之后

9.3.3　指针的算术运算和关系运算

指针变量有赋值运算，指针有指向运算。有意义的指针运算还包括算术运算和关系运算。不过，参与算术运算和关系运算的指针是有一定限制的，通常在指针代表一些连续的存储单元的情况下才有实际意义。

1. 算术运算

指针可进行的算术运算有：

①指针变量的＋＋和－－运算。

②指针加、减整数运算。

③指向同一数组不同元素的指针相减运算。

假定有：

　　char str[]="abcdefghijklmnopqrstuvwxyz";

　　char *p=str,*q;

指针变量 p 指向字符数组的首字符 a，如图 9-9 所示。

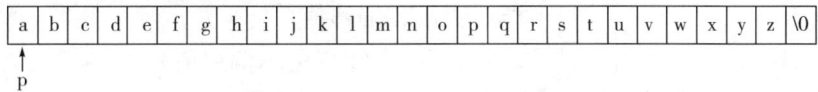

图 9-9　指针变量 p 和字符数组初始状态

则以下指针变量 p 自增运算"p++;"后，将指向字符 b，如图 9-10 所示。

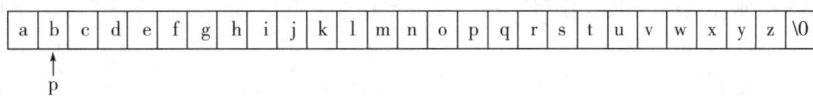

图 9-10　p++后指针变量 p 和字符数组的状态

指针变量"q=p+3;"后，q 指向 p 所指存储单元后 3 个存储单元，即 e，如图 9-11 所示。

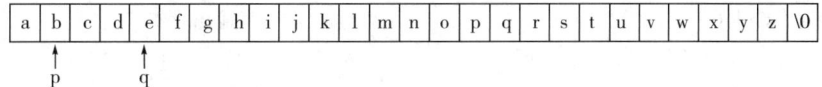

图 9-11　q=p+3 后指针变量 q 和字符数组的状态

指向数组的指针还有下标运算，例如，在 p 指向 b，q 指向 e 的情况下，字符 f 既可以用 str[5] 表示，也可以用 p[4]、q[1] 表示。

2. 关系运算

关系运算是比较指针大小的运算。两个指针相等说明指向同一存储单元。

例如，上面的示例中，由于 q−p=3，显然有 q＞p。

9.4　指针与数组

C语言中，指针和数组关系非常密切，有了指针，对数组的操作就更加方便了。

其实数组名本身就是指针（地址），是数组元素在内存中的首地址，数组元素既可用下标访问，也可以用指针访问。

9.4.1　指针与一维数组

前面提到一个字符数组和字符指针，如图 9-12 所示。

```
char str[]="abcdefghijklmnopqrstuvwxyz";
char *p=str,*q;
```

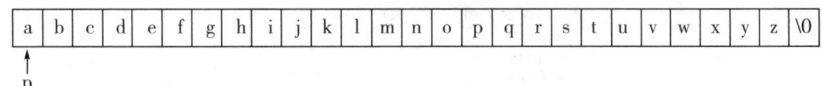

图 9-12　指针变量 p 和字符数组

字符 f 的表示方法至少有以下几种：

　　str[5]　　　　　　　数组名和下标

*(str+5)　　　　　　　指向运算(数组首地址+偏移值)
　　p[5]　　　　　　　　 指针变量和偏移值
　　*(p+5)　　　　　　　 指向运算(指针变量+偏移值)

如果 p++ 后 p 指向了 b,则用 p 表示的字符 f 形式就更改为:p[4]、*(p+4)。为了说明指针和数组的关系,我们来看一个例子。

【例 9-3】 演示指针和数组的关系。

```
1   #include <stdio.h>
2   void main()
3   {
4       char str[100]="123456789";
5       char *p=str;
6       char des[100],*q;
7       while(*p!='\0')                    //顺序输出字符串
8           printf("%c",*p++);
9       printf("\n");
10
11      while(--p>=str)                    //逆序输出字符串
12          printf("%c",*p);
13      printf("\n");
14
15      p=str;
16      q=des;                             //字符串拷贝
17      while(*p!='\0') *q++=*p++;
18      *q='\0';
19      printf("%s\n",des);
20
21      p=str;q=des;                       //字符串连接
22      strcpy(des,"0123456789");
23      while(*++p!='\0');                 //让 p 指向 str 串的结束符
24          while(*q!='\0') *p++=*q++;     //将 des 串字符放在 str 串后面
25              *p='\0';
26      printf("%s\n",str);
27  }
```

程序的运行结果如图 9-13 所示。

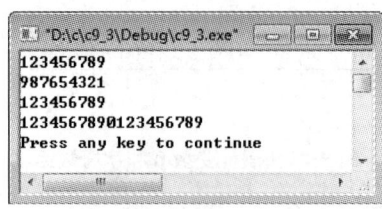

图 9-13 例 9-3 的运行结果

程序中没有使用循环变量,但同样实现了字符数组的遍历。程序的关键在于当指针指向字符串的结束符'\0'时,终止循环。

对于其他类型数组,指针与数组的关系也很类似,下面的例子可以说明。

【例 9-4】 演示指针和整型数组的关系。

```
1    #include <stdio.h>
2    void main()
3    {
4        char s[]="123456789";
5        int a[10]={1,2,3,4,5,6,7,8,9,10};
6        int *p=a,*q=p+9;
7        int sum=0;
8        while(q>=p)                    //逆序求和并移动指针 q
9            sum=sum+*q--;
10       printf("sum=%d\n",sum);
11
12       p=(int *)s;                    //指针类型转换
13       printf("%c,%c\n",*p,*(p+1));
14   }
```

程序的运行结果如图 9-14 所示。

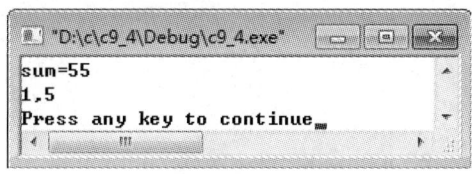

图 9-14 例 9-4 的运行结果

注意:程序中的 p+1,每次增加一个 int 类型单元,即 4 个字节,所以从字符 1 直接跳到字符 5。

9.4.2 指针与二维数组

对于二维数组,同样可以建立指针变量来引用操作数组及数组元素,只不过这样的指针变量和指向一维数组的指针变量不同。

C语言中,可以定义一个指针变量用来指向另外一个指针变量,这样的指针变量称为"多级指针变量"。例如:

　　int a=100,*p=&a,**q=&p;

q就是多级指针变量，*p和**q都等于100，如图9-15所示。

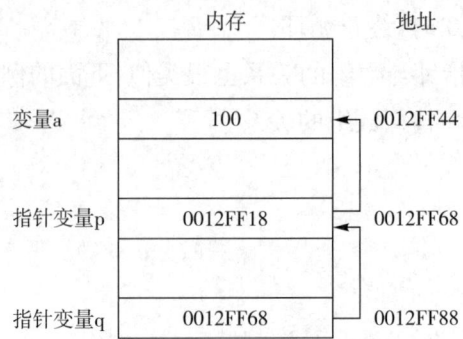

图 9-15 二级指针示意图

二维数组其实可以看成由多个相同长度的一维数组构造而成。由多个一级指针变量指向每一行，再由一个二级指针指向这些一级指针变量，从而实现分层管理。

下面的例子演示了指针变量和二维数组的关系。

【例 9-5】 演示指针和二维数组的关系。

```
1    #include <stdio.h>
2    void main()
3    {
4        int a[3][4]={{1,2,3,4},{5,6,7,8},{9,10,11,12}};
5        int *p[3],*q;                    //指针数组p,指针变量q
6        int (*r)[4];                     //行指针r,4个int单元长度
7        int i,j;
8
9        for(i=0; i<3; i++)
10       {
11           p[i]=a[i];                   //指针数组的元素是每行的首地址
12           for(j=0; j<4; j++)
13               printf("%3d",*(p[i]+j));
14       }
15
16       printf("\n");
17       for(i=0; i<3; i++)
18       {
19           q=p[i];                      //q等于每行的首地址
20           for(j=0; j<4; j++)
21               printf("%3d",*(q+j));
22       }
23       printf("\n");
24       r=a;
25       for(i=0;i<3;i++)                 //行指针是二级指针,可理解为指向a[0]、
```

```
26        {                              //a[1]、a[2]的三元素数组的首地址 a
27            for(j=0;j<4;j++)
28                printf("%3d",*(*(r+i)+j));
29        }
30        printf("\n");
31    }
```

程序的运行结果如图 9-16 所示。

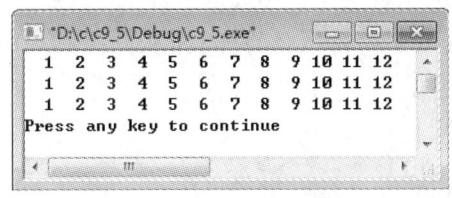

图 9-16 例 9-5 的运行结果

例 9-5 展示了二维数组相关的指针,其中的指针关系从图 9-17 中找出。

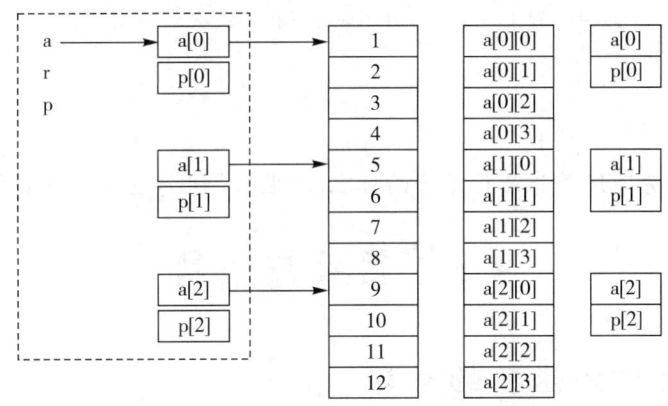

图 9-17 指针数组的元素和二维数组的关系

int * p[3]是指针数组。所谓"**指针数组**",首先是一个数组,只不过其元素不是普通的变量,而是指针变量,即 p[0]、p[1]、p[2]。程序中令 p[i]=a[i],其实就是让每个数组元素单独指向数组 a 的每一行。p 是指针数组的数组名,是二级指针,这样的指针数组和普通的数组形式上是一样的。

a[1][2]用 p 表示就是 *(*(p+1)+2),其实就是 *(p[1]+2)、*(a[1]+2)。

"int(*r)[4];"直接定义了一个指针变量,其计算单位长度是 4 个 int 单位。当 r 等于 a 时,r+1 一次移动 4 个 int 单位,正好相当于 a 数组的一行,所以,指针变量 r 不同于普通的一级指针变量,对应于二维数组,称之为"行指针"。

为了理解的方便,可以为前面提到的指针、变量、数组等划分等级。

对于:

  int x=10,* px=&x;
  int a[5]={1,2,3,4,5},* pa=a;
  int b[3][4]={{1,2,3,4},{5,6,7,8},{9,10,11,12}};

```
int * pb[3]={b[0],b[1],b[2]};
int (*r)[4]=b;
```

可以将各种变量划分为 3 个等级：

①0 级。普通的常量,如数组元素的值、变量的值。

②1 级。一维数组名 a、普通的指针变量 px、指向一位数组的指针变量 pa、二维数组的一维名称 b[0]、b[1]、b[2] 以及指针数组的元素 pb[0]、pb[1]、pb[2]。

③2 级。二维数组名 b、指针数组名 pb、行指针 r。

当从高级到低级时,需要进行降级运算 *；而从低级到高级,需要进行升级运算 &。

例如：

0 级：

| *(pa+1) | ≡ | a[1] | ≡ | 2 | | |
| *(*(pb+1)+2) | ≡ | *(b[1]+2) | ≡ | *(*(b+1)+2) | ≡ b[1][2] | ≡ 7 |

1 级：

| *(pb+1) | ≡ | b[1] | ≡ | *(b+1) | ≡ r[1] | ≡ pb[1] |
| &b[1][2] | ≡ | b[1]+2 | ≡ | *(b+1)+2 | ≡ r[1]+2 | ≡ pb[1]+2 |

2 级：

| &a[1] | ≡ | a+1 | ≡ | pa+1 | |
| &b[1] | ≡ | b+1 | ≡ | pb+1 | ≡ r+1 |

注意：以上划分等级并非是 C 语言的标准,这里只是用来区别各种指针的层次关系。

9.5 指针与函数

9.5.1 指针作为函数的参数

同其他变量一样,指针也可以用作函数的参数。前面示例中已经出现过,例如：

```
void swap2(int * x, int * y)
{
    int temp;
    temp= * x;
    * x= * y;
    * y=temp;
}
```

实际调用该函数：

```
swap2(&a,&b);
```

在调用时,把实参的指针传送给形参,即传送 &a、&b,这是函数参数的引用传递。但是作为指针本身,仍然是函数参数的值传递方式。因为在 swap 函数中创建的临时指针在函数返回时被释放,它不能影响调用函数中的实参指针(即地址)值,例如,前面提到的 swap4。

```
void swap3(int * x, int * y)
```

```
    {
        int * temp;
        temp=x;
        x=y;
        y=temp;
    }
```
实际调用该函数：

  swap3(&a,&b);

由于仅仅是交换 x 和 y 的值,而不是 x 和 y 指向的 a 和 b 的值,所以 a、b 并没有实现交换。

9.5.2 函数指针

和数组名类似,函数名代表了函数在内存中的入口地址。函数代码在程序执行以前也会分配一段连续存储的区域,该区域的首字节编号称为"函数指针"。函数名是一个指针常量,也可以定义指向函数的指针变量来接受函数指针,然后通过该指针变量访问该函数。

用函数名调用函数称为直接调用,用指向函数的指针变量调用函数称为间接调用。例如：

  int(*Copy)(char*, char*);

该语句定义了一个函数名为 Copy 的函数指针,用于拷贝字符串。Copy 指针可以指向 C 语言标准的字符串函数库中的函数 strcpy：

  Copy=&strcpy;   //Copy 指向 strcpy 函数

& 运算符可以省略：

  Copy=strcpy;   //Copy 指向 strcpy 函数

函数指针也能在定义时初始化：

  int (*Copy)(char*, char*)=strcpy;

下面的 3 个调用是等价的：

  strcpy(des,str);   //直接调用
  (*Copy)(des,str);   //间接调用
  Copy(des,str);   //间接调用

【例 9-6】 演示函数指针。

```
1    #include <stdio.h>
2    int sum(int n)                        //自定义函数,计算 1~n 的和
3    {
4        int i,s=0;
5        for(i=1; i<=n; i++)
6            s=s+i;
7        return s;
8    }
```

```
9    void main()
10   {
11       char *(*print)()=&printf;     //函数指针变量 print 指向 printf
12       char *(*scan)()=&scanf;       //函数指针变量 scan 指向 scanf
13       int (*f)()=sum;               //函数指针变量 f 指向 sum
14       int n;
15
16       (*scan)("%d",&n);             //输入 n 的值
17       (*print)("1+2+3+…+100=%d\n",f(n));
18   }
```

程序的运行结果如图 9-18 所示。

图 9-18 例 9-6 的运行结果

上面的程序中定义了几个函数指针变量,其中 print 和 scan 的类型是 char,f 的类型是 int。

9.5.3 返回指针的函数

函数的返回值可以是一个指针。需要返回指针的函数,其类型必须也是指针类型。例如:

```
char * copy(char * s,char * t)
{
    …
    return s;
}
```

函数名 copy 的类型是 char *,其返回值 s 的类型也是 char *,二者需要类型一致。copy 是函数名,是一个指针常量,如果定义成:

char (* copy)(…);

则加上括号的 copy 是指针变量,二者完全不同。

定义成指针变量的形式没有函数体部分,变量是简单的实体,不能再包括其他代码。

【例 9-7】 设计一个类似于 strcpy 的函数。

```
1    #include <stdio.h>
2    char * copy(char * s,char * t)
3    {
4        char * p=s,* q=t;
5        while(*q !='\0') *p++ = *q++;
6        *p='\0';
```

```
7        return s;                        //返回char*类型的指针

8    }
9    void main()
10   {
11       char s[100]="abcd";
12       char t[]="123456789";
13       printf("%s\n",copy(s,t));
14   }
```

程序的运行结果如图 9-19 所示。

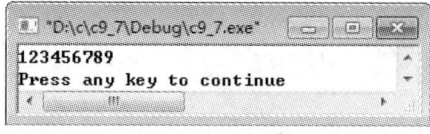

图 9-19 例 9-7 的运行结果

9.6 综合案例

案例 9-1 编写一个查找字符或字符串位置的函数

⇨**任务**

编写一个查找字符或字符串位置的函数。

⇨**分析**

查找字符和查找字符串的编程有较大区别,字符查找只要从第 1 个字符逐个比较即可,字符串的查找需要比较所有串字符,发现不同则重新移动位置,比较下一个串。

⇨**代码**

```
1    #include <stdio.h>
2    int atc(char c,char*);
3    int at(char*,char*);
4    int atn(char*,char*,int);
5    void main()
6    {
7        char source[100]={"123 234 345 567 678 789 1234 2345"};
8        char c='5';
9        char s[]="345";
10       int times=2;
11       printf("c is at %d\n",atc(c,source));
12       printf("s(1) is at %d\n",at(s,source));
```

```c
13      printf("s(%d) is at %d\n",times,atn(s,source,times));
14  }
15  int atc(char c,char * string)                      //查找字符所在位置
16  {
17      int n=0;
18      char * p=string;
19      while(* p !=c && * p!='\0')p++;
20      return (* p=='\0') ? 0:p-string+1;             //返回位置,没找到返回 0
21  }
22  int at(char * s,char * string)
23  {
24      char * p, * p1, * p2;
25      p=string;
26      while(* p!='\0')
27      {
28          p1=p;p2=s;
29          while(* p1!='\0'&& * p2!='\0'&& * p1== * p2)   //顺序比较 s 中的所有字符
30          {
31              p1++;p2++;
32          }
33          if(* p2=='\0') return (p-string+1);        //所有字符比较结束,返回位置
34          p++;
35      }
36      return 0;                                      //有不同的字符或者 p1 指向结束符
37  }
38  int atn(char * s,char * string,int times)
39  {
40
41      char * p, * p1, * p2;
42      p=string;
43      while(* p!='\0')
44      {
45          p1=p;p2=s;
46          while(* p1!='\0' && * p2!='\0' && * p1== * p2) //顺序比较 s 中的所有字符
47          {
48              p1++;p2++;
49          }
50          if(* p2=='\0')                             //所有字符比较结束
51          {
52              if(times==1) return (p-string+1);      //满足次数要求,返回位置
53              else times--;                          //满足次数要求,次数减1,继续
54          }
```

```
55          p++;
56       }
57       return 0;                              //有不同的字符或者 p1 指向结束符
58  }
```

程序的运行结果如图 9-20 所示。

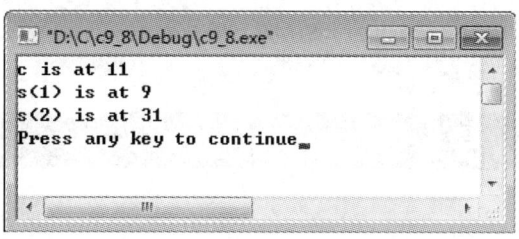

图 9-20 案例 9-1 的运行结果

案例 9-2 统计字符串中单词的个数

✎ **任务**

用指针方法统计字符串"I love programming more than games "中单词的个数。

✎ **分析**

单词的个数统计其实很简单,每个单词的后面有一个空格,问题是多余的空格需要过滤掉,另外,最后一个单词后面可能没有空格。考虑到这些因素,程序就容易写出来了。

✎ **代码**

```
1   #include <stdio.h>
2   void main()
3   {
4       char s[]=" I love programming more than games ";
5       char *p=s;
6       int n=0;
7
8       while(*p==' ') p++;                     //过滤前面的空格
9       while(*p !='\0')
10      {
11          if(*p !=' ') n++;                   //遇到单词的第 1 个字符,计数加 1
12          while(*p !=' ' && *p !='\0') p++;   //过滤其余的字符
13          while(*p==' ' && *p !='\0') p++;    //查找下一个非空格字符,即下一个字符
14      }
15      printf("n=%d\n",n);
16  }
```

程序的运行结果如图9-21所示。

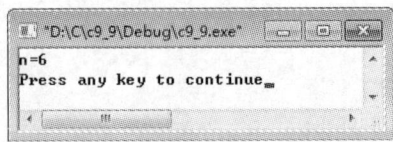

图 9-21 案例 9-2 的运行结果

案例 9-3 将素数存入二维数组并输出

✍任务

编写程序,将2、3、5…顺序的20个素数依次存入到二维数组a[4][5]中,并按4行5列的顺序输出。

✍分析

素数判断的算法前面已经学过,现在找到素数后,需要依序存入二维数组中。由于二维数组有行的概念,所以需要考虑换行的问题。实际上,二维数组也可以看成连续存储的多个一维数组,用一级指针即可顺序访问所有元素。

✍代码

```
1   #include <stdio.h>
2   void main()
3   {
4       int a[4][5],*p,(*q)[4];              //定义一级指针变量p、行指针变量q
5       int i,j;
6       int n=0;
7       p=&a[0][0];
8       for(i=1;i<=1000;i++)
9       {
10          for(j=2;j<i;j++)                  //素数判断
11              if(i%j==0) break;
12          if(j==i)  *(p+n++)=i;             //按序将素数添加到二维数组中
13          if(n==20)break;
14      }
15      q=a;                                  //行指针变量q指向二维数组
16      for(i=0;i<4;i++)
17      {
18          for(j=0;j<5;j++)
19              printf("%4d",q[i][j]);        //q[i][j]同a[i][j]
20          printf("\n");
21      }
22   }
```

程序运行结果如图9-22所示。

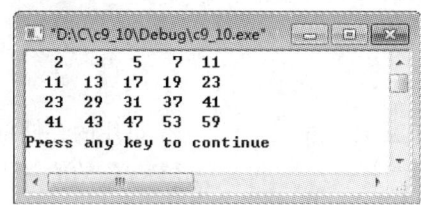

图 9-22 案例 9-3 运行结果

程序中 q[i][j]同 a[i][j]、*(p+i*4+j)。

存储素数用"*(p+n++)=i;",主要是考虑到按序存储,二维数组也可以看作4个一维数组依次按序存储,例如,第2行第2个元素既可以用 a[1][1]表示,也可以用 *(p+6)表示,*(p+6)其实就是 *(p+1*5+1),即 *(p+行号*列数+列号)。

习 题 9

一、选择题

1. 若有定义:"int x,*px;",则以下正确的赋值表达式是( )。
   A. px=x   B. px=&x   C. *px=&x   D. *px=*x

2. 若有以下说明和语句,且 0<i<10,则_____是对数组元素的错误引用。
   int a[ ]={1,2,3,4,5,6,7,8,9,0},*p,i;
   p=a;
   A. *(a+i)   B. a[p−a]   C. p+i   D. *(&a[i])

3. 下面程序的输出是_____。
   ```
   #include <stdio.h>
   void main()
   {
       int a[10]={1,2,3,4,5,6,7,8,9,10},*p=a;
       printf("%d\n",*(p+3));
   }
   ```
   A. 3   B. 4   C. 1   D. 2

4. 若有以下语句,且 0≤n<6,则正确表示数组元素地址的语句是_____。
   int a[]={1,2,3,4,5};
   int *p=a,n=2;
   A. &p   B. *p[n]   C. &(a+n)   D. ++a

5. 设有以下函数定义,则该函数返回的值是_____。
   int *f(int a)
   {
       int *p,n;

```
        n=a;
        p=&n;
        return p;
}
```
    A. 一个不可用的存储单元地址值　　B. 一个可用的存储单元地址值

    C. n 中的值　　　　　　　　　　　D. 形参 a 中的值

6. 对于类型相同的指针变量，不能进行_____运算。

    A. ＋　　　　　B. －　　　　　C. ＝　　　　　D. ＝＝

7. 指针 p 所指的字符串的长度为_____。

    char＊p="Hello\tWorld!";

    A. 12　　　　　B. 13　　　　　C. 14　　　　　D. 15

8. 设 p1 和 p2 均为指向同一个 int 型一维数组的指针变量，k 为 int 型变量，下列不正确的语句是_____。

    A. k＝＊p1＋＊p2;　　　　　　B. k＝＊p1＊(＊p2);

    C. p2＝k;　　　　　　　　　　D. p1＝p2;

9. 说明语句"int（＊p）()；"的含义是_____。

    A. p 是一个指向一维数组的指针变量

    B. p 是指针变量，指向一个整型变量

    C. 一个指向函数的指针，该函数的返回值是一个整数

    D. 以上都不对

10. 若 x 是整型变量，p 是基类型为整型的指针变量，则正确的赋值表达式是_____。

    A. p＝&x　　　B. p＝x　　　C. ＊p＝&x　　　D. ＊p＝＊x

11. 若有以下定义，则值为 3 的表达式是_____。

    int a[ ]＝{1,2,3,4,5,6,7,8,9,10},＊p＝a;

    A. p+＝2,＊(p++)　　　　　　B. p+＝2,＊++p

    C. p+＝3,＊p++　　　　　　　D. p+＝2,++＊p

12. 对于语句"int＊p[10];"，以下说法正确的是_____。

    A. p 是一个指针，指向一个数组，数组的元素是整数型

    B. p 是一个数组，其数组的每一个元素是指向整数的指针

    C. A 和 B 均错，但它是 C 语言的正确语句

    D. C 语言不允许这样的语句。

二、填空题

1. 设"int a[10],＊p＝a;"，则对 a[9]的正确引用有_____。

2. 设有以下语句：

    int a[3][2]＝{1,2,3,4,5,6};

    int（＊p）[2];

    p＝a;

    则（＊(p+1)+1)的值是_____，＊(p+2)是元素_____的地址。

3. 若有以下定义，利用指针 p 引用值为 9 的数组元素的表达式是_____。

    int a[10]＝{1,2,3,4,5,6,7,8,9,10},＊p＝a;

4. 下面的程序是求两个整数之和,并通过形参传回结果。
   int add(int a,int b,_____ z)
   {_____＝a＋b；}

5. 以下程序运行的结果是_____。
   ＃include ＜stdio.h＞
   void main()
   {
       int a[ ]＝{1,2,3,4,5}；
       int x,y,*p；
       p＝&a[0]；
       x＝*(p＋2)；
       y＝*(p＋4)；
       printf("%d\t%d\t%d\n",*p,x,y)；
   }

三、程序设计题

1. 写一个函数,计算一个字符串的长度。
2. 输入一个字符串,将其逆序输出。
3. 输入 10 个整数,输出其中的最大数和最小数。
4. 输入一行字符,将其中每个字符按从小到大排列后输出。
5. 从字符串中删除子字符串。从键盘输入一字符串,然后输入要删除的子字符串,最后输出删除子串后的新字符串。

第 10 章 结构体、共用体与枚举

考核目标

- 了解:枚举类型的概念及使用方法。
- 理解:结构体类型与共用体类型。
- 掌握:结构体和共用体变量的定义和使用方法。
- 应用:正确使用结构体变量存储数据。

10.1 结构体

下面是关于一名学生的基本数据,需要定义不同类型的变量来分别表示:

姓名:顾小萍　　　　　　char name[20];
年龄:18　　　　　　　　int age;
性别:女　　　　　　　　char sex[3];
学号:2015010001　　　　char xh[20];
手机:13901000001　　　 char mobile[20];

以上数据类型不同,不能用数组存储。能否用一种类型来统一描述以上数据?

C语言中,可以用结构体类型(struct)来把这些不同类型的数据组合起来构造成一种新的数据类型。结构体类型又可称为"结构"。

10.1.1 结构体类型的定义

结构体类型的定义形式为:

struct 类型名
{
　　成员说明表列
};

例如,前面问题中提到的数据可以表示如下:

```
 struct student              //类型名 student
 {
     char name[20];          //成员
     int age;
     char sex[3];
     char xh[20];
     char mobile[20];
 };
```

struct 是结构体关键字,结构体类型定义中的每个成员项都有确定的类型和名称,称为结构体类型的"域",每个域的定义后面要有";"号。

结构体类型由用户定义,所以结构体类型不是固定结构的类型,用户既可以定义不同结构的结构体类型,也可以定义相同结构的结构体类型,系统均认为是不同的结构体类型。

定义了结构体类型,就可以定义结构体变量、结构体数组了。

10.1.2 结构体变量的定义和初始化

定义结构体变量可以用以下形式:
①用已定义的结构体类型名定义变量。
　　struct student guping;

②在定义结构体类型的同时定义结构体变量。
```
struct student
{
    char name[20];
    int age;
    char sex[3];
    char xh[20];
    char mobile[20];
} guping;
```
③不定义结构体类型名,直接定义结构体变量。
```
struct
{
    char name[20];
    int age;
    char sex[3];
    char xh[20];
    char mobile[20];
} guping;
```
最后一种定义形式只能一次性定义若干结构体变量。

sizeof 运算符可以计算结构体类型的长度,计算形式为:

  sizeof(结构体类型名)

或者

  sizeof(变量名)

如:sizeof(struct student) 或 sizeof(guping)。

结构体的成员也可以是一个结构体类型,这种形式称为"结构体类型的嵌套"。例如:
```
struct date
{
    int year;
    int month;
    int day;
};
struct student
{
    char name[20];
    int age;
    char sex[3];
    char xh[20];
    struct date birthday;
    char mobile[20];
}guping;
```

以上形式也可以写成：
```
struct student
{
    char name[20];
    int age;
    char sex[3];
    char xh[20];
    struct
    {
        int year;
        int month;
        int day;
    }birthday;
    char mobile[20];
} guping;
```

关于生日的结构体直接写在结构体 student 的成员说明项表列中，注意 birthday 是成员名称，放在结构体的后面。

和普通变量一样，结构体变量定义的时候也可以初始化。例如：

struct student guping={"顾萍",18,"女","2015010001","13900000001"};

注意初始化的数据及其类型要与各个成员一一对应，对于包含嵌套结构体类型的变量，其嵌套部分的初始化也按顺序赋初值，例如：

struct student guping={"王云平",18,"男","2015010001",2015,3,3,"13900000001"};

10.1.3 结构体变量的引用

结构体变量其成员的引用则采用成员运算符"."来完成，格式为：

  结构体变量名.成员名

或

  结构体变量名.结构体成员名.….结构体成员名.基本成员名

后者是指包含嵌套的结构体类型。

例如，前面定义的变量 guping，其成员引用如下：

guping.age

guping.birthday.year

注意：结构体的成员引用的形式比普通的变量复杂一些，但本质上还是相当于一个普通变量，可参与该成员所属数据类型的一切运算。例如，设有普通变量 int age，比较下面的引用形式：

guping.age=20;

age=20;

printf("%d,%d \n", age,guping.age);

成员运算符"."的优先级最高,在表达式中的结构体变量成员不需要加括号。例如:

 guping.age++;

相当于:

 (guping.age)++;

结构体变量的成员名可以相同,但必须处在不同的层次。例如:

 struct student
 {
  int no;
  char name[20];
  struct
  {
   int no;
   char classname[20];
  }class;
  struct
  {
   int no;
   char groupname[20];
  }group;
 } guping;

上面的结构体存在几个相同的成员 no,但层次不同,其引用形式能够区别开来,引用形式分别如下:

 guping.no

 guping.class.no

 guping.group.no

同一类型的结构体变量可相互赋值。

我们知道,数组之间不能整体赋值,但同类型的两个结构体变量之间可以整体赋值,这样可以提高程序的效率。例如:

 yangli=guping;

 yangli.birthday=guping.birthday;

【例 10-1】 演示结构体类型。

```
1    #include <stdio.h>
2    #include <string.h>
3    struct date
4    {
5        int year;
6        int month;
7        int day;
8    };
9    struct student
```

```
10  {
11      char name[20];
12      int age;
13      char sex[3];
14      char xh[20];
15      struct date birthday;
16      char mobile[20];
17  };
18  void main()
19  {
20      struct student guping={"Gu XiaoPing",18,"M","2015010001",2015,3,3,"13900000001"},yang;
21      yang=guping;
22      strcpy(yang.name,"Yang Ling");
23      strcpy(yang.xh,"2015010002");
24      printf("%s,%d,%s,%s,",yang.name,yang.age,yang.sex,yang.xh);
25      printf("%d,%d,%d,",yang.birthday.year,yang.birthday.month,yang.birthday.day);
26      printf("%s\n",yang.mobile);
27  }
```

程序运行的结果如图10-1所示。

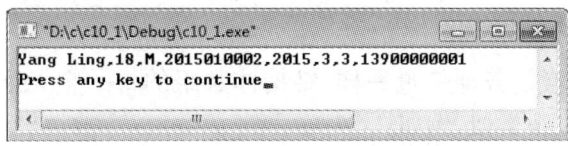

图 10-1 例 10-1 的运行结果

10.1.4 结构体数组

结构体类型既可以定义单个的变量,也可以定义结构体数组,用以存储批量的数据,例如,一个班级的学生信息。

1. 结构体数组的定义

和结构体变量定义一样,结构体数组的定义也有以下几种形式:
①先定义结构体类型,用结构体类型名定义结构体数组。

```
struct student
{
    char name[20];
    int age;
    char sex[3];
    char xh[20];
```

```
        char mobile[20];
    };
    struct student stud[50];
```
②定义结构体类型名的同时定义结构体数组。
```
struct student
{
    char name[20];
    int age;
    char sex[3];
    char xh[20];
    char mobile[20];
} stud[50];
```
③不定义结构体类型名,直接定义结构体数组。
```
struct
{
    char name[20];
    int age;
    char sex[3];
    char xh[20];
    char mobile[20];
} stud[50];
```

2. 结构体数组的初始化

和普通数组的元素是普通变量一样,结构体数组的每一个元素相当于一个结构体变量,二者的初始化也很类似,例如:

```
struct student stud[2]={
{"王晓丽",18,"女","2010010001","13901000001"},
{"李少峰",18,"男","2010010003","13901000002"}};
```

3. 结构体数组的引用

结构体数组元素的成员表示为:

　　　　结构体数组名[下标].成员名

或

　　　　结构体数组名[下标].结构体成员名.….结构体成员名.成员名

例如:
```
stud[i].age              //下标为 i 的数组元素的成员 age
stud[2].birthday.day     //下标为 2 的数组元素结构体成员 birthday 的成员 day
```
结构体数组元素和类型相同的结构体变量一样,可相互赋值。例如:
```
stud[1]=stud[0];
```
对于结构体数组元素内嵌的结构体类型成员,情况也相同。例如:
```
stud[2].birthday=stud[1].birthday;
```

【例 10-2】 演示结构体数组的定义和应用。

```c
1   #include <stdio.h>
2   #include <string.h>
3   struct date
4   {
5       int year;
6       int month;
7       int day;
8   };
9   struct student
10  {
11      char name[20];
12      int age;
13      struct date birthday;
14      char mobile[20];
15  };
16  void main()
17  {
18      struct student stud[3]={
19          {"Wang",18,2015,3,3,"13901000001"},
20          {"Zang",19,2015,4,4,"13901000002"},
21          {"Ning",20,2015,5,5,"13901000003"}};
22      int i;
23      for(i=0;i<3;i++)
24      {
25          printf("%s,%d,",stud[i].name,stud[i].age);
26          printf("%d,%d,%d,",stud[i].birthday.year,stud[i].birthday.month,
27              stud[i].birthday.day);
28          printf("%s\n",stud[i].mobile);
29      }
30  }
```

程序的运行结果如图 10-2 所示。

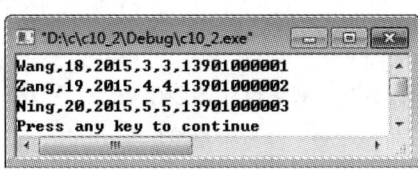

图 10-2 例 10-2 的运行结果

10.1.5 结构体指针

定义结构体类型的指针变量可以访问结构体变量或结构体数组。例如：

```
    struct student
    {
        char name[20];
        int age;
        char sex[3];
        char xh[20];
        char mobile[20];
    }yang, * p=&yang;
```

p 是指向结构体变量 yang 的指针变量,准确地说是指向该变量对应的结构体数据区域的首地址。利用结构体指针变量同样可以访问其成员,访问的形式如下:

(* p). age

或

p—>age

因为 * p 其实相当于 yang,所以(* p). age 相当于 yang. age。

"—>"是一个运算符,和"."优先级相同,具有最高的优先级,用于成员的引用。

【例 10-3】 修改例 10-2,利用结构体指针变量访问数据。

```
1   #include <stdio.h>
2   #include <string.h>
3   struct date
4   {
5       int year;
6       int month;
7       int day;
8   };
9   struct student
10  {
11      char name[20];
12      int age;
13      struct date birthday;
14      char mobile[20];
15  };
16  void main()
17  {
18      struct student stud[3]={
19          {"Wang",18,2015,3,3,"13901000001"},
20          {"Zang",19,2015,4,4,"13901000002"},
21          {"Ning",20,2015,5,5,"13901000003"}};
22      int i;
23      struct student * p=stud;
24      for(i=0;i<3;i++)
25      {
```

```
26        printf("%s,%d,",p->name,p->age);
27        printf("%d,%d,%d,",p->birthday.year,p->birthday.month,
28        p->birthday.day);
29        printf("%s\n",p->mobile);
30        p++;
31    }
32 }
```

程序的运行结果如图 10-2 所示。

注意：程序中的"p++"表示结构体类型指针变量移动一个结构体类型单位，指向下一个结构体数组元素，所以 p 的移动体现了指针的效率和方便。

10.1.6 结构体与函数

结构体类型和函数的关系表现在：结构体变量成员作为函数的参数；结构体变量作为函数的参数；结构体指针作为函数的参数。

下面通过实例演示结构体和函数的关系。

【**例 10-4**】 演示结构体和函数的关系。

```
1  #include <stdio.h>
2  #include <string.h>
3  struct student
4  {
5      char name[20];
6      int age;
7      char mobile[20];
8  };
9  void showage(int age)
10 {
11     printf("Age:%d\n", age);
12 }
13 void show1(struct student s)
14 {
15     printf("%s,%d,%s\n",s.name,s.age,s.mobile);
16 }
17 void show2(struct student * p)
18 {
19     printf("%s,%d,%s\n",p->name,p->age,p->mobile);
20 }
21 void show3(struct student s[],int n)
22 {
23     int i;
24     for(i=0;i<n;i++)
```

```
25        printf("%s,%d,%s\n",s[i].name,s[i].age,s[i].mobile);
26    }
27  void main()
28  {
29      struct student wang={"Wang",18,"13901000001"};
30      struct student zang={"Zang",19,"13901000002"};
31      struct student stud[3]={
32          {"Wang",18,"13901000001"},
33          {"Zang",19,"13901000002"},
34          {"Ning",20,"13901000003"}};
35      struct student * p;
36      struct student t;
37      printf("Demo showage:\n");
38      showage(wang.age);
39      printf("Demo show1:\n");
40      show1(wang);
41      p=&wang;
42      printf("Demo show2:\n");
43      show2(p);
44      printf("Demo show3:\n");
45      show3(stud,3);
46      t=wang;
47      wang=zang;
48      zang=t;
49      printf("Demo swap:\n");
50      show1(zang);
51  }
```

程序的运行结果如图 10-3 所示。

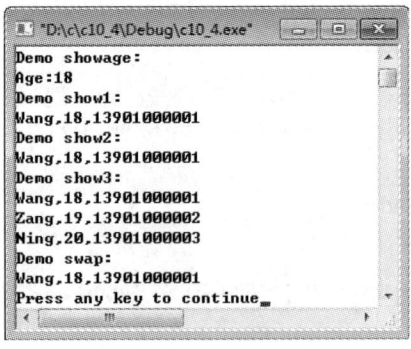

图 10-3 例 10-4 的运行结果

注意：由于结构体 struct student 作为主函数之外其他函数的形式参数，所以结构体的定义需要放在函数之外，不能放在主函数 main 内。

show1(wang)和写成show1(stud[0])效果一样,结构体数组元素也相当于一个结构体变量,例题中正好对应的成员数据也一样。

结构体变量不同于数组体现在结构体变量名需要计算才能得到结构体数据域的地址,如&wang。而数组名直接代表所有数组元素的首地址,不过也可以计算得到某一个元素的地址,如&stud[2]。

在必要的情况下,函数也可以返回结构体类型数据,包括结构体类型变量或结构体类型指针,此处省略,请读者自己练习。

结构体的应用领域很广,特别是结构体指针,有关这些问题可以学习"数据结构"课程,在此不作赘述。

10.2 共用体

为了节约内存或便于对数据进行处理,C语言允许不同类型的数据共享一段存储单元,这种共享存储单元的特殊数据类型称为"共用体"类型,也可称为"联合"类型。

共用体的定义和结构体相似,可以借鉴结构体部分,其中不同的地方在本节中将逐一指出。

10.2.1 共用体类型的定义

共用体类型的定义形式为:
```
union 类型名
{
    成员说明列表
};
```
例如:
```
union data
{
    char c;
    float f;
    double d;
};
```
定义了共用体类型union data,它有3个成员,分别为char、float和double型。

10.2.2 共用体变量的说明和引用

与结构体变量的说明类似,共用体变量也有3种方式:
①先定义共用体类型,再用共用体类型定义共用体变量。
```
union 类型名
{
    成员说明列表
};
union 类型名 共用体变量名表;
```

例如，用 union data 类型定义共用体变量。
　　union data x;
②定义共用体类型名的同时定义共用体变量。
　　union 类型名
　　{
　　　　成员说明列表
　　}共用体变量名表;
例如:
　　union data
　　{
　　　　char c;
　　　　float f;
　　　　double d;
　　}x;
③不定义类型名直接定义共用体变量。
　　union
　　{
　　　　成员说明列表
　　}共用体变量名表;

注意:共用体变量和结构体变量不同的是,结构体变量所占内存的长度等于其所有成员长度之和,每个结构体成员分别占用各自的内存单元;共用体变量则不然。共用体变量所占的内存的长度等于最长的成员的长度。例如,前面定义的共用体类型 union data 或变量 x,表达式 sizeof(union data)和 sizeof(x)的值均为 8。

共用体变量的所有成员的首地址都相同,并且等于共用体变量的地址。上例中共用体变量 x 的存储单元如图 10-4 所示。

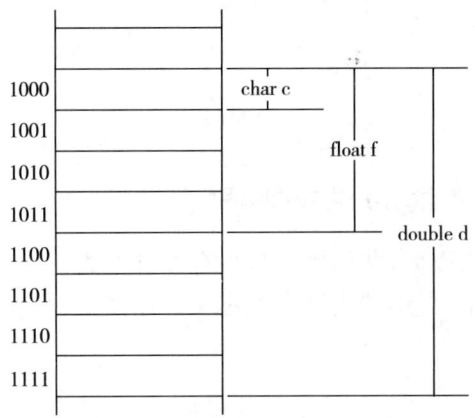

图 10-4　共用体变量存储单元示意图

引用共用体变量的形式以及注意事项均与引用结构体变量相似,例如:

x.c

对共用体变量中的任何一个成员赋值,都会导致共享区域数据发生变化,所以共用体只能保证只有一个成员的值是有效的。例如,对于共用体变量 x,假设有:

x.f=3.1415926;

必然使得地址 1000~1011 四个字节的内容发生变化,如图 10-5 所示。这种变化会导致:char c 的内容被修改成其他内容,相当于 char c 内容被清除,char c 原来的值失去意义。double d 的一半存储内容被修改,还有 4 个字节没有修改,但这已经导致 double d 原来的值失去意义。

由此可以看出,整体引用共用体变量没有多大的意义,通常都是引用共用体变量的成员。共用体变量的成员共享一段内存空间,这种共享的意义在于空间上的节约,但不能保证所有成员数据的完整性。这种特殊的共享空间的方式可以被有效利用,如例10-5的程序。

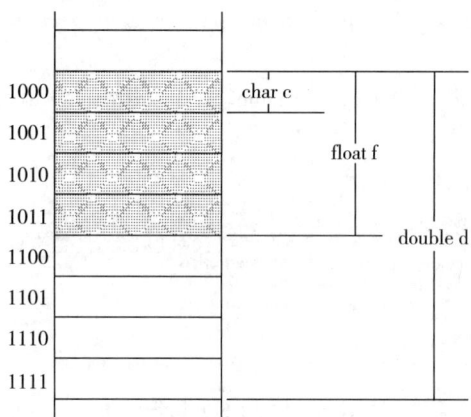

图 10-5　共用体变量成员赋值示意图

【例 10-5】　演示共用体类型的引用。

```
1    #include <stdio.h>
2    #include "string.h"
3
4    union call
5    {
6        char mobile[20];
7        int telephone;
8    };
9
10   struct student
11   {
12       char name[20];
13       int age;
```

```
14      union call callnumber;
15    };
16
17    void main()
18    {
19        struct student wang={"Wang YunPing",18};
20        struct student li={"Li Zhen",20};
21
22        struct student * p;
23
24        strcpy(wang.callnumber.mobile,"13901000001");
25        li.callnumber.telephone=56023328;
26
27        p=&wang;
28        printf("%s,%d,%s\n",p->name,p->age,p->callnumber.mobile);
29        p=&li;
30        printf("%s,%d,%d\n",p->name,p->age,p->callnumber.telephone);
31    }
```

程序的运行结果如图 10-6 所示。

图 10-6 例 10-5 的运行结果

上面的程序中用共用体类型变量"union call callnumber"作为结构体变量的成员，从而解决了不同类型联系方式的共存。Wang 和 Li 两条记录在 callnumber 成员的输出方式上也是不完全相同的，所以也可以认为二者不是完全相同的记录，或者称为"**变体记录**"。

另外，要注意第 28 行和第 30 行的输出格式略有不同，在输出"p->callnumber.mobile"时用%s，而输出"p->callnumber.telephone"时用%d。

10.3 枚举类型

假设有序列：

Sunday、Monday、Tuesday、Wednesday、Thursday、Friday、Saturday

从星期的名称上不能体现它们的顺序，但如果将其与下面的序列对应就可以体现了：

0、1、2、3、4、5、6

这两种序列都有优点,前者表达的意义自然明确,容易接受;后者更能体现星期名称之间的顺序。能否将二者结合起来,形成一种新的数据类型?

为此,C 语言提供用户定义枚举类型来解决这个问题。

10.3.1 枚举类型的定义

枚举类型定义的形式为:

enum 类型名{标识符序列};

如:

enum week{Sunday,Monday,Tuesday,Wednesday,Thursday,Friday,Saturday};

enum 是定义枚举类型的关键字,枚举类型 week 包含 7 个标识符序列,分别等于 0、1、2、3、4、5、6,这些标识符常量是有序的。

注意:

①枚举值标识符是常量不是变量,这些常量是基本数据类型。

②枚举值只能是一些标识符,不能是基本类型常量。下面的定义是错误的:

enum week{0,1,2,3,4,5,6};

③在定义枚举类型时可以对枚举常量重新定义值,如:

enum week{Monday=1,Tuesday,Wednesday,Thursday,Friday,Saturday,Sunday};

这样对应的序列为:

1、2、3、4、5、6、7

下面的定义也是可以的:

enum color{black,blue,green,red=4,yellow=8,white};

此时 red 为 4,yellow 为 8,white 为 9。

10.3.2 枚举变量的定义和引用

1. 枚举变量的定义

枚举变量定义的形式为:

enum 类型名 变量名表;   //用定义过的枚举类型来定义枚举变量
enum 类型名{标识符序列} 变量名表;   //在定义类型的同时定义变量
enum {标识符序列} 变量名表;   //省略类型名直接定义变量

例如:

enum color backcolor;
enum color {black,blue,green,red=4,yellow=8,white} backcolor;
enum {black,blue,green,red=4,yellow=8,white} backcolor;
enum week firstweek,nextweek;

2. 枚举变量的引用

(1)正确的引用方式

backcolor=red;

```
    backcolor=4;
    backcolor++;                    //假设原来是 red,现在将变成 yellow
    if(backcolor==red)
        printf("The color is red!");  //与枚举类型中说明的标识符进行比较
    scanf("%d",& backcolor);        //输入一个整型数给 backcolor 变量,不过必须在枚举类型
                                    //定义的范围之内,可以是 0、1、2、4、8、9,其他都是错误的
```

(2)错误的引用方式

```
    backcolor=3;                    //不在枚举类型定义的范围之内
    backcolor=grey;                 //不在枚举类型定义的范围之内
```

由于枚举变量可以作为循环变量,因此可以利用循环和 switch 语句打印全部的枚举值字符串。

【例 10-6】 输出全部的枚举值字符串。

```
1    #include <stdio.h>
2    enum eweek{Monday=1,Tuesday,Wednesday,Thursday,Friday,Saturday, Sunday};
3    void main()
4    {
5        char weekname[7][20]={"Sunday","Monday","Tuesday","Wednesday",
6                              "Thursday","Friday","Saturday"};
7        enum eweek week;
8        for(week=Monday; week<=Sunday; week++)
9            printf("%d:%s\n",week,weekname[week%7]);
10   }
```

程序的运行结果如图 10-7 所示。

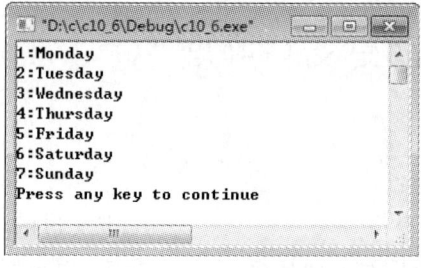

图 10-7 例 10-6 的运行结果

程序中 week%7 的值依次为 1、2、3、4、5、6、0,正好对应字符数组 weekname 的第一维下标。

虽然枚举类型中的标识符名称和字符串中的星期名称一样,但程序不能直接输出标识符名称,只能引用标识符常量的值,例如,上面程序中用%d 格式输出 week 变量得到的是:

  1、2、3、4、5、6、7

而不是:

  Monday,Tuesday,Wednesday,Thursday,Friday,Saturday, Sunday

10.4　用户定义类型

C语言不仅提供了丰富的数据类型，还允许用于自己定义类型说明符，相当于允许用户为数据类型取"别名"。所用的类型定义符是 typedef。

1. 名称替换

定义的形式为：

　　typedef 类型名 别名；

"类型名"必须是系统提供的数据类型或用户已定义的数据类型，"别名"是标识符。例如：

　　typedef int INTEGER；

　　typedef struct student STUDENT；

　　typedef struct {int year;int month;int day} DATE；

　　typedef char * CHAR；　　　　　//char * 是字符指针类型

有了上面的替换，就可以定义相应类型的变量了。

　　INTEGER a,b；　　　　　　　　//相当于 int a,b

　　STUDENT wang,zhang；　　　　//相当于 struct student wang,zhang；

　　DATE birthday；　　　　　　　//相当于 struct{int year;int month;int day} birthday；

　　CHAR string="Hello World!"；　//相当于 char * string="Hello World!"

　　CHAR p=&s；　　　　　　　　//相当于 char * p=&s

2. 定义数组类型

定义的形式为：

　　typedef 类型名 别名[数组长度]；

例如：

　　typedef int NUM[3]；

　　typedef char STRING[20]；

定义相应类型的变量：

　　NUM a,b；　　　　　　　　　//相当于 int a[3],b[3]

　　STRING s；　　　　　　　　 //相当于 char s[20]

注意：

①定义新类型名时一般用大写的标识符，以便区别于习惯的写法，但并不是必须的。

②用 typedef 定义类型只是定义新的类型名，而不是创建新的数据类型。

③注意定义新类型名与宏替换的区别。例如：

　　typedef int INTEGER；

　　#define INTEGER int

上述定义的作用都是用标识符 INTEGER 代替 int，但实质不同。typedef 是用标识符 INTEGER 代替类型"int"，而 #define 是用标识符 INTEGER 代替字符串"int"；typedef 在编译时解释 INTEGER，而 #define 是在编译之前将 INTEGER 替换成字符串

"int";typedef 并不是作简单替换,例如:

typedef int NUM[3];

不是简单地将 NUM[3]替换成 int,因为"NUM a;"相当于"int a[3];",而不是"int a;"。

④使用 typedef 有利于程序在不同的计算机系统间进行移植。例如:

typedef int INTEGER;

程序中全部用 INTEGER 定义变量,例如:

INTEGER a,b

显然 a、b 的类型取决于"typedef int INTEGER;"中的"int",如果将其改成:

typedef long int INTEGER;

则所有用 INTEGER 定义的变量的类型和长度都相应被改过来。对于不同字长的计算机,程序的修改就变得非常容易了。

10.5* 动态内存分配与链表

在 C 语言程序中,用说明语句定义的各种存储类型(自动、静态、寄存器、外部)的变量或数组,均由系统分配存储单元,这样的存储分配称作"**固定内存分配**";C 语言也允许程序员在函数执行部分的任何地方使用动态存储分配函数开辟或回收存储单元,这样的存储分配叫"**动态内存分配**"。动态内存分配使用自由、节约内存。

用数组来存储数据,有存取效率高、方便等优点。但是,数组的元素个数不能动态扩充,大小固定,不适用于数据元素个数动态增长的数据。在数组中进行数组元素的插入与删除,需要移动其他数据元素,从而保持数组中数据元素的相对次序不变,这就造成了数组中数据的插入与删除的效率很低。而链表适用于数据元素频繁的插入与删除,其存储空间可以动态增长和减少。

组成链表的基本存储单元叫**结点**,该存储单元存有若干数据和指针,由于存放了不同数据类型的数据,它的数据类型应该是结构体类型。在结点的结构体存储单元中,存放数据的域称为**数据域**,存放指针的域称为**指针域**,结点及链表的形式如图 10-8 所示。

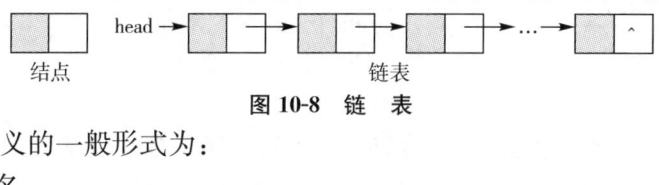

图 10-8 链 表

结点类型定义的一般形式为:

struct 类型名
{
    数据域定义;
    struct 类型名 *指针域名;
};

其中的数据域和指针域都可以不止一个,当指针域不止一个时,将构成比较复杂的链表,链表的示意图如图 10-10 所示。

循环链表:

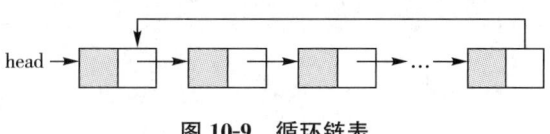

图 10-9　循环链表

双向链表:

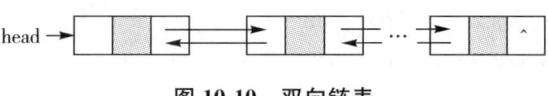

图 10-10　双向链表

可以看出结点类型的特殊性:指针域的基类型就是结点类型,这种循环定义的形式是结点类型的重要特征。由于有了此特性,才能由结点构成链表。

关于链表的插入、删除、查找等操作,这里就不再给出了,感兴趣的读者可以在数据结构等相关的教材中找到。

10.6　综合案例

案例 10-1　编程求两个复数的和

⇩**任务**

编程求两个复数的和。

⇩**分析**

复数的形式:$a+b$i。

其中,a 是实部,b 是虚部。建立描述复数的结构体类型:

```
struct complex
{
    double r;
    double i;
};
```

⇩**代码**

```
1  #include <stdio.h>
2  struct complex
3  {
4      double r;
5      double i;
6  };
7  struct complex add(struct complex x,struct complex y)
8  {
9      struct complex z;
```

```
10      z.r=x.r+y.r;
11      z.i=x.i+y.i;
12      return z;
13  }
14  void main()
15  {
16      struct complex z,add(struct complex,struct complex);
17      struct complex x={1.2,2.3},y={3.4,4.5};
18      z=add(x,y);
19      printf("x+y=%.2f+%.2fi\n",z.r,z.i);
20  }
```

运行该程序后,输出结果如图 10-11 所示。

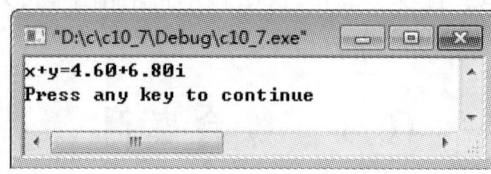

图 10-11 案例 10-1 的运行结果

程序中,主函数调用了一个 add 函数,add 函数的参数和返回值都是结构体变量。

案例 10-2 已知今天的日期,编程求出明天的日期

▷**任务**

已知今天的日期,编程求出明天的日期。

▷**分析**

根据今天的日期,计算明天的日期,至少需要知道所在月份,该月份有多少天。二月份还存在闰年的问题,这些都需要在程序中加以考虑。

▷**代码**

```
1   #include <stdio.h>
2   struct date
3   {
4       int year,month,day;
5   };
6   int judge(struct date * pd)
7   {
8       int l_year=0;
9       if((pd->year % 4==0 && pd->year % 100 !=0) || pd->year % 400==0)
10          l_year=1;
```

第1部分 理论篇
第10章 结构体、共用体与枚举

```
11       return l_year;
12   }
13
14   int day_no(struct date * pd)
15   {
16       int day;
17       int month[13]={0,31,28,31,30,31,30,31,31,30,31,30,31};
18       if (judge(pd)&&(pd->month==2))
19           day=29;
20       else
21           day=month[pd->month];
22       return day;
23   }
24   void main()
25   {
26       struct date today,tomorrow;
27       int judge(struct date *),day_no(struct date *);
28       printf("Enter today(yyyy,mm,dd): ");
29       scanf("%d-%d-%d",&today.year,&today.month,&today.day);
30       if (today.day!=day_no(&today))
31       {
32           tomorrow.day=today.day+1;
33           tomorrow.month=today.month;
34           tomorrow.year=today.year;
35       }
36       else if (today.month==12)
37       {
38           tomorrow.day=1;
39           tomorrow.month=1;
40           tomorrow.year=today.year+1;
41       }
42       else
43       {
44           tomorrow.day=1;
45           tomorrow.month=today.month+1;
46           tomorrow.year=today.year;
47       }
48       printf("Tomorrow's date is %d-%d-%d\n",tomorrow.year,tomorrow.month,tomorrow.day);
49   }
```

程序的运行结果如图10-12所示。

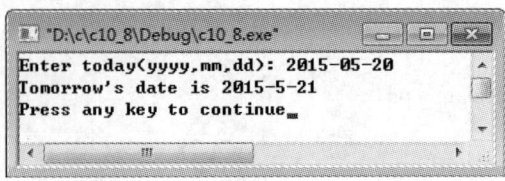

图 10-12 案例 10-2 的运行结果

程序中 scanf 中的数据分隔符设置为"-",输入日期时需要加"-"分隔。函数 judge 用来判断是否是闰年,day_no 用于获得某月的天数。

一、选择题

1. 已知：
   struct
   {
       int i;
       char c;
       float a;
   }ex;
   则"sizeof(ex);"的值是_____。
   A. 4   B. 5   C. 6   D. 7

2. 已知：
   union
   {
       int i;
       char c;
       float a;
   }ex;
   则"sizeof(ex);"的值是_____。
   A. 4   B. 5   C. 6   D. 7

3. 设有以下说明语句：
   struct ex
   {
       int x;
       float y;
       char z;
   }example;

则以下叙述中不正确的是_____。

A. struct 是结构体类型的关键字　　　B. example 是结构体类型名

C. x、y、z 都是结构体成员名　　　　D. struct ex 是结构体类型

4. 若有如下定义：

struct person{char name[9];int age;};

struct person class[10]={ "John", 17, "Paul", 19, "Mary", 18, "Adam", 16}

根据上述定义，能输出字母 M 的语句是_____。

A. printf("%c\n", class[3]. name);

B. printf("%c\n", class[3]. name[1]);

C. printf("%c\n", class[2]. name[1]);

D. printf("%c\n", class[2]. name[0]);

5. 以下结构体类型变量的定义中，不正确的是_____。

A. typedef struct aa　　　　　　　　B. ♯define AA struct aa

　　{　　　　　　　　　　　　　　　　　AA{

　　　int n;　　　　　　　　　　　　　　　int n;

　　　float m;　　　　　　　　　　　　　　float m;

　　}AA;　　　　　　　　　　　　　　　}td1;

C. struct aa　　　　　　　　　　　　D. struct

　　{　　　　　　　　　　　　　　　　　{

　　　int n;　　　　　　　　　　　　　　　int n;

　　　float m;　　　　　　　　　　　　　　float m;

　　};　　　　　　　　　　　　　　　　}td1;

　　struct aa td1;

6. 设有定义语句：

enum team{my, you=4, his, her=his+10};

则"printf("%d, %d, %d, %d\n", my, your, his, her);"的输出是_____。

A. 0、1、2、3　　B. 0、4、0、10　　C. 0、4、5、15　　D. 1、4、5、15

7. 若有如下定义，则"printf("%d\n", sizeof(them));"的输出是_____。

typedef union{long x[2]; int y[4]; char z[8];}MYTYPE;

MYTYPE them;

A. 32　　　　　　B. 16　　　　　　C. 8　　　　　　D. 24

8. 若有如下定义，则对 data 中的 a 成员的正确引用是_____。

struct sk{int a; float b;}data, *p=&data;

A. *(p). data. a　　B. (*p). a　　C. p—>data. a　　D. p. data. a

9. C 语言共用体类型在任何给定的时刻_____。

A. 所有成员一直驻留在结构中

B. 只能有一个成员驻留在结构中

C. 部分成员驻留在结构中

D. 没有成员驻留在结构中

10. 以下对 C 语言中共用体类型数据的叙述正确的是_____。
    A. 可以对共用体变量名直接赋值
    B. 一个共用体变量中可以同时存放其所有成员
    C. 一个共用体变量中不能同时存放其所有成员
    D. 共用体类型定义中不能出现结构体类型的成员

11. 以下关于枚举的叙述不正确的是_____。
    A. 枚举变量只能取对应枚举类型的枚举元素表中的元素
    B. 可以在定义枚举类型时对枚举元素进行初始化
    C. 枚举元素表中的元素有先后次序,可以进行比较
    D. 枚举元素的值可以是整数或字符串

12. 以下关于 typedef 的叙述不正确的是_____。
    A. 用 typedef 可以定义各种类型名,但不能用来定义变量
    B. 用 typedef 可以增加新类型
    C. 用 typedef 只是将已存在的类型用一个新的名称来代表
    D. 使用 typedef 便于程序的通用和移植

二、填空题

1. "."称为_____运算符,"->"称为_____运算符。

2. 若有如下定义语句,则变量 w 在内存中所占的字节数是_____。
   union aa{float x; char c[6];};
   struct st{union aa v; float w[5]; double ave;}w;

3. 设有以下结构体类型定义和变量说明,则变量 a 在内存所占字节数是_____。
   struct stud
   {
       char num[6];
       int s[4];
       double ave;
   }a, *p;

4. 以下程序用来输出结构体变量 ex 所占存储单元的字节数,请填空。
   struct st
   {
       char name[20]; double score;
   };
   main()
   {
       struct st ex;
       printf("ex size: %d\n", sizeof(_____));
   }

5. 以下语句要使指针变量指向一个整型的动态存储单元,请填空。
   int *p;
   p=_____ malloc(sizeof(int));

6. 请定义一个枚举类型 month,其枚举元素是一年中的 12 个月份,要求每个元素的取值等于其相应的月份数,例如:对于 12 月,枚举元素 Dec 的值为 12。

  enum month _____;

7. 下面程序的输出是_____。

```
#include <stdio.h>
void main()
{
    enum em{em1=3, em2=1, em3};
    char * aa[]={"AA", "BB", "CC", "DD"};
    printf("%s%s%s\n", aa[em1], aa[em2], aa[em3]);
}
```

三、阅读程序题

1. 阅读下列程序,写出运行结果。

```
#include <stdio.h>
void main(void)
{
    union {char c; char i[4];}z;
    z.i[0]=0x39;
    z.i[1]=0x36;
    printf("%c\n", z.c);
}
```

2. 阅读下列程序,写出运行结果。

```
struct stru
{
    int x; char ch;
};
#include <stdio.h>
void main()
{
    struct stru a={10, 'x'};
    func(a);
    printf("%d, %c\n", a.x, a.ch);
}
func(struct stru b)
{b.x=100; b.ch='n';}
```

3. 阅读下列程序,写出运行结果。

```
union st
{
    int i; char ch[2];
}a;
main()
```

```
{
    a.ch[0]=13; a.ch[1]=0;
    printf("%d\n", a.i);
}
```

4. 阅读下列程序,写出运行结果。
```
struct stu
{
    int x, *y;
} *p;
int a[]={15, 20, 25, 30};
struct stu aa[]={35, &a[0], 40, &a[1], 45, &a[2], 50, &a[3]};
#include <stdio.h>
void main()
{
    p=aa;
    printf("%d ", ++p->x);
    printf("%d ", (++p)->x);
    printf("%d\n", ++(p->x));
}
```

5. 阅读下列程序,写出运行结果。
```
union myun
{
    struct
    {
        int x, y, z;
    }u;
    int k;
}a;
#include <stdio.h>
void main()
{
    a.u.x=4; a.u.y=5; a.u.z=6;
    a.k=0;
    printf("%d \n", a.u.x);
}
```

6. 阅读下列程序,写出运行结果。
```
#include <stdio.h>
void main()
{
    union
    {
```

```
            int k;
            char c[2];
    } * s, a;
    s=&a;
    s->c[0]=0x39; s->c[1]=0x38;
    printf("%x\n",s->k);
}
```

7. 阅读下列程序,写出运行结果。
```
#include <stdio.h>
enum week{Sun=7, Mon=1, Tue, Wed, Ths, Fri, Sat};
void main()
{
    printf("%d\n", hour(Fri, Sun));
}
int hour(int x, int y)
{
    if(y>x) return 24*(y-x);
    else return(-1);
}
```

四、程序设计题

1. 定义一结构体,成员项包括一个字符型、一个整型。编程实现结构体变量成员项的输入、输出,并通过结构体指针引用该变量。

2. 建立一个结构体,其中包括学生的姓名、性别和计算机课程的成绩。建立一个有 5 个元素的结构体数组。输入学生信息,输出考分大于平均分的同学的姓名、性别和计算机课程。

3. 已知一长度为 2 个字节的整数,现欲将其高位字节与低位字节相互交换后输出,试用共用体类型实现这一功能。

第 11 章 文 件

考核目标

- 了解：文件位置标记及定位操作。
- 理解：文件的分类，文件指针的概念，随机读写文件的概念。
- 掌握：使用文件处理函数进行文件读写等操作。
- 应用：文件读写与定位操作。

11.1 文件概述

11.1.1 文件的概念

所谓"文件"是指一组相关数据的有序集合。这个数据集有一个名称,称为"文件名"。在前面的章节中已经多次使用了文件,例如,源程序文件(.c)、目标文件(.obj)、可执行文件(.exe)、库文件(.lib)、头文件(.h)等。文件通常是存放在外部介质(如硬盘、光盘、优盘等)上的,操作系统也是以文件为单位对数据进行管理的,每个文件都通过唯一的"文件标识"来定位,即文件路径和文件名,例如:

    k:\11124020100101\program.c

其中 k:\11124020100101 就是路径,program.c 是文件名。

当需要使用文件的时候,将文件调入到内存中。

11.1.2 文件的分类

从不同的角度可对文件作不同的分类。

①从用户使用的角度看,文件可分为普通文件和设备文件两种。

普通文件指驻留在磁盘或其他外部介质上的一个有序数据集,可以是源文件、目标文件、可执行程序,也可以是一组待输入处理的原始数据,或者是一组输出的结果。对源文件、目标文件、可执行程序可以称为"程序文件",对输入输出数据可称为"数据文件"。

设备文件指与主机相连的各种外部设备,如显示器、打印机、键盘等。在操作系统中,将外部设备也看作一个文件来进行管理,它们的输入和输出等同于对磁盘文件的读和写。通常把显示器定义为标准输出文件,一般情况下在屏幕上显示有关信息就是向标准输出文件输出。如前面经常使用的 printf、putchar 函数就是这类输出。键盘通常被指定为标准的输入文件,从键盘上输入就意味着从标准输入文件输入数据。scanf、getchar 函数就属于这类输入。

②从文件编码和数据的组织方式来看,文件可分为 ASCII 码文件和二进制码文件。

ASCII 文件也称"文本文件",这种文件在磁盘中存放时每个字符占一个字节,每个字节中存放相应字符的 ASCII 码。内存中的数据存储时需要转换为 ASCII 码。

二进制文件则不同,内存中的数据存储时不需要进行数据转换,存储介质上保存的数据采用与内存数据一致的表示形式存储。

例如,int 型数据 12345 的存储形式如表 11-1 所示。

表 11-1　ASCII 码与二进制存储比较表

ASCII 码	00110001	00110010	00110011	00110100	00110101	5 个字节
二进制	00000000	00000000	00110000	00111001		4 个字节

ASCII 码存储占用 5 个字节,而二进制存储占用 4 个字节,同内存中的格式。

ASCII 码文件可在屏幕上按字符显示。例如,源程序文件就是 ASCII 文件,用记事本打开可显示文件的内容。由于是按字符显示,因此能读懂文件内容。所以采用 ASCII 码存储可被操作系统直接识别,但占用存储空间较多,同时还要付出由内存的二进制形式转换为 ASCII 码的时间开销;用二进制存储节省存储空间和转换时间,但一般不能直接识别。

事实上,C 语言系统在处理这些文件时,并不区分类型,都看成字节流,按字节进行处理。输入输出字符流的开始和结束只由程序控制而不受物理符号(如回车符)的控制。因此也把这种文件称为"流式文件"。

③从 C 语言对文件的处理方法来看。旧的 C 版本(如 UNIX 系统下使用的 C)有两种对文件的处理方法:一种叫"缓冲文件系统",另一种叫"非缓冲文件系统"。

缓冲文件系统:系统自动地在内存区为每一个正在使用的文件名开辟一个缓冲区。从内存向磁盘输出数据必须先送到内存中的缓冲区,装满缓冲区后才一起送到磁盘。如果从磁盘向内存读入数据,则一次从磁盘文件将一批数据输入到内存缓冲区(充满缓冲区),然后再从缓冲区逐个地将数据送到程序数据区(给程序变量),缓冲区的大小由各个具体的 C 版本确定,一般为 512 个字节,如图 11-1 所示。

非缓冲文件系统:系统不自动开辟确定大小的缓冲区,而由程序为每个文件设定缓冲区。

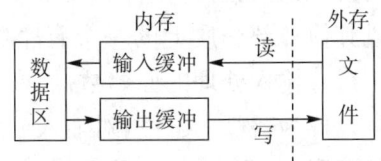

图 11-1 文件读写缓冲示意图

在 UNIX 系统下,用缓冲文件系统来处理文本文件,用非缓冲文件系统来处理二进制文件。用缓冲文件系统进行的输入输出又称为"高级(或高层)磁盘输入输出",用非缓冲文件系统进行的输入输出又称为"低级(或低层)输入输出"。1983 年,ANSI C 标准决定不采用非缓冲文件系统,而只采用缓冲文件系统。也就是说,用缓冲文件系统既可处理文本文件,又可处理二进制文件。本书主要讨论 ANSI C 的文件系统以及它们的输入输出操作。

11.2 文件操作

11.2.1 FILE 文件类型指针

在 C 语言程序中,无论是一般磁盘文件还是设备文件,都可以通过文件结构类型的数据集合进行输入输出操作。文件结构是由系统定义的,取名为 FILE。有的 C 语言版本在 stdio.h 文件中有以下类型定义:

```
typedef struct
{
    short level;                    //缓冲区"满"或"空"的程度
    unsigned flags;                 //文件状态标志
    char fd;                        //文件描述符
    unsigned char hold;             //无缓冲区不读取字符
    short bsize;                    //缓冲区大小
    unsigned char * buffer;         //数据缓冲区位置指针
    unsigned char * curp;           //当前指针指向
    unsigned istemp;                //临时文件指示器
    short token;                    //用于有效性检查
}FILE;
```

有了FILE类型以后可以定义文件类型指针变量,例如:

FILE * fp;

其中,fp是一个指向FILE类型结构体的指针变量。可以使fp指向某一个文件的结构体变量,从而能够通过该结构变量中的文件信息去访问该文件。也就是说,通过文件指针变量能够找到与它相关的文件。

如果有多个文件,一般应设多个相应的指针变量(指向FILE类型结构的指针变量),使它们分别指向对应的文件(实际上是指向该文件的信息结构),以实现对文件的访问。当然这是指需要同时访问这些文件,同一指针变量通过对它的赋值也可以指向不同的文件。

C语言中的标准设备文件是由系统控制的,由系统自动打开和关闭,其文件结构指针由系统命名,用户无须说明即可直接使用,例如:

stdin　　标准输入文件(键盘)
stdout　　标准输出文件(显示器)
stderr　　标准错误输出文件(显示器)

对文件进行操作之前必须"打开"文件,打开文件的作用实际上是建立该文件的信息结构,并且给出指向该信息结构的指针以便对该文件进行访问。文件使用结束之后应该"关闭"该文件。文件的打开与关闭是通过调用fopen和fclose函数来实现的。

11.2.2 文件的打开操作

C语言用fopen()函数来实现文件的打开。fopen函数的调用方式一般为:

FILE * fp;
fp=fopen(文件名,文件使用方式);

例如:

fp=fopen("result.txt","r");

它表示要打开名字为result.txt的文件,使用文件方式为"读入",fopen函数返回指向result.txt文件的指针并赋给fp,这样fp就与result.txt相联系了,或者说fp指向result.txt文件。使用文件方式可以是表11-2中的任一项。

表11-2 文件使用方式标识符

文件使用方式		含 义
"r"	（只读,文本）	以只读方式打开一个已有的文本文件
"w"	（只写,文本）	以只写方式建立一个新的文本文件。如果该文件已存在,则将它删去,然后重新建立一个新文件
"a"	（追加,文本）	以添加方式打开一个文本文件,在文件末尾添加。如果该文件不存在,则建立一个新文件后再添加
"rb"	（只读,二进制）	以只读方式打开一个已有的二进制文件
"wb"	（只写,二进制）	以只写方式打开一个二进制文件
"ab"	（追加,二进制）	以添加方式打开一个二进制文件
"r+"	（读写,文本）	以读写方式打开一个已有的文本文件
"w+"	（读写,文本）	以读写方式建立一个新的文本文件
"a+"	（读写,文本）	以读写方式打开一个文本文件,在文件末尾添加和修改,如果文件不存在,则建立一个新文件后再添加和修改
"rb+"	（读写,二进制）	以读写方式打开一个已有的二进制文件
"wb+"	（读写,二进制）	以读写方式建立一个新的二进制文件
"ab+"	（读写,二进制）	以读写方式打开一个二进制文件

用以上方式可以打开文本文件或二进制文件,这是 ANSI C 的规定,即用同一种缓冲文件系统来处理文本文件和二进制文件。但目前使用的有些 C 编译系统可能不完全提供所有这些功能（例如,有的只能用"r""w""a"方式）,有的 C 版本不用"r+""w+""a+",而用"rw""wr""ar"等,请注意所用系统的规定。

如果不能实现"打开"的任务,fopen 函数将会返回一个出错信息。出错的原因可能是:用"r"方式打开一个并不存在的文件；磁盘出故障；磁盘已满无法建立新文件等。此时 fopen 函数将带回一个空指针值 NULL(NULL 在 stdio.h 文件中已被定义为 0)。

常用下面的方法打开一个文件:

```
if((fp=fopen("filename","r"))==NULL)
{
    printf("cannot open this file.\n");
    exit(0);
}
```

即先检查打开文件有无出错,如果有错就在终端上输出"cannot open this file"。exit 函数的作用是关闭所有文件,终止正调用的过程。待程序员检查出错误,修改后再运行。

用"w"方式打开文件时,只能从内存向该文件输出（写）数据,而不能从文件向内存输入数据。如果该文件原来不存在,则打开时按指定文件名建立一个新文件。如果原来的文件已经存在,则打开时将文件删空,然后重新建立一个新文件,所以务必小心。

用"a"方式打开文件时,向文件的尾部添加新数据,文件中原来的数据保留,但要求文件必须存在,否则会返回出错信息。打开文件时,文件的位置指针在文件末尾。

用"r+""w+""a+"方式打开文件时,既可以输入,也可以输出,不过3种方式是有区别的:"r+"方式要求文件必须存在;"w+"方式则建立新文件后进行读写;"a+"方式则保留文件原有的数据,进行追加或读的操作。

在用文本文件向计算机输入时,应将回车和换行两个字符转换为一个换行符;在输出时,应将换行符转换为回车和换行两个字符。在用二进制文件时,不需要进行这种转换,因为在内存中的数据形式与输出到外部文件中的数据形式完全一致,一一对应。

在程序开始运行时,系统自动打开3个标准文件:标准输入、标准输出、标准出错输出。通常这3个文件都与终端相联系。因此以前我们所用到的从终端输入或输出,都不需要打开终端文件。系统自动定义了3个文件指针stdin、stdout和stderr,分别指向终端输入、终端输出和标准出错输出(也从终端输出)。如果程序中指定要从stdin所指的文件输入数据,就是指从终端键盘输入数据。

选择好打开的方式,在对文件进行操作时必须遵守打开方式的约定,否则会出错。例如,以"r"方式打开,却要向文件中写入数据,会导致程序出错。另外要注意对原有文件的保护,如果原有数据需要保留,就不能用"w"或"w+"的方式打开,否则将丢失原有的数据。

11.2.3 文件的关闭操作

文件在使用完后应该及时关闭它,以防止它再被误用。"关闭"就是释放文件指针。释放后的文件指针变量不再指向该文件,为自由的文件指针。这种方式可以避免文件中的数据丢失。释放指针后不能再通过该指针对原对应的文件进行读写操作,除非再次用该指针变量打开该文件。

用fclose函数关闭文件。fclose函数调用的一般形式为:

  fclose(文件指针);

例如:

  fclose(fp);

用fopen函数打开文件时,所带回的指针赋给了fp,现把该文件关闭。

应该养成关闭不用文件的习惯,程序结束前应该保证所有操作文件均被关闭,如果不关闭将可能丢失数据。关闭文件的语句通常放在对文件的操作完成之后,但也可以放在程序结束之前。由于在向文件写数据时,数据先被输送到缓冲区,待缓冲区充满后才正式输出给文件。如果数据未充满缓冲区而程序结束运行,就会将缓冲区中的数据丢失。用fclose函数关闭文件,可以避免这种情况发生,它先把缓冲区中的数据输出到磁盘文件,然后才释放文件指针变量。

如果文件关闭成功,fclose函数返回值为0;如果文件关闭出错,则返回值为EOF(-1)。这可以用ferror函数来测试。

11.2.4 文件的读写操作

1. 字符读写函数

(1) 字符输入函数 fgetc

从指定文件读入一个字符,该文件必须是以读或读写方式打开的。fgetc 函数的调用形式为:

  ch=fgetc(fp);

说明:fp 为文件型指针变量,ch 为字符变量。

功能:从 fp 指向的文件中读取一个字符并赋给变量 ch。

如果在执行 fgetc 读字符时遇到文件结束符或出错,则函数返回一个文件结束标志 EOF(-1)。当形参 fp 为标准输入文件指针 stdin 时,则读文件字符函数 fgetc(stdin)与终端输入函数 getchar()具有完全相同的功能。

【例 11-1】 显示文本文件 readme.txt 的内容。

```
1   #include <stdio.h>
2   void main()
3   {
4       FILE * fp;
5       char ch;
6       if((fp=fopen("readme.txt","r"))==NULL)
7       {
8           printf("file open error.\n");
9           exit(0);
10      }
11      while((ch=fgetc(fp))!=EOF)        //EOF 是文本文件结束标志,相当于-1
12          putchar(ch);
13      fclose(fp);
14  }
```

该程序完成:从一文件名为"readme.txt"的磁盘文件中顺序读取字符,并在标准输出设备显示器上输出。

文本文件的结束标志是 EOF。二进制文件中的数据,某一个字节的值可能是-1,而这又恰好是 EOF 的值,所以,上述程序只适合处理文本文件。ANSI C 已允许用缓冲区文件系统处理二进制文件,为了解决上述问题,ANSI C 提供了一个 feof 函数来判断文件是否结束。feof(fp)用来测试 fp 所指向的文件当前状态是否为"文件结束"。如果是文件结束,函数 feof(fp)的值为 1(真),否则为 0(假)。

如果想顺序读取一个二进制文件的数据,上面的程序修改为:

  ch=fgetc(fp);

  while(!feof(fp))   //相当于 while(feof(fp)==0)

```
        {
            putchar(ch);
            ch=fgetc(fp);
        }
    …
```

当 feof(fp)的值为 0 时,表示未到文件尾,当 feof(fp)的值为 1 时,表示到达文件尾,所以!feof(fp)相当于 feof(fp)==0。fgetc 读取一个字节的数据赋给字符变量 ch(当然可以接着对这些数据进行所需的处理)。直到文件结束,feof(fp)的值为 1,!feof(fp)的值为 0,退出 while 循环。

上面的程序对于文本文件也适用。

(2)字符输出函数 fputc

fputc 函数把一个字符输出到磁盘文件上。其一般形式为:

   fputc(ch,fp);

说明:ch 是要输出的字符,它既可以是一个字符常量,也可以是一个字符变量。fp 是文件指针变量,通常它从 fopen 函数得到返回值。

功能:将字符(ch 的值)输出到 fp 所指向的文件上。如果输出成功,函数返回值是输出的字符;如果输出失败,则返回 EOF(-1)。同样,fputc(ch,stdout)的作用是将 ch 的值在显示器上输出,与函数 putchar(ch)的功能完全相同。

【例 11-2】 从键盘上输入的字符代码顺序存入名为"result.txt"的磁盘文件中,当键盘输入"Ctrl+Z"时关闭文件,输入结束。

```
1   #include <stdio.h>
2   void main()
3   {
4       FILE * fp;
5       int ch;
6       if((fp=fopen("result.txt","w"))==NULL)
7       {
8           printf("file created error.\n");
9           exit(0);
10      }
11      do
12      {
13          ch=getchar();                //先输入字符再写到文件中
14          fputc(ch,fp);
15      }while(ch!=EOF);
16      fclose(fp);
17  }
```

键盘的组合键操作"Ctrl+Z",可以输入-1。

【例 11-3】 编程完成将文本文件 readme.txt 复制到 result.txt 中。

```
1   #include <stdio.h>
2   void main()
3   {
4       FILE *fp1,*fp2;
5       char ch;
6       if((fp1=fopen("readme.txt","r"))==NULL)
7       {
8           printf("file1 openned error.\n");
9           exit(0);
10      }
11      if((fp2=fopen("result.txt","w"))==NULL)
12      {
13          printf("file2 created error.\n");
14          exit(0);
15      }
16      while((ch=fgetc(fp1))!=EOF)        //读取文件 fp1 的内容到 ch
17          fputc(ch,fp2);                  //将 ch 写到文件 fp2 中
18      fclose(fp1);
19      fclose(fp2);
20  }
```

2. 字符串读写函数

(1) 读文件字符串函数 fgets

从指定文件读入一个字符串,该文件必须是以读或读写方式打开的。fgets 函数的调用形式为:

    fgets(str,n,fp);

说明:参数 str 可以是一个字符型数组名或指向字符串的指针;参数 n 为读取的最多的字符个数;参数 fp 为要读取文件的指针。

功能:从 fp 指定的文件中读取长度不超过 $n-1$ 个字符的字符串,并将该字符串放到字符数组 str 中。如果读取成功,函数返回字符数组 str 的首地址;如果文件结束或出错,则返回 NULL。读取操作遇到以下情况结束:已经读取了 $n-1$ 个字符;当前读取到的字符为回车符;已读取到文件末尾。

注意:

① 使用该函数时,从文件读取的字符个数不会超过 $n-1$ 个,这是由于在字符串尾部还需自动追加一个"\0"字符,这样读取到的字符串在内存缓冲区正好占有 n 个字节。

② 如果从文件中读取到回车符,也作为一个字符送入由 str 所指的内存缓冲区,然后再向缓冲区送入一个"\0"字符。

③ fgets()函数在使用 stdin 作为 fp 参数时与 gets()函数功能有所不同:gets()把读取到的回车符转换成"\0"字符,而 fgets()把读取到的回车符作为字符存储,然后再在末尾追加"\0"字符。

假设文件 readme.txt 的内容如下：

| 1 | 2 | 3 | 4 | 5 | 6 | 7 | 8 | \n | 1 | 2 | 3 | 4 | 5 | EOF |

设有数组"char str[8];"，文件指针 fp 指向 readme.txt，读写位置指向字符 c。

运行语句"fgets(str,8,fp);"后，str 的内容为：

| 1 | 2 | 3 | 4 | 5 | 6 | 7 | \0 |

再次运行"fgets(str,8,fp);"后，str 的内容为：

| 8 | \n | \0 | | | | | |

第 3 次运行"fgets(str,8,fp);"后，str 的内容为：

| 1 | 2 | 3 | 4 | 5 | \0 | | |

(2) 字符串输出函数 fputs

fputs 函数把一个字符串输出到磁盘文件上。其一般形式为：

fputs(str,fp);

说明：str 既可以是指向字符串的指针或字符数组名，也可以是字符串常量；fp 为指向写入文件的指针。

功能：将由 str 指定的字符串写入 fp 所指向的文件中。

注意：

①与 fgets()函数在输入字符串时末尾自动追加"\0"字符的特性相对应，fputs()函数在将字符串写入文件时，其末尾的"\0"字符自动舍去。

②当 fputs()函数使用 stdout 作为 fp 参数时，即 fputs(str,stdout)与 puts(str)在功能上有所不同：fputs()舍弃输出字符串末尾加入的"\0"字符，而 puts()把它转换成回车符输出。

③正常操作时，返回值为写入的字符个数；出错时，返回值为 EOF(−1)。

【例 11-4】 将键盘输入的若干行字符存入到磁盘文件 result.txt 中。

```
1    #include <stdio.h>
2    void main()
3    {
4        FILE * fp;
5        char str[101];
6        if((fp=fopen("result.txt","w"))==NULL)
7        {
8            printf("file created error.\n");
9            exit(0);
10       }
11       while(strlen(gets(str))>0)
12       {
13           fputs(str,fp);
14           fputs("\n",fp);
```

```
15      }
16      fclose(fp);
17  }
```

【例 11-5】 编程完成将文本文件 readme.txt 复制到 result.txt 中。

```
1   #include <stdio.h>
2   void main()
3   {
4       FILE * fp1, * fp2;
5       char str[20];
6       if((fp1=fopen("readme.txt","r"))==NULL)
7       {
8           printf("file1 openned error.\n");
9           exit(0);
10      }
11      if((fp2=fopen("result.txt","w"))==NULL)
12      {
13          printf("file2 created error.\n");
14          exit(0);
15      }
16      while(fgets(str,20,fp1)!=NULL)      //读取文件 fp1 的内容到字符串 str 中
17          fputs(str,fp2);                 //将字符串 str 写到文件 fp2 中
18      fclose(fp1);
19      fclose(fp2);
20  }
```

3. 数据块读写函数

(1) 文件数据块读函数 fread

fread 函数用来从指定文件中读取一个指定字节的数据块。它的一般调用形式为：

　　fread(buffer,size,count,fp);

说明：buffer 为读入数据在内存中存放的起始地址；size 为每次要读取的字符数；count 为要读取的次数；fp 为文件类型指针。

功能：在 fp 指定的文件中读取 count 次数据项（每次 size 个字节）存放到以 buffer 所指的内存单元地址中。

注意：

① 当文件以二进制形式打开时，fread 函数就可以读取任何类型的信息。例如：

　　fread(array,4,5,fp);

其中，array 为一个实型数组名，一个实型量占 4 个字节。该函数从 fp 所指的数据文件中读取 5 次 4 字节的实型数据，存储到数组 array 中。

② fread() 函数读取的数据块的总字节数应该是 size*count 个字节。正常操作时函数的返回值为读取的项数，出错时为 -1。

(2)文件数据块写函数 fwrite

fwrite 函数用来将数据输出到磁盘文件上。它的一般调用形式为：

　　fwrite(buffer,size,count,fp);

说明：buffer 为输出数据在内存中存放的首地址；size 为每次输出到文件中的字节数；count 为输出的次数；fp 为文件类型指针。

功能：将从 buffer 为首地址的内存中取出 count 次数据项(每次 size 个字节)写入 fp 所指的磁盘文件中。

注意：

①当文件以二进制形式打开时，fwrite 函数就可以写入任何类型的信息。例如：

　　fwrite(array,2,10,fp);

其中，array 为一个整型数组名，一个整型量占两个字节。该函数将整型数组中 10 个两字节的整型数据写入由 fp 所指的磁盘文件中。

②与 fread()函数一样写入的数据块的总字节是 size * count 个字节。正常操作时返回值为写入的项数，出错时返回值为 —1。

下面举例说明数据块读写函数的调用方法。

【例 11-6】 编程从键盘输入 3 个学生的数据，将它们存入到文件 result.dat 中，然后再读出显示在屏幕上。

```
1    #include <stdio.h>
2    #define SIZE 3
3    struct student
4    {
5        int no;
6        char name[20];
7        int age;
8    }stud[SIZE],fout;
9    void student_save()
10   {
11       int i;
12       FILE * fp;
13       if((fp=fopen("result.dat","wb"))==NULL)
14       {
15           printf("file created error.\n");
16           return;
17       }
18       for(i=0;i<SIZE;i++)
19       {
20           if(fwrite(&stud[i],sizeof(struct student),1,fp) !=1)
21               printf("file write error.\n");
22       }
23       fclose(fp);
```

```
24     }
25     void student_display()
26     {
27         FILE *fp;
28         int i;
29         if((fout=fopen("result.dat","rb"))==NULL)
30         {
31             printf("file openned error.\n");
32             return;
33         }
34         printf("No.  Name Age \n");
35         while(fread(&fout,sizeof(fout),1,fp))
36         printf("%4d%-10s%4d",fout.no,fout.name, fout.age);
37         fclose(fp);
38     }
39     void main()
40     {
41         int i;
42         for(i=0;i<SIZE;i++)
43         {
44             printf("Please input student %d:",i+1);
45             scanf("%d%s%d",&stud[i].no,stud[i].name,&stud[i].age);
46         }
47         student_save();
48         student_display();
49     }
```

4. 格式化输入函数 fscanf 和输出函数 fprintf

前面章节介绍的 printf 函数和 scanf 函数适用于标准设备文件,读写对象是终端。fprintf 函数、fscanf 函数也是格式化读写函数,但读写对象是磁盘文件。

(1)格式化输入函数 fscanf

函数调用的格式为:

　　fscanf(fp,格式控制串,输入列表);

说明:fp 是指向要读取文件的文件型指针,格式控制串,输出列表同 scanf 函数。

功能:从 fp 指向的文件中,按格式控制串中的控制符读取相应数据赋给输入列表中对应的变量地址中。

例如:

　　fscanf(fp,"%d,%f",&a,&f);

该语句完成从指定的磁盘文件中读取 ASCII 字符,并按"%d"和"%f"格式转换成二进制形式的数据赋给变量 a、f。

(2) 格式化输出函数 fprintf

函数调用的格式为：

　　fprintf(fp,格式控制串,输出列表);

说明：fp 是指向要写入文件的文件型指针,格式控制串,输出列表同 printf 函数。

功能：将输出列表中的各个变量或常量,依次按格式控制串中的控制符说明的格式写入 fp 指向的文件中。

用 fprintf 和 fscanf 函数对磁盘文件读写,使用方便,容易理解,但由于在输入输出时要进行 ASCII 码和二进制的转换,时间开销大,因此,在内存与磁盘频繁交换数据的情况下,最好不用 fprintf 和 fscanf 函数,而用 fread 和 fwrite 函数。

5. 其他读写函数

(1)(字)整数输入输出函数 putw 和 getw

putw 和 getw 用来对磁盘文件读写一个字(整数)。例如：

　putw(100,fp);

它的作用是将整数 100 输出到 fp 所指的文件,而

　i=getw(fp);

的作用是从磁盘文件中读一个整数到内存,赋给整型变量 i。

(2)读写其他类型数据

对于系统没有提供函数的和不能方便完成的读写操作,用户可以自定义读写函数,这样的函数具有很好的针对性。

例如,定义一个向磁盘文件写一个 float 型数(用二进制方式)的函数 putfloat：

```
putfloat(float f, FILE * fp)
{
    char * s;
    int i;
    s=&f;
    for(i=0;i<4;i++)
        putc(s[i],fp);
}
```

11.3　文　件　的　定　位

文件中有一个**位置指针**,指向当前读写的位置。顺序读写文件,每次读写一个字符,则读写完一个字符后,该位置指针自动移动指向下一个字符位置。

如果需要对文件进行随机读写,就需要使用由 C 语言提供的文件定位函数来实现。

11.3.1　置文件位置指针于文件开头位置的函数 rewind

rewind()函数的一般调用形式为：

　rewind(fp);

说明:fp 指向 fopen 函数打开的文件指针。

功能:使位置指针重新返回文件的开头,此函数没有返回值。

【例 11-7】 有一磁盘文件 readme.txt,首先将其内容显示在屏幕上,然后把它复制到另一文件 result.txt 上。

```
1    #include <stdio.h>
2    void main()
3    {
4        FILE *fp1,*fp2;
5        if((fp1=fopen("readme.txt","r"))==NULL)
6        {
7            printf("file openned error.\n");
8            exit(0);
9        }
10       if((fp2=fopen("result.txt","w"))==NULL)
11       {
12           printf("file created error.\n");
13           exit(0);
14       }
15       while(!feof(fp1))
16           putchar(fgetc(fp1));
17       rewind(fp1);              //重置文件位置指针至文件头
18       while(!feof(fp1))
19           fputc(fgetc(fp1),fp2);
20       fclose(fp1);
     fclose(fp2);
}
```

当第一次显示在屏幕上时,文件 readme.txt 的位置指针已指到文件末尾,feof 的值为非 0(真)。执行 rewind 函数,使文件的位置指针重新定位于文件开头,并使 feof 函数的值恢复为 0(假)。

11.3.2 改变文件位置指针位置的函数 fseek

对于磁盘文件,顺序读写操作可以按照文件位置指针的自动下移来完成,但是需要随机读写时必须能控制文件位置指针的移动,将文件位置指针移到需要读写的位置上。C 语言提供的 fseek 函数就是用来改变文件位置指针的。

fseek 函数的调用形式为:

fseek(fp,offset,whence);

说明:fp 为指向当前文件的指针;offset 为文件位置指针的位移量,指以起始位置为基准值向前移动的字节数,要求 offset 为 long 型数据;whence 为起始位置,用整型常量表示,ANSI C 规定它必须是 0、1 或 2 之一值,它们表示 3 个符号常数,在 stdio.h 中定义如表 11-3 所示。

表 11-3 文件 whence 值

名　字	值	起始位置
SEEK_SET	0	文件开头
SEEK_CUR	1	文件当前位置
SEEK_END	2	文件末尾

功能：将文件位置指针移到由起始位置（whence）开始、位移量为 offset 的字节处。如果函数读写指针移动失败，则返回值为－1。

fseek 函数一般用于二进制文件，因为文本文件要发生字符转换，计算位置时往往会发生混乱。

下面是 fseek 函数调用的几个例子：
```
fseek(fp,100L,0);      /*将位置指针移到离文件头 100 个字节处*/
fseek(fp,50L,1);       /*将位置指针移到离当前位置 50 个字节处*/
fseek(fp,-20L,2);      /*将位置指针从文件末尾处向后退 20 个字节*/
```
注意偏移量为长整型，如 100L。

利用 fseek 函数就可以实现随机读写。

11.3.3　取得文件当前位置的函数 ftell

ftell 函数的作用是得到流式文件中的当前位置，用相对于文件开头的位移量来表示。由于文件中的位置指针经常移动，往往不容易辨清其当前位置。用 ftell 函数可以得到当前位置。如果 ftell 函数返回值为－1L，则表示出错。例如：
```
if(ftell(fp)==-1L)
    printf("error\n");
```

11.3.4　文件的错误检测函数 ferror

C 标准提供一些检测输入输出函数调用中的错误的函数。

1. 文件读写错误检测函数

在调用各种输入输出函数（如 fputc、fgetc、fread、fwrite 等）时，如果出现错误，则除了函数返回值有所反映外，还可以用 ferror 函数检查，它的一般调用形式为：
```
ferror(fp);
```
如果 ferror 返回值为 0（假），则表示未出错。如果返回一个非 0 值，则表示出错。应该注意，对同一个文件，每一次调用输入输出函数，均产生一个新的 ferror 函数值，因此，应当在调用一个输入输出函数后，立即检查 ferror 函数的值，否则信息会丢失。

在执行 fopen 函数时，ferror 函数的初始值自动置为 0。

2. 清除文件错误标志函数

clearerr 函数的作用是使文件错误标志和文件结束标志置为 0。假设在调用一个输入输出函数时出现错误，ferror 函数值为一个非 0 值。在调用 clearerr(fp) 后，ferror(fp)

的值变成 0。

只要出现错误标志,就一直保留,直到对同一文件调用 clearerr 函数或 rewind 函数,或者任何其他一个输入输出函数。

11.4 综合案例

案例 11-1 已知今天的日期,编程求出明天的日期

▷**任务**

编写程序,实现将命令行中指定的文本文件的内容追加到另一个文件之后。

▷**分析**

将一个文件的内容追加到另外一个文件,则两个文件的打开方式应该分别是"a"和"r",分别用 fgetc 读取字节,用 fputc 写入字节即可。

▷**代码**

```
1   #include <stdio.h>
2   void main(int argc,char argv[])
3   {
4       FILE *fp1,*fp2;
5       int ch;
6       if(argc!=3)
7       {
8           printf("Usage: Command Filename1 Filename2\n");
9           exit(0);
10      }
11      if((fp1=fopen(argv[1],"r"))==NULL)
12      {
13          printf("Can not open file %s\n",argv[1]);
14          exit(1);
15      }
16      if((fp2=fopen(argv[2],"a"))==NULL)
17      {
18          printf("Can not open file %s\n",argv[2]);
19          exit(1);
20      }
21      fseek(fp2,0L,SEEK_END);
22      while((ch=fgetc(fp1))!=EOF)
23          fputc(ch,fp2);
24      fclose(fp2);
25      fclose(fp1);
26  }
```

习题 11

一、选择题

1. 在进行文件操作时,读文件的含义是_____。
   A. 将磁盘中的文件信息存入计算机的 CPU
   B. 将磁盘中的文件信息存入计算机的内存
   C. 将磁盘中的文件信息显示在屏幕上
   D. 将计算机内存中的信息存入磁盘文件中

2. C语言中标准输出文件 stdout 是指_____。
   A. 键盘　　　　B. 显示器　　　　C. 鼠标　　　　D. 硬盘

3. C语言可以处理的文件类型是_____。
   A. 文本文件和数据文件　　　　B. 数据文件和二进制文件
   C. 文本文件和二进制文件　　　　D. 以上答案都不完整

4. 读写操作时需要进行转换的文件类型是_____。
   A. 文本文件　　B. 二进制文件　　C. 二者都需要转换　　D. 二者都不需要转换

5. 以读写方式打开一个已有的文件 file1,下面有关 fopen 函数正确的调用方式为_____。
   A. FILE * fp;fp=fopen("file1",,"f");
   B. FILE * fp;fp=fopen("file1","r+");
   C. FILE * fp;fp=fopen("file1","rb");
   D. FILE * fp;fp=fopen("file1","rb+");

6. 在 C 程序中,可把整型数以二进制形式存放到文件中的函数是_____。
   A. fprintf 函数　　B. fread 函数　　C. fwrite 函数　　D. fputc 函数

7. 若 fp 是指向某文件的指针,且已读到此文件末尾,则库函数 feof(fp)的返回值是_____。
   A. EOF　　　　B. 0　　　　C. 非零值　　　　D. NULL

8. 在 C 语言中,用 w+方式打开一个文件后,可以执行的文件操作是_____。
   A. 可任意读写　　B. 只读　　C. 只能先写后读　　D. 只写

9. 当顺利执行了文件关闭操作时,fclose 函数的返回值是_____。
   A. 0　　　　B. True　　　　C. −1　　　　D. 1

10. 下列关于文件描述正确的是_____。
    A. 对文件操作必须先打开文件
    B. 对文件操作必须先关闭文件
    C. 对文件操作打开和关闭的顺序无关紧要
    D. 对文件操作打开和关闭的顺序要看是读操作还是写操作

11. 下列语句中,不能将文件型指针 fp 指向的文件内部指针置于文件头的语句是_____。
    (注:假定能正确打开文件)
    A. fp=fopen("abc.dat","w")　　　　B. rewind(fp)
    C. feof(fp)　　　　D. fseek(fp,0L,0)

12. fread 和 fwrite 函数常用来要求一次输入输出_____数据。
    A. 一个整数   B. 一个实数   C. 一个字节   D. 一组

13. 判断二进制文件的结束方式是_____。
    A. fgetc(fp)==EOF   B. fgetc(fp)!=EOF
    C. feof(fp)==0   D. feof(fp)!=0

14. 若要打开 C 盘上 user 子目录下名为 readme.txt 的文本文件进行读、写操作,则正确的语句是_____。
    A. fopen("C:\user\readme.txt","r")   B. fopen("C:\\user\\abc.txt","r+")
    C. fopen("C:\user\readme.txt","rb")   D. fopen("A:\\user\\readme.txt","w")

15. 函数调用语句 fseek(fp,10,1)的含义是_____。
    A. 将文件指针移到距离文件头 10 个字节处
    B. 将文件指针移到距离文件尾 10 个字节处
    C. 将文件指针从当前位置后移 10 个字节
    D. 将文件指针从当前位置前移 10 个字节

16. 下列程序执行后的输出结果是_____。
    ```
    #include <stdio.h>
    #define M(x) x*(x+1)
    void main()
    {
        int a=2,b=3;
        printf("%d \n",M(1+a+b));
    }
    ```
    A. 6   B. 8   C. 24   D. 42

17. 假设 myfile.c 在当前源程序 test.c 所在目录 d:\user 下,则 test.c 中可以使用的正确的文件包含命令是_____。
    A. #include <myfile.c>   B. #include "myfile.c"
    C. #include "myfile.c";   D. #include myfile.c

18. 条件编译和 if 语句的根本区别是_____。
    A. 条件编译不能处理复杂的关系或逻辑表达式,而 if 语句可以
    B. 条件编译必须在 if 前加上#号,而且需要有 endif 配合,而 if 语句比较简单一点
    C. 条件编译在编译前处理完成,而 if 语句则在编译后执行
    D. 二者差不多,没什么大的区别

二、填空题

1. 在 C 语言中,数据可以用_____和_____两种形式的代码存放。
2. 假设文件指针指向 readme.txt 文本文件,将字符变量 ch 输入到该文件中的命令语句主要有_____、_____和_____。
3. 对于文本文件判断文件尾的方法是_____,而二进制文件判断文件尾的方法却是_____。
4. 宏在编译预处理的时候将被_____。

三、编程题

1. 设计程序将 26 个大写英文字母按顺序写入文件 result.txt 中。

2. 从键盘输入 5 个字符（ABCDE），以字符"♯"结束输入，并用 fputc 函数将它们输出到文件（result.txt）。请不要定义其他变量或数组。

3. 已知结构数组：

  struct student
  {
    char name[10];
    int age;
  }stud[5];

设计程序输入 5 位同学的信息到文件 result.txt 中，然后读出显示在屏幕上。

4. 设计程序统计文本文件 readme.txt 中 the 的个数。

第 12 章* 位运算

考核目标

➤ 了解：几种编码的基本概念。
➤ 理解：位运算符的使用方法。

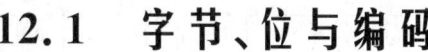

12.1 字节、位与编码

12.1.1 字节与位

字节(byte)是计算机中的存储单元。一个字节可以存放一个英文字母或符号,一个汉字通常要用两个字节来存储。每一个字节都有自己的编号,称为"地址"。1 个字节由 8 个二进制位(bit)构成,每位的取值为 0 或 1。最右端的那一位称为"最低位",编号为 0;最左端的那一位称为"最高位",而且从最低位到最高位顺序依次编号。图 12-1 所示是 1 个字节各二进制位的编号。

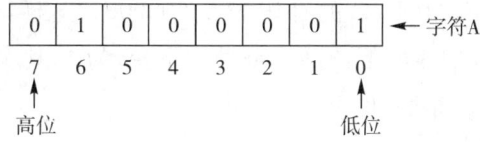

图 12-1　1 个字节各二进制位的编号

把若干字节组成一个单元,称为"字"(word)。一个字可以存放一个数据或指令。至于一个字由几个字节组成,取决于计算机的硬件系统。一般由 1 个、2 个、4 个或 8 个字节组成,所对应的计算机也被称为 8 位机、16 位机、32 位机或 64 位机。目前,微机以 32 位机或 64 位机为主。本章以 8 位机为例。

12.1.2 原码

计算机使用的是二进制数。但这些数据有不同的编码方式,例如,原码、反码和补码。

以 8 位计算机系统为例,把最高位(即最左边的一位)留作表示符号,其他 7 位表示二进制数,这种编码方式称为原码。最高位为"0"表示正数,为"1"表示负数。例如,00000011 表示+3,10000011 表示−3。

显然,这样可以表示的数值范围在+127 到−127 之间。

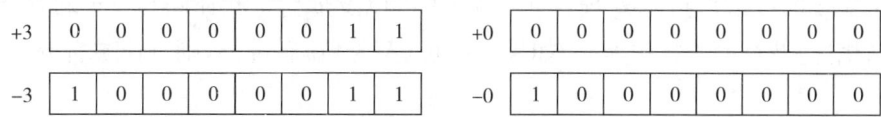

图 12-2　原码示意图

这种表示方法有一个缺陷,数值 0 会出现歧义:00000000 表示+0,10000000 表示−0。

12.1.3 反码

对于正数,反码与原码相同。例如,00000011 表示+3。所谓"反码"是指与"原码"在表示负数时相反:符号位(最高位)为"1"表示负数。但其余位的值相反。例如,

11111100 表示－3。显然,这样可以表示的数值范围在＋127 到－127 之间。

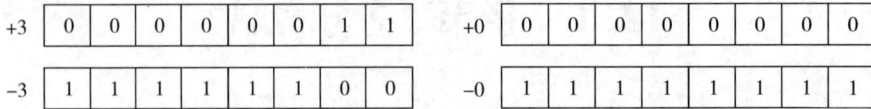

图 12-3 反码示意图

这种表示方法仍然有一个缺陷,数值 0 会出现歧义:00000000 表示＋0,11111111 表示－0。

12.1.4 补码

对于正数,补码与原码相同。0 的补码为 00000000。这样,0 的表示唯一。对于负数,可以从原码得到补码,步骤如下:首先,符号位不变,为 1;其次,把其余各位取反,即 0 变为 1,1 变为 0;再次,对整个数加 1。

已知一个数的补码,求原码的操作分两种情况:

①如果补码的符号位为"0",表示是一个正数,补码就是该数的原码。

②如果补码的符号位为"1",表示是一个负数,原码求法为:符号位不变,其余各位取反,然后再整个数加 1。

例如,已知一个补码为 11111001,则原码是 10000111(－7):因为符号位为"1",表示是一个负数,所以该位不变,仍为"1";其余 7 位 1111001 取反后为 0000110;再加 1,所以是 10000111。

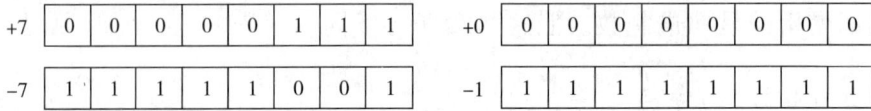

图 12-4 补码示意图

计算机中的数据都采用补码。原因在于:使用补码,可以将符号位和其他位统一处理;同时,减法也可按加法来处理。如－3＋4 可以变成－3 的补码与＋4 的补码相加。另外,两个用补码表示的数相加时,如果最高位(符号位)有进位,则进位被舍弃。

12.2 位运算符和位运算

位运算符是以单独的二进制位为操作对象的运算。也就是说,其操作数是二进制数。这是与其他运算符的主要不同之处。

C 语言中提供的位运算符有:按位取反(~)、按位与(&)、按位或(|)、按位异或(^)、左移(<<)、右移(>>),此运算规则如表 12-1 所示。

表 12-1 位运算规则

x	y	x&y	x|y	x^y	~y
0	0	0	0	0	1
0	1	0	1	1	0
1	0	0	1	1	1
1	1	1	1	0	0

下面逐一讲述这些位运算符及其应用。

12.2.1 按位取反

运算符:~

格式:~x

功能:各位翻转,即原来为1的位变成0,原来为0的位变成1。

主要用途:间接地构造一个数,以增强程序的可移植性。

示例:如 x=83,y=~x,则 y=172。

$$83(01010011) \rightarrow \sim 83(\sim 01010011) \rightarrow 172(10101100)$$

12.2.2 按位与

运算符:&

格式:x&y

功能:当两个操作对象二进制数的相同位都为1时,结果数值的相应位为1,否则相应位是0。

主要用途:取(或保留)1个数的某(些)位,其余各位置0。

示例:如 x=154,y=214,z=x&y,则 z=146。

```
    154:10011010
  & 214:11010110
    ──────────
       10010010 → 146
```

12.2.3 按位或

运算符:|

格式:x|y

功能:当两个操作对象二进制数的相同位都为0时,结果数值的相应位为0,否则相应位是1。

主要用途:将一个数的某(些)位置1,其余各位不变。

示例:如 x=154,y=214,z=x|y,则 z=222。

```
    154:10011010
  | 214:11010110
    ──────────
       01011100 → 222
```

12.2.4 按位异或

运算符:^

格式:x^y

功能:当两个操作对象二进制数的相同位的值相同时,结果数值的相应位为0,否则相应位是1。

主要用途:使一个数的某(些)位翻转(即原来为1的位变为0,为0的变为1),其余各位不变。

示例:如 x=154,y=214,z=x^y,则 z=76。

```
   154:10011010
^  214:11010110
   ─────────
      01011100 → 76
```

12.2.5 左位移

运算符:<<

格式:x<<要位移的位数

功能:把操作对象的二进制数向左移动指定的位,并在右面补上相应的0,高位溢出。

示例:如 x=01010011,y=x<<2,则 y=10110000。

左移会引起数据的变化,具体说,左移一位相当于对原来的数值乘以2。左移 n 位相当于对原来的数值乘以 2^n。

12.2.6 右位移

运算符:>>

格式:x>>要位移的位数

功能:把操作对象的二进制数向右移动指定的位,移出的低位舍弃;高位:对无符号数和有符号中的正数,补0;有符号数中的负数,取决于所使用的系统,补0的称为"逻辑右移",补1的称为"算术右移"。

示例:如 x=01010011,y=x>>2,则 y=00010100。

右移会引起数据的变化,具体说,右移一位相当于对原来的数值除以2。右移 n 位相当于对原来的数值除以 2^n。

12.3 综合案例

案例 12-1 取一个整数 a 从右端开始的第 4 至第 7 位

❦ **任务**

取一个整数 a 从右端开始的 4 至 7 位。

❦ **分析**

①先使 a 右移 4 位,目的是使要取出的那几位移到最右端,如图 12-5 所示。

右移到右端可以用下面的方法实现:a>>4。

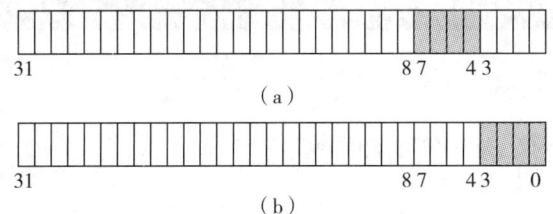

图 12-5 右移示意图

②设置一个低 4 位全为 1,其余全为 0 的两个大于号数。可用下面的方法实现:~(~0<<4)。

③将上面二者进行 & 运算,即:(a>>4)&~(~0<<4)。

根据上一节介绍的方法,与低 4 位为 1 的数进行 & 运算,就能将这 4 位保留下来。

❦ **代码**

```
1    #include <stdio.h>
2    void main()
3    {
4        int a,b,c,d;
5        scanf("%x",&a);          //假设输入十六进制 12345678
6        b=a>>4;                  //b 等于 0x01234567
7        c=~(~0<<4);              //c 等于 0x0000000F
8        d=b&c;                   //高 28 位清 0,留下低 4 位
9        printf("%x\n",d);        //低 4 位是十六进制的 7,二进制为 0111
10   }
```

程序的运行结果如图 12-6 所示。

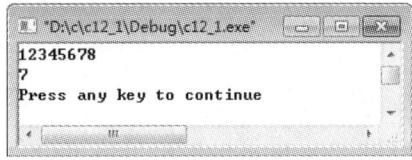

图 12-6 案例 12-1 的运行结果

C语言程序设计

具体的计算过程如下：

图 12-7　案例 12-1 计算过程示意图

案例 12-2　字符串加密解密

✏任务
利用位运算实现对字符串实现加解密。

✏分析
可以利用多个位运算实现字符串的加解密

✏代码

```
1    #include<stdio.h>
2    void StringCrypt(char *s,char *password)
3    {
4        char *p=s,*q=password;
5        char c1,c2;
6        while(*p!='\0')
7        {
8            c1=*p&0x07;              保留后3位 00000***
9            c2=*p&0xF8;              保留前5位 *****000
10           c1=c1^(*q&0x07);          后3位异或
11           c1=c1&0x07;              清除前5位
12           *p=c1|c2;                合并
13           p++;q++;
14           if(*q=='\0')q=password;  循环使用password字符
15       }
16   }
17
18   int main()
19   {
20       char s[]="C Programming.";
21       char password[]="123456";
22       StringCrypt(s,password);
```

- 222 -

```
23         printf("%s\n",s);
24         StringCrypt(s,password);
25         printf("%s\n",s);
26         return 0;
27     }
```

程序中将加解密字符的后 3 位和 password 的后 3 位进行异或,实现了简单的加解密。程序的运行结果如图 12-8 所示。

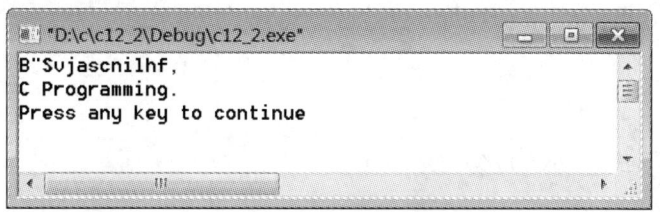

图 12-8　例 12-2 运算结果

之所以只计算后 3 位,主要是防止异或后变成不可显示字符。

程序中加密和解密的口令必须一致。如果需要增加加解密强度,可以将异或的位数作为参数,插入临时的干扰字符等。这些问题留给读者思考。

习 题 12

一、选择题

1. 用 8 位无符号二进制数能表示的最大十进制数为_____。
   A. 127　　　　　　B. 128　　　　　　C. 255　　　　　　D. 256
2. 设 char 型变量 x 中的值为 10100111,则表达式 $(2+x)\textasciicircum(\sim3)$ 的值是_____。
   A. 10101001　　　B. 10101000　　　C. 11111101　　　D. 01010101
3. 有以下程序:
   ```
   #include <stdio.h>
   void main()
   {
       unsigned char a,b,c;
       a=0x3; b=a|0x8; c=b<<1;
       printf("%d %d\n",b,c);
   }
   ```
   程序运行后的输出结果是_____。
   A. −11　12　　　B. −6　−13　　　C. 12　24　　　D. 11　22
4. 以下程序的输出结果是_____。
   ```
   #include <stdio.h>
   void main()
   ```

{
    char x=040;
    printf("%o\n",x<<1);
}
A. 100   B. 80   C. 64   D. 32

5. 以下程序的输出结果是_____。
```
#include <stdio.h>
void main()
{
    int x=0.5;
    char z='a';
    printf("%d\n",(x&1)&&(z<'z'));
}
```
A. 0   B. 1   C. 2   D. 3

6. 整型变量 x 和 y 的值相等且为非 0 值,则以下选项中,结果为零的表达式是_____。
A. x‖y   B. x|y   C. x&y   D. x^y

7. 设有定义语句:"char c1=92,c2=92;",则以下表达式中值为零的是_____。
A. c1^c2   B. c1&c2   C. ~c2   D. c1|c2

8. 有以下程序:
```
#include <stdio.h>
void main()
{
    unsigned char a,b;
    a=4|3;
    b=4&3;
    printf("%d %d\n",a,b);
}
```
执行后输出结果是_____。
A. 7 0   B. 0 7   C. 1 1   D. 43 0

9. 有以下程序:
```
#include <stdio.h>
void main()
{
    int x=3,y=2,z=1;
    printf("%d\n",x/y&~z);
}
```
程序运行后的输出结果是_____。
A. 3   B. 2   C. 1   D. 0

10. 有以下程序:
    #include <stdio.h>
    void main()

```
{
    unsigned char a,b;
    a=7^3;
    b=~4&3;
    printf("%d %d\n",a,b);
}
```
执行后输出结果是_____。
A. 4 3   B. 7 3   C. 7 0   D. 4 0

二、填空题

1. 设变量 a 的二进制是 00101101,若想通过运算 a^b 使 a 的高 4 位取反,低 4 位不变,则 b 的二进制数应是_____。

2. 运用位运算,能将变量 ch 中的大写字母转换成小写字母的表达式是_____。

3. 能将两字节变量 x 的高 8 位全置 1,低字节保持不变的表达式是_____。

4. 若 a 为任意整数,能将变量 a 清零的表达式是_____。

5. 把操作对象的二进制数向右移动 n 位,相当于对原来的数值_____ 2^n。

三、阅读程序题

1.
```
#include <stdio.h>
void main()
{
    int a,b;
    a=077;
    b=a&3;
    printf("The a & 3 is %d \n",b);
}
```

2.
```
#include <stdio.h>
void main()
{
    int a=3,b=4;
    a=a^b;
    b=b^a;
    a=a^b;
    printf("a=%d, b=%d \n",a,b);
}
```

四、程序设计题

1. 写一函数,对一个 16 位的二进制数取出它的奇数位(即从左边起第 1、3、5、…、15 位)。

2. 设计一个函数,使给出一个数的原码,能得到该数的补码。

第 13 章* C++和 Python

考核目标

- 了解:C++的特点。
- 了解:C++程序的基本结构。
- 了解 Python 语言。

C++是一种面向对象的程序设计语言,但不是纯面向对象语言,而是混合型面向对象语言,它在过程中增加了面向对象的结构。它是在 C 语言基础上扩充了面向对象机制而形成的一种面向对象的程序设计语言,包括了 C 语言的全部特征、属性和优点,同时增加了面向对象编程的功能。C++语言包括过程性语言和面向对象两部分:过程性语言部分与 C 语言并无本质区别,仅是增强了部分功能;面向对象部分是 C 语言中所没有的。这种特性使得C++语言与 C 语言兼容,许多 C 语言代码不经修改就可以为C++语言使用。

13.1　C++ 简介

面向对象技术是近年来迅速发展的一个研究领域,它对信息科学、软件工程、人工智能、系统工程和认知科学等学科都有重要的影响,尤其在计算机科学与技术的各个方面影响深远。C++可以为面向对象技术提供全面的支持,它是实现面向对象技术比较通行和适用的手段。要想理解和掌握C++语言,离不开面向对象技术的指导,而介绍面向对象技术也常常结合C++语言的应用。

13.1.1　面向对象程序设计

面向对象方法学的出发点和基本原则,是尽可能模拟人类习惯的思维方式,使软件开发的方法与过程尽可能接近人类认识世界解决问题的方法与过程,也就是使描述问题的问题空间(也称为问题域)与实现解法的解空间(也称为求解域)在结构上尽可能一致。

客观世界的问题都是由客观世界中的实体以及实体间的关系构成的。这里把客观世界中的实体抽象为问题域中的对象。从本质上讲,为应用问题寻求软件解,是借助于计算机语言对其提供的实体实施某些动作,以动作的结果给出问题的解。

用面向对象程序设计的方法解决实际问题,不是将问题分解为过程,而是将问题分解为对象。对象是现实世界中可以独立存在、可以区分的实体,也可以是一些概念上的实体。对象有自己的数据(属性),也有作用于数据的操作(方法),将对象的属性和方法封装成一个整体,供程序设计者使用。对象之间的相互作用通过消息传递来实现。它是一种"对象+消息"的程序设计模式。它与结构化程序设计方法的主要区别是:

①结构化在功能分解时突出过程,强调如何做,代码功能如何得以完成。

②面向对象程序设计在功能分解时,突出真实世界和抽象的对象,强调做什么,将大量的工作由相应的对象来完成,程序员在应用程序中只需说明要求对象完成的任务。

C++语言可以很好地支持面向对象的程序设计。面向对象程序设计是面向对象理论在程序设计中的应用,它要求语言必须具备"抽象、封装、继承性和多态性"这几个关键要素。

1. 对象

在现实生活中，对象可泛指现实世界中一个实际存在的事物，是构成世界的一个独立单位。既可以是具体的实例，如一个人、一辆汽车、一座建筑等；也可以是抽象概念，如一项计划、一个行动等。

在面向对象的程序设计语言中，对象的概念就是对现实世界中对象的模型化，它是代码和数据的集合，具有自己的状态和行为。

对象的状态用数据来描述，称为"属性"。属性是用来描述对象静态特征的一个数据项，静态特征是指对象本身所具有的状态。一旦确定了一个对象，就必须对其进行描述，使对象具有实际意义。例如，若考虑人这个对象，对人的描述就应该有姓名、身份证、性别、出生日期等特征，以便准确地定位和反映这个对象，并于其他对象相区别。从现实世界可知，一个对象的属性可以是一些重要的信息，甚至是保密的信息，如个人存折的银行账号和密码，也可以是一些无关紧要的、他人可知的信息，如个人的性别。为了直观地反映现实世界，在面向对象语言的具体实现过程中将属性分为公有（Public）、保护（Protected）和私有（Private）3种类型。具体内容将在后面介绍。

对象的行为用对象中的代码来现实，称为"对象的方法"或"服务"。方法是用来描述对象动态特征和行为的一个操作，没有服务部分，对象只能停留在被属性描述的静态形式，方法给了对象对其自身和与外部联系的一个操作序列，使对象与外部发生联系。方法与属性一样，也可分为公有、保护和私有3种类型。

例如，可以把一张桌子看作一个对象，它有静态属性，例如，颜色、高度、宽度和长度等。方法包括计算桌子的面积和显示桌子的颜色等。属性是对桌子的一个总体描述，方法是对其自身和外界联系的操作。

因此，任何对象都是由属性和方法组成的，一般具有以下特征：
①每个对象必须有一个名字以区别其他对象。
②对象用属性来描述它的某些特征。
③可以有多组操作，每组操作决定对象的一种行为。

在对对象的讨论中，注意对象是对事物的抽象概括。对象只描述客观事物本质的、与系统目标有关的特征，而不考虑那些非本质的、与系统目标无关的特征。

2. 类

将众多的事物进行归纳、划分成一些类是人类在认识客观世界时经常采用的思维方法。分类所依据的原则是抽象，其具体过程是忽略事物的非本质的特征，只注意那些与当前目标有关的本质特征，从而找出事物的共性，并把具有共同性质的事物划分为一类，得到一个抽象的概念。例如，学生、教师、汽车等都是一些抽象的概念，它们是一些具有共同特征的事物的集合。类的概念能对属于该类的全部事物进行统一的描述，而不再对每个具体的事物进行同样重复的描述。

因此，类是指具有相同属性和方法的对象的集合，它为属于该类的全部对象提供了统一的抽象描述。它一般包含所创建对象的属性描述和行为特征的定义。例如，一个人是一个对象，尽管有中国人、美国人、欧洲人等不同的对象，但都具有姓名、身高、性别、年龄等相同的属性，都属于人类。在面向对象程序设计中，总是先定义类，再用类生成其对象。一个类所包含的方法和数据描述了一组对象的共同行为和属性。类和对象之间的关系是抽象与具体的关系，类是多个对象进行综合抽象的结果，一个对象是类的一个实例。将一组对象的共同特性加以抽象并存储在一个类中的能力，是面向对象程序设计中最重要的一点。

在面向对象的编程语言中，类是一个独立的程序单位，它的作用是定义对象。类与对象的关系如同一个模具与用模具铸造出来的铸件之间的关系。类给出了属于该类的全部对象的抽象定义，而对象则是符合这种定义的一个实体。所以，一个对象又称作类的一个实例。可以对照面向过程语言中的类型(Type)和变量(Variable)之间的关系来理解类和对象之间的关系。例如，C 语言中的 int 就可看作一个类，它代表了所有的整数，而语句"int m;"表示定义了一个实例 m，它可以作为一个具体的变量在程序中使用。

3. 封装

封装就是将一组数据和与这组数据有关的操作集合组装在一起，形成一个实体，即对象。封装尽可能隐藏对象的内部细节，对象就像是一个不透明的黑盒子，表示对象属性的数据和实现各个操作的代码都被封装在黑盒子里。对象与外部发生的联系只能通过对外接口实现，即外部不能直接地存取对象的属性，只能通过那些允许被外部使用的服务与对象发生联系。在这种情况下，用户是不可能直接操作其内部数据的，必须通过数据操作来访问数据。也就是说，数据封装就是给数据提供了与外界联系的标准接口，无论是谁，只有通过这些接口，使用规范的方式，才能访问这些数据。

例如，售货亭，它的属性有亭内的各种货物的名称、单价和钱箱等，提供的服务至少可以有两个：零售货物和清点钱款。封装意味着这些属性和服务构成了一个整体——售货亭这个对象，其售货窗口提供了与外界联系的接口，顾客只能通过这个窗口要求提供服务，而不能对其内部的属性随意修改。再例如，用陶瓷封装起来的一块集成电路芯片，其内部电路是不可见的，而且使用者也不关心它的内部结构，只关心芯片引脚的个数、引脚的电气参数及引脚提供的功能，利用这些引脚，使用者将各种不同的芯片连接起来，就能组装成具有一定功能的模块。

对象的属性和方法的紧密结合反映了事物的静态特征和动态特征是不可分割的。在系统中，把对象看成属性和方法的一个结合体，能集中而完整地描述某一具体的事物。封装的信息隐蔽作用反映了事物的相对独立性，使用户只关心它对外所提供的接口，即能做什么，而无需关注它的内部细节，即怎么做。这样就降低了开发过程的复杂性，简化了接口，提高了效率和质量。当对象内部进行修改时，由于它只通过少量的服务接口对外提供服务，因此同样减小了内部的修改对外部的影响，保证了程序中数据的完整性和安全性。另外，封装的结果也使对象以外的部分不能随意存取对象的内部属性，从而有效地避免了外部错误对它的影响，大大减小了差错和排错的难度。

封装概念的引入是面向对象技术对客观事物直接反映的结果,但如果强调严格的封装,则对象的任何属性都不允许外部直接存取,因此要增加许多没有其他意义而只负责读或写的服务。这为编程工作增加了负担,增加了运行开销,并且使程序显得复杂。为了避免这一点,在语言的具体实现过程中可采取一些措施,使对象有不同程度的可见性。

4. 继承

继承性是指特殊类(子类)的对象拥有其一般类(父类)的全部属性和服务。继承是指一个类(即父类)生成另一个类(即子类或派生类)的一种机制;子类继承了父类和祖先类的数据和操作。它所表达的是类之间相关的关系。例如,若把"车"抽象为一个类,则可派生出"汽车""摩托车""自行车"等子类,这些子类都继承了"车"的性质。因此,父类是所有子类的公共属性的集合,而子类则是父类的一种特殊化,可增加新的属性和操作。在程序设计中,继承性实现了软件模块的可重用性、独立性,提高了软件开发的效率,缩短了开发周期,同时使软件易于维护和修改。因为要修改或增加某一属性或服务,只需在相应的类中进行改动,而所有它的继承自动、隐含地进行了相应的改动。

5. 多态性

对象的多态性是指在一般类中定义的属性或服务在被特殊类继承后,可以具有不同的数据类型或表现出不同的行为。这使得同一个属性或服务在一般类及其各个特殊类中具有不同的语义。多态性使得同样的消息被不同的对象接受时,可导致完全不同的行为和结果。例如,"启动"是"车"类具有的操作,而"汽车"的"启动"是"发动机点火","自行车"的"启动"即是"踩脚踏板"。同样的"消息"(事件)被不同的对象"汽车"和"自行车"接受后,导致的行为是完全不一样的。这种多态的特点可大大提高程序的抽象程度和简洁性,减低类和模块之间的耦合性,有利于程序的开发和维护。

6. 消息

在面向对象程序设计语言中,系统为每个对象预先定义了一系列的事件。各个类的对象之间通过消息进行通信。所谓"消息",实际上是一个类的对象要求另一个类的对象执行某个服务的指令,指明要求哪个对象执行这个服务,必要时还要传递调用参数。系统功能的实现,就是通过一系列对象消息的传递,执行一系列服务达到的,即系统是用消息将对象动态链接在一起的。消息一般具有以下性质:

①同一个对象可以接收不同形式的多个消息,作出不同的响应。
②相同形式的消息可以传递给不同的对象,所作出的响应可以是不同的。
③对消息的响应并不是必要的,对象可以响应消息,也可以不响应。

7. 方法

所谓"方法"就是对象所能执行的操作或者说提供的服务,它包括调用方式和方法体两部分。方法的调用方式也就是消息的模式,它给出了方法的调用形式。方法体则是实现某种操作的一系列计算步骤,也就是一段程序。消息与方法的关系是:对象根据接收到的消息,调用相应的方法;反过来,有了方法,对象才能响应相应的消息。所以消息的模式与方法的调用方式是一致的。同时,只要方法的调用方式保持不变,方法体的改变不会影响方法的调用。在C++语言中,方法是通过函数来实现的,称为"成员函数"。

面向对象的程序设计将数据及对数据的操作(方法)放在一起,封装为一个相互依存、不可分割的整体(类)来处理,采用数据抽象和信息隐藏技术,并考虑不同对象之间的联系和对象类的重用性。一个新引入的类可以从已有的类中继承特性,这就是继承性。这样,面向对象的程序设计使程序员可以直接重用已有的类,所需的只是补充定义必要的特性。一组有继承关系的类构成了类层次结构。

因此,面向对象程序设计的方法,具有以下特征:

① 便于分析复杂而多变的问题,符合人们的思维习惯。面向对象程序设计既吸取了结构化程序设计的优点,又考虑了现实世界与面向对象解空间的映射关系,它所追求的目标是将现实世界的问题求解尽可能简单化。面向对象程序设计有希望解决软件工程的两个主要问题——软件复杂性控制和软件生产率的提高。面向对象技术的原则是按人们通常的思维方式建立问题域的模型,设计出尽可能自然地表现求解方法的软件,因此它还符合人类的思维习惯。

② 易于程序的维护和功能的增减。修改与扩充一个面向对象应用程序较容易,可以增加新的对象类型而不需改变已有的结构。继承特性使一个新的类可以从旧的类派生而来,类中的服务易于修改,因为它们被放在唯一的地方,而不是分散在程序或潜在地在程序中多次重复。面向对象特征对于软件维护特别有用,模块化使得对程序的修改变得更加有效。多态性减少了过程个数,因而也减少了维护人员需要理解的程序规模。类继承性使得可以建立一个程序的新版本而不影响旧版本继承机制把程序修改作为子类归档,这些子类表示对超类的修改历史。继承机制减少了人为错误,因为对一个类的修改将会自动传播到它的所有子类。

③ 程序的可重用性好,能用继承的方式重用已有程序的功能,缩短程序开发的周期。当高质量的代码可重复使用时,复杂性就得以降低,生产率则得到提高。面向对象提供的机制,特别是继承,非常鼓励代码的重新使用。程序员不是拷贝及修改模块,而是利用精心测试过的代码的类库来开发软件。面向对象的程序设计提高了程序设计中共享的抽象层次,使得程序员可以重用已有的、以类库形式组织的程序,甚至可以重用已有的、关于某种特定应用的类库,大大提高了程序的可重用性。

④ 能与可视化技术相结合,改善程序界面的设计。越来越多的应用软件追求面向窗口的点选式界面,将面向对象程序设计与可视化技术相结合,制定通用的界面标准。开发者都按标准进行设计,为新应用系统设计界面时可重用原有的模块和对象,大大提高界面的生产率和质量。

13.1.2 C++的发展与特点

C++是由美国AT&T公司Bell实验室Bjarne Stroustrup博士及其同事于1980年在C语言的基础上开发成功的一种过程性与面向对象性相结合的程序设计语言。它的创作灵感来源于计算机语言多方面成果,特别是BCPL(Basic Combined Programming Language)和Simula67(以面向对象为核心的语言),同时也借鉴了Algol68语言。

C++是一门高效实用的混合型程序设计语言,它包括两部分内容:一是C++的基础部分,它是以C语言为核心的,保留了C语言原来的所有优点,并进行了一些功能的扩充;二是C++面向对象部分,增加了面向对象程序设计功能,克服了C语言的不足。C++既可以用于结构化程序设计,又可用于面向对象的程序设计,因此它是一个功能强大的混合型的程序设计语言。

C++的基础部分与C语言相比除了一些细微的差别外,C++可以说是C语言的加强版,它保留了C语言功能强、效率高、风格简洁、适合于大多数的系统程序设计任务等优点,使得C++与C之间取得了兼容性,可使在过去的软件开发中所积累的大量C的库函数和实用程序都可在C++中使用。

使用C++必须事先安装C++编译系统,在DOS系统下可以使用Turbo C++或Borland C++。C源程序的后缀是.C,而C++的源程序的后缀是.CPP。在Borland C++开发环境中,既可以使用C语言,也可以使用C++语言。它有两个编译系统,主要根据源程序的后缀是.C,还是.CPP来决定使用哪个编译系统。在Windows环境下,可用Visual C++开发环境,来编辑、编译和运行C++程序。

C++继承了C语言的优点,并大大改进了C语言的功能。其主要特点有:

①C++语言与C语言全面兼容,这就使得用C编写的众多的库函数和实用软件可以用于C++中。

②用C++编写的程序可读性好,代码结构更为合理。

③生成代码的质量高,运行效率好。

④程序的可重用性、可扩充性、可维护性和可靠性较好。

⑤支持面向对象的程序设计。

13.2 C++程序的基本结构

C++程序结构的基本框架一般包含有声明区、主函数区和函数定义区三大部分。下面通过一个简单的求两数之和的程序来说明其结构形式。

【例13-1】 求两数之和。

```
//这是一个简单的C++求两数之和的程序
#include <iostream.h>
void main(void)
{
    int x,y;
    int add(int a,int b);
    cin>>x>>y;
    int c=add(x,y);
    cout<<"x+y="<<c<<endl;
```

```
}
int add(int a,int b)
{
    int z=a+b;
    return z;
}
```

程序运行时,若输入:30 20↙,则输出:x+y=50。程序运行结果如图 13-1 所示。

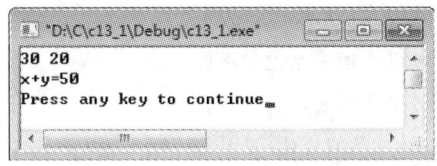

图 13-1　例 13-1 运行结果

从上述的程序可以看出C++程序在结构上具有以下一些特征:

①C++程序必须有且只能有一个名为 main()的函数,它表示程序的开始执行点。

②C++语言的注释符可用"/ * …… * /",也可用"//"对单行进行注释:自"//"开始至行尾的所有字符将被编译器忽略。

③C++程序中用 cin>>定义输入,用 cout<<定义输出,输入/输出包含在头文件"iostream. h"中。

④C++语言的函数体与 C 语言一样,也是以"{"开始,以"}"结束。

⑤在 main()一行中,第 1 个 void 表示主程序返回的数据类型,第 2 个 void 表示主函数没有参数。

13.3　C++对 C 基本功能的扩充

为了使用C++编译器,可将源文件的扩展名由.C 变为.CPP,但是有些 C 语言允许的编程做法不能用C++编译器编译,因此要注意在C++中需要改变的内容。

13.3.1　C++中的关键字

C++的关键字在包含了 C 的全部关键字的基础上,又进行了扩展。在 C 中可以随意用下列名称作为标识符,但在C++中,这些都是关键字,不可作为标识符。

asm	bad_cast	bad_typeid	catch	class
const_cast	delete	dynameic_cast	except	finally
friend	inline	namespace	new	operator
private	protected	public	reinterpret_cast	static_cast
template	this	throw	try	type_info
typeid	using	virtual	xalloc	

13.3.2 函数声明

在 C 中,有些情况下允许前面没有函数声明或定义而调用函数,但在 C++ 源文件中的任何函数调用之前都必须有函数声明或定义,否则编译器会产生不能识别的错误。函数声明一般形式为:

返回类型 函数名([参数表])

例如:

    int add();   //此声明表示无参函数

    int add(int x,int y);   //此声明表示有参函数

在具体的 C++ 编程实现过程中,由于系统、版本的差异各有所不同,因而要注意系统说明。

13.3.3 函数名重载

在 C 语言中,函数名必须是唯一的,也就是说不允许出现同名函数。在 C++ 中,用户可以重载函数。这意味着,只要函数的参数的类型不同,或者参数的个数不同,或者二者兼而有之,两个或者两个以上的函数可以使用相同的函数名。例如:

```
int max(int a,int b)            //定义1
{
    if(a>b) return a;
    return b;
}
float max(float a,float b)      //定义2
{
    if(a>b) return a;
    return b;
}
```

在程序中,可以用同一个名字的函数调用它们。无论参数是什么类型,C++ 编译器都会根据实参与形参的匹配情况自动选择应调用哪个函数,而无需进一步说明。如对于

    int x=45,y=90,k1;

    float m=34.8,n=12.6,k2;

若使用语句"k1=max(x,y);",则自动调用定义 1;若使用语句"k2=max(m,n);",则自动调用定义 2。

应当注意,在 C++ 中,编译器主要靠重载函数的参数形式的不同来与函数体绑定,而不是靠返回值的类型。例如,编译器认为下面是 4 个重载函数,因为 C++ 编译器可以对它们从形式上加以区分:

```
int funcA(int a,int b,int c);
int funcA(float a,float b,int c);
float funcA(float a,float b);
int funcA(float arr[]);
```

函数重载大量使用在类的构造函数的定义中。这样设计的类就会具有较大的适应性。

13.3.4 灵活的变量说明

在 C 语言中,全局变量声明必须在任何函数之前,局部变量必须集中在可执行语句之前。而在 C++ 中,变量的声明非常灵活,它允许变量声明与可执行语句在程序中交替出现。这样程序员就可以在使用一个变量时才定义它。例如,在 C 语言中,下面的程序段是不正确的:

```
funB()
{
    int m;
    m=5;
    int n;
    n=25;
    ...
}
```

而在 C++ 中,以上程序是正确的。但也要符合"先定义,后使用"的规定。

13.3.5 作用域标识符::

在 C 中,如果有两个同名变量,一个是全局变量,另一个是局部变量,那么局部变量在其作用域内具有较高的优先权。即在局部变量的作用域内无法访问此全局变量。而在 C++ 中,只要在其前使用作用域标识符::就可访问同名的全局变量。例如:

```
int n;
void main()
{
    int n;
    n=15;           //给局部变量 n 赋值
    ::n=325;        //给全局变量 n 赋值
    ...
}
```

13.3.6 C++ 中扩充的基本功能

C++ 对 C 语言主要功能的改进如表 13-1 所示。

表 13-1　C++ 与 C 的比较

改进之处	C 语言	C++
输入输出	scanf 函数和 printf 函数,各种类型的控制令使用很不舒服,也容易出错	除 scanf 函数和 printf 函数外,增加了 cout 和 cin 功能,用 cout<<输出,用 cin>>输入,使用起来更方便
注释	/*...*/	保留原来的方式亦增加了 // 和续行符 \
宏定义	#define	在变量前加 const(constant,常量的意思),它可以修饰指针变量。分三种情况要弄清
函数原形和默认参数	函数原形事实就如同 C 中的函数说明和定义,并且在先	一定要先有定义或者说明,使在编译时就能进行类型检查。默认参数就是在设定的最后的参数后加上默认值,这样,在使用这些参数时,可以不用给这些参数传递值,编译器会自动赋给它们默认值
动态内存分配函数	malloc(),free(),sizeof()	用 new 和 delete 代替,使分配动态空间更加方便
换行符	printf("\n");	<<endl(endline 行结束的意思)更好用
内联函数	用带参数宏实现	函数前加上 inline,既有参数宏的作用,又避免副作用
引用	没有这样的概念,一般用指针	引用就是给原来的变量再取个别名,取名的办法就是在新名字前加 &(现称引用运算符)等于原变量
嵌入指令	#include "filename"	可以加入路径,用单反斜杠 \。在程序中包含路径时得用双反斜杠 \\
宏定义	#define	常量或无参数的地方可用 const 代替,有参数时可用 inline 函数代替。 注意与 #define 一起使用的 # 和 ## 两个运算符的作用
条件编译指令	#ifdef #ifndef	#if #else #elif #endif #error define

13.4　C++ 的类和对象

类是面向对象程序设计的核心,是 C++ 中最重要的概念,也是 C++ 区别于 C 的标志。在面向过程的程序设计中,程序是由函数作为模块组成的,而在面向对象的程序设计中,程序是由类的实例——对象构成的。它与 C 中所介绍的三大类型(基本类型、构造类型、指针类型)一样,可看作在结构体上又加上了成员函数的一种数据类型。在使用前必须先定义。

13.4.1　类

1. 类的定义

C++ 中的类就是一种用户自定义的数据类型,和其他数据类型不同的是,组成这种类型的不仅可以有数据,而且可以有对数据进行操作的函数,它们分别称为类的成员数据和类的成员函数。因此,在 C++ 中,类主要由类名、成员数据和成员函数三部分组成,类定义的一般格式为:

```
class 类名
{
    private:
    私有成员数据和成员函数;
    public:
    公有成员数据和成员函数;
    protected:
    保护成员数据和成员函数;
};
```

类的定义由关键字 class 打头,后跟类名,花括号中是类体,最后以一个分号";"结束。类的成员分为成员数据和成员函数,分别描述类所表达的问题属性和行为,是问题特性不可分割的两个方面。成员数据的定义方式与一般的变量相同,只要将这个定义放在类的定义体中即可,它与一般变量的区别就在于其访问权限可以由类来控制。

通过设置成员的访问权限的控制属性从而实现类的成员访问控制,体现了类的隐藏性和封装特性。访问控制属性有以下三种类型:

①私有类型(private):包含数据(成员数据)和函数(成员函数),在关键字 private 后声明。若省略关键字 private,则必须紧跟在类名称的后面声明。在类中声明的数据和函数不特别指明,都被视为私有类型。这种类型的数据只允许类本身声明的函数对其进行存取。而该类外部的任何函数不能访问私有类型数据。

②公有类型(public):公有类型在关键字 public 后面声明,它们是类与外部的接口,任何外部函数都可以访问公有类型数据和成员数据。

③保护类型(protected):保护类型用于类的继承。这种类型的数据除了可以被本类中的成员函数访问外,还可被本类派生类中的成员函数访问。

在设计面向对象应用程序时,首先要以类的方式设计实际待解决的问题,也就是将问题所要处理的数据定义成类的私有类型数据或公有类型数据,同时将处理问题的方法定义成类的公有或私有成员函数。如何定义一个类的属性需要仔细的研究,它取决于问题的需要和对类的理解。一般地,一个类的属性应刚好充分描述一个类的状态,选取类的属性类似于确定一个系统的状态变量,将类的属性和类自身的、不直接产生外界影响的行为,定义为私有成员。公有函数用来接收外界的消息,或者返回给外界消息。返回给外界的只读消息,用于外部对类状态的测量,也可用公有数据来表示。在类定义中,各种类型成员访问属性声明可以以任意的顺序出现,关键字也可以多次出现,但是一个成员只能具有一种访问属性。

【例 13-2】 定义一个类。

```
#include <math.h>
#include <iostream.h>
class data                    //定义 data 类
{   double x;                 //声明一个私有类型数据
    public:                   //以下为公有函数
```

```
        void in(double);
        double out(void);
    } ex;                              //声明类对象 ex
    void data::in(double m)            //成员函数的具体声明
    {   x=m;
    }
    double data::out(void)             //声明 data 类的成员函数
    {   double y;
        y=sin(5.0*x);
        return(y);
    }
    int main(void)
    {   ex.in(9.0);                    //设置初值
        cout<<"The number is:"<<ex.out()<<endl;
        return(0);
    }
```

上例中声明了一个简单的类 data,并创建了对象 ex,声明了类中的成员函数。程序运行结果如图 13-2 所示。

图 13-2 例 13-2 运行结果

在 C++中,数据封装是通过类来实现的。由于类中成员指定了访问权限,所以程序中其他函数就不能访问对象的私有成员,只能通过公有成员提供接口来访问。

数据封装就是使用类将数据和操作这些数据的代码连接在一起。封装可以由 struct、union 和 class 等关键字提供(struct、union 定义的类型也是一种类)。

C++增加了类以后,仍然保留了结构体类型(struct)和联合体类型(union),并且把它们的功能也扩展了,允许在声明的结构体和联合体类型中包含成员函数。也就是说,可以用 struct 和 union 来声明一个类,但它们和 class 有所区别。

结构体类型是类的一种特例,用它来定义一个类时,其中成员在默认情况下是公有的(class 定义的类中,成员在默认情况下是私有的)。它更适合建立无相关函数的数据结构(就相当于没有定义成员函数的类)。

联合体类型中的成员默认为公有并且在某个给定时间只出现一个成员。无名联合就是在 union 后面不给出联合名,其中说明的数据项可以被直接存取。无名联合不能有成员函数(结构则可以),因为无名联合中成员的作用域在联合之外。

在对类进行定义时,应注意以下几个问题:

①对一个具体的类来讲,类定义格式中的 3 个部分并非一定要全有,但至少要有其中的一部分。

②数据成员可以是任何数据类型,但是不能用自动(auto)、寄存器(register)或外部(extern)进行说明。

③不能在类定义中给数据成员赋初值。C++规定,只有在类对象定义之后,才能给数据成员赋初值。

④C++中,数据封装也是通过类来实现的。封装可由 struct、union 和 class 等关键字提供,也就是说,用 struct 把数据和函数组合后也是一个类,不一定非得用 class。

⑤类作用域:就是说明类时使用的一对花括号中间的域。类中的成员名可使用类名和作用域运算符(也叫作用域限定符::)来显式限定,称为"成员名限定"。

⑥空类如"class Empty{ };",这种类没有任何行为,但是仍可产生空类对象。这如同空函数一样,主要是在开发大的项目时使用。

2. 类的成员定义

类的成员包括:表示类属性的成员数据和表示类行为的成员函数。

类的成员数据既可以是C++预定义的基本数据类型,也可以是数组、类的实例等复杂的由用户定义的数据类型。一个对象可作为另一个对象的属性,例如,一个学生和一本书都是对象,但学生可以拥有这本书,即书可作为学生的一个属性。

类的行为特性对应于类的成员函数,公有成员函数接收来自对象的外部消息,并根据不同的消息完成不同的操作,直接影响对象的状态,或者通过别的成员函数间接影响到对象的状态;公有成员函数不仅可接收来自外部的消息,也可以在需要的时候向外部发送消息。

类的成员函数的定义与函数的定义基本相同,但它需要指出一个成员函数所属类的名称,以便编译器正确辨识。成员函数的定义通常采用以下两种方式:

①将成员函数以普通函数的形式进行说明,在类定义中只给出成员函数的原型,而成员函数体写在类的外部。其一般形式为:

返回类型类名::成员函数名(参数表)

例如,在例 13-2 中,虽然函数 in()和 out()的函数体写在类外部,但它们属于类 data 的成员函数,在类定义体外定义成员函数时,需要在成员函数名之前加上类名,在类名和函数名之间应加上作用域区分符"::",如上面例中的"data::"。

②将成员函数以内联函数的形式进行说明。在C++中,可以用下面两种格式将成员函数定义为类的内联函数。

• 隐式定义直接将函数定义在类内部。例如:

【例 13-3】 内联函数的隐式定义。

```
class coord
{
public:
    void setCoord(int a,int b)
    {x=a;y=b;}
```

```
    int getx()
    {return x;}
    int gety()
    {return y;}
    private:
    int x,y;
};
```

此时,函数 setCoord()、getx()和 gety()就是隐含的内联成员函数。内联成员函数的调用类似宏指令的扩展,它直接在调用处扩展其代码,而不进行一般函数的调用操作。

• 显式定义在类定义中,只给出成员函数的原型,而成员函数体写在类的外部。但为了使它起内联函数的作用,在成员函数返回类型前冠以关键字"inline",以此显式地说明这是一个内联函数。其定义的一般形式为:

inline 返回类型类名::成员函数名(参数表)
{
//函数体
}

例如:

【例 13-4】 内联函数的显式定义。

```
class Coord
{
public:
    void setCoord(int,int);
    int getx();
    int gety();
private:
    int x,y;
};
inline void Coord::setCoord(int a,int b)
{x=a;b=y;}
inline int Coord::getx()
{return x;}
inline int Coord::gety()
{return y;}
```

在使用显式定义时应注意:使用 inline 说明内联函数时,必须使函数体和 inline 说明结合在一起,否则编译器将它作为普通函数处理;通常只有较短的成员函数才定义为内联函数,对于较长的成员函数最好作为一般的函数处理。

如前所述,内联函数的功能相当于带参数宏的功能,即当C++编译器在遇到对此函数进行调用的地方时,就用这个函数的函数体进行替换。

如果在类定义时给出成员函数的实现(函数体),这时成员函数就称为内联函数。另外,也可在定义成员函数的实现时在函数前加 inline 关键字,以达到同样的效果。使用内联函数可提高程序运行的效率,简单的成员函数一般采用内联函数实现。

13.4.2 对象

1. 对象的定义

像结构体一样,类也是用户定义的一种数据类型,而且是一种抽象数据类型,它并不是具体的对象,好比"人"是一个类,但"人"并不具体,通过"人"的特征可以找到具体的一个人,比如"张三"这个男人,他就是一个对象。类也一样,在程序中根据该类的类型说明一个变量,那么这个变量就是一个对象,它是具体的,在内存中对象被分配相应的内存,它是以类作为样板生成的。一个类的定义只能有一个,但类的对象可以有任意多个。对象具有与其所属类相同的属性名和行为,即具有相同的数据名和函数,其属性的值可以不同。这些对象也称为"类的实例"。同其他变量一样,对象也要先声明,后使用。定义一个类的对象,可以有以下两种方式:

① 同定义普通变量一样,在类定义之后单独声明定义类的对象,即:

  类名 对象名表;

例如:

  data newdata,olddata;

就定义了两个 data 类的对象 newdata 和 olddata。

② 在定义类的同时直接定义一个对象,即在定义类的"}"后,直接定义。例如:

【例 13-5】 对象的定义。

```
class stud                    //声明类 stud
{
private:
    int num;
    char name[20];
    char age;
public:
    int a;
    void swap();
} ex1;                        //声明类对象 ex1
```

事实上,在建立对象时,每个对象的数据是分别占用内存的,而操作这些数据的代码(即成员函数)只有一份,由各对象共享。这是编译器实现对象的一种方法而已,仍应理解为一个对象是独立的由数据和代码组成的。

2. 对象成员的访问

生成对象后,可以用类似于访问结构体成员的方法访问类的数据成员和成员函数。不同的是这些成员多了一个属性:公有、私有或保护类型,正是这一点体现了"类"的优越性,也就是对数据的封装。使类内的数据完全封闭在类内,不受任何程序的干扰,从而增加了数据和程序的稳定性、安全性。

访问对象成员的一般格式为：

   对象名.成员函数名

或

   对象名.数据名

例如,调用 stud 中的成员函数 swap,可表示为:"ex1.swap();"。

在本例中,对象 ex1 所能使用的数据和函数只有变量 a 和成员函数 swap()。变量 num、age 和 name[20]为 stud 的私有数据,不能通过对象名对其访问。因此,对象一般具有以下一些性质：

①对象之间可赋值。同类型的对象之间可以进行赋值,当一个对象赋值给另一个对象时,所有的数据成员都会逐位拷贝。

②对象可作数组元素。对象作为数组元素,也就是说,若一个类有若干个对象,把这一系列的对象用一个数组来存放,数组的元素是对象,不仅具有数据成员,而且还具有函数成员。定义一个一维数组的格式为：

   类名 数组名(下标表达式);

与基本数据类型的数组一样,在使用对象数组时也只能访问单个数组元素,也就是一个对象,通过这个对象,可以访问到它的公有成员,一般形式为：

   数组名[下标].成员名

③可有指向对象的指针(地址)。每一个对象在初始化后在内存中占有一定的空间,因此,既可以通过对象名访问一个对象,也可以通过对象地址来访问一个对象。对象指针就是用于存放对象地址的变量。声明对象指针的一般语法形式为：

   类名 * 对象指针名;

当用指向对象的指针来访问对象成员时,就要用"→"操作符,其格式为：

   对象指针名→成员名

④对象可以作参数(值传递)。对象可以作为参数传递给函数,其方法与传递其他类型的数据相同。在向函数传递对象时,是通过传值调用传递给函数的。因此,函数中对对象的任何修改都不影响调用该函数的对象本身。

⑤对象可作对象的成员。

3. 关于作用域

(1)类的作用域

根据面向对象的封装原理,将数据和操作结合在一起,构成不可分割的整体——类。类的作用域是指类定义和相应的成员函数定义范围。类的所有成员都在类的作用域中,类的所有成员都可以访问该类定义的数据成员和成员函数。而类内成员对类作用域以外的数据或函数进行的访问是受限制的;同样,类作用域以外的数据或函数对类内成员的访问也是受限制的。

第1部分 理论篇
第13章* C++和Python

(2)对象的作用域

与一般变量一样,对象是类的一个变量,它也有作用范围。在类定义体和函数体外定义的对象为全局对象,而在类定义体内或在函数体内定义的对象为局部对象。全局对象的作用域是从定义它的位置开始直至文件结束,而局部对象的作用域只在类作用域或函数体内。

13.5 Python 简介

Python 是由 Guido van Rossum 于 20 世纪 80 年代末至 20 世纪 90 年代初,在荷兰国家数学和计算机科学研究所设计出来的。Python 从教学语言 ABC 发展而来,受到了 Modula-3(另一种相当优美且强大的语言,为小型团体所设计的)的影响,并结合了 Unix shell 和 C 的习惯。

Python 语言是开源项目的优秀代表,其解释器的全部代码都是都是开源的,可以在 Python 语言的主网站(https://www.python.org/)上自由下载。

1991 年,第一个 Python 编译器诞生,2000 年,Python 2.0 发布,到 2010 年,Python 2.x 系列发布了最后一个版本 2.7,Python 2.7 将于 2020 年 1 月 1 日终止支持。用户如果想要在这个日期之后继续得到与 Python 2.7 有关的支持,则需要付费给商业供应商。

2008 年,Python 3.0 发布,该版本在语法和解释器内部都作了很多改进,这些修改导致 3.x 系列版本无法向下兼容 Python 2.0 系列的既有语法,因此,所有基于 Python 2.0 系列版本编写的库函数都必须修改后才能被 Python 3.0 系列解释器运行。

Python 规定了一个 Python 语法规则,实现 Python 语法的解释程序就成为了 Python 的解释器。Python 是一种高级通用的脚本编程语言,虽采用解释执行方式,但它的解释器也保留了编译器的部分功能,随着程序的运行,解释器也会生成一个完整的目标代码。

Python 中的 CPython(Classic Python)解释器,是原始的 Python 实现,是用 C 语言实现的 Python,也是最常用的 Python 版本。

下面是一个用 Python 写的判断素数的程序:

```
import math
n = input('请输入一个整数:')
n = int(n)
m = math.ceil(math.sqrt(n)+1)
for i in range(2, m):
    if n%i == 0 and i<n:
        print(str(n)+'不是素数')
        break
else:
    print(str(n)+'是素数')
```

注意:程序中的 else 是对应 for 语句的,不是对应 if 语句的。

习题 13

一、简述题

1. 什么是类？什么是对象？对象与类的关系是什么？
2. 类定义的一般格式是什么？

二、写出下列程序的运行结果

1.
```
#include <iostream.h>
int a[]={2,4,6,8,10};
int &index(int i)
{
    return a[i];
}
void main()
{
    int i;
    index(3)=12;
    for (i=0;i<=4;i++)
        cout<<a[i]<<" ";
    cout<<endl;
}
```

2.
```
#include <iostream.h>
class cyliner
{
    public:
        cyliner(double a,double b);
        void vol();
    private:
        double r,h;
        double volume;
};
cyliner::cyliner(double a,double b)
{
    r=a;h=b;
    volume=3.14*r*r*h;
}
void cyliner::vol()
{
    cout<<"volume is:"<<volume<<"\n";
```

```
}
void main()
{
    cyliner x(2.2,8.09);
    x.vol();
}
```

第2部分

练习篇

练习 1

一、单选题

1. C 语言程序的基本单位是_____。
   A. 函数　　　　　B. 过程　　　　　C. 表达式　　　　　D. 语句

2. 一个 C 程序的执行是从_____。
   A. 本程序的 main 函数开始,到 main 函数结束
   B. 本程序的第一个函数开始,到最后一个函数结束
   C. 本程序的 main 函数开始,到最后一个函数结束
   D. 本程序的第一个函数开始,到 main 函数结束

3. 下列选项中,合法的 C 语言变量名是_____。
   A. int　　　　　B. ♯define　　　　　C. _sum　　　　　D. .com

4. 若有:"int a=8,b=5,c;",则执行语句"c=a/b;"后,c 的值为_____。
   A. 1.6　　　　　B. 1　　　　　C. 2.0　　　　　D. 2

5. 以下选项中,与 m=n++完全等价的表达式是_____。
   A. m=n,n=n+1　　B. n=n+1,m=n　　C. m=++n　　　　D. m+=n+1

6. 已知:"int i;float f;",下列表达式正确的是_____。
   A. (int f)%i　　B. int(f)%i　　C. int(f%i)　　D. (int)f%i

7. 设"int a=2,b=1,c=3,d=4;",则表达式 a>b? a:c+d 值为_____。
   A. 1　　　　　B. 2　　　　　C. 6　　　　　D. 7

8. 设 x、y 均为整型变量,且 x=5,y=4,则语句"printf("%d,%d\n",x--,--y);"的输出结果是_____。
   A. 5,4　　　　　B. 4,4　　　　　C. 4,3　　　　　D. 5,3

9. 已知:"int x;float y;",执行"scanf("%3d%f",&x,&y);"语句时,从键盘输入数据 12345␣678 后(␣表示空格),y 的值为_____。
   A. 无确定值　　B. 45.000000　　C. 678.000000　　D. 123.000000

10. 若 x,y,z 都定义为整型,且初值均为 0,则以下不正确的赋值语句是_____。
    A. x=y=z+10；　B. x+=y+2；　　C. z+=3；　　　D. x+y+z；

11. 已知:"int a=5,b=7,c=3;",则逻辑表达式 a<b‖++c 运算后,c 的值为_____。
    A. 0　　　　　B. 1　　　　　C. 2　　　　　D. 3

12. 若变量 c 为 char 类型,能正确判断 c 为数字字符的表达式是_____。
    A. '0'<=c<='9'　　　　　　　　　B. c>='0'‖c<='9'
    C. '0'<=c and '9'>=c　　　　　D. c>='0' && c<='9'

13. 将两个整型数 x,y 中较小的一个赋给整型变量 z 的方法是_____。
    A. if(x>y) z=y;　B. if(x<y) z=x;　C. z=x>y? x:y　D. z=x<y? x:y

14. C语言对于嵌套 if 语句规定 else 总是_____匹配。
    A. 与最外层的 if   B. 与之前最近的 if
    C. 与之前最近的不带 else 的 if   D. 与最近的{ }之前的 if
15. 执行以下程序段后,z 的值是_____。
    int x=10,y=20,z=0;
    if(x<y) z=y;else z=x;z+=30;
    A. 20   B. 30   C. 40   D. 50
16. 要使下面程序段输出 10 个整数,则在下划线处填入正确的数是_____。
    for(i=1;i<=_____;i++) printf("%d\n",i);
    A. 9   B. 10   C. 11   D. 12
17. 以下描述中正确的是_____。
    A. do-while 循环的循环体内不能使用复合语句
    B. do-while 循环 while(表达式)后面不能写分号
    C. do-while 循环的循环体至少执行 1 次
    D. do-while 循环中的关键字 while 可以省略
18. 执行语句:"for(i=1;i<4;i++);"后,变量 i 的值是_____。
    A. 3   B. 4   C. 5   D. 不定
19. 在下面程序段中,while 循环的循环次数是_____。
    int k=0;
    while(k<10)
    {
        if(k==5)   break;
        if(k<1)   continue;
        k++;
    }
    A. 死循环   B. 10   C. 6   D. 5
20. 有数组定义:"char array[]="Computer"";则数组 array 所占的存储空间为_____。
    A. 7 个字节 B. 8 个字节 C. 9 个字节 D. 10 个字节
21. 函数 strlen("1234\\xy\n")的值为_____。
    A. 7   B. 8   C. 9   D. 10
22. 有如下程序段:
    int a[6]={1,2,3,4,5,6},i,s=0;
    for(i=1;i<6;i++) s+=a[i];
    printf("%d\n",s);
    该程序段的输出结果是_____。
    A. 15   B. 19   C. 20   D. 21

23. 下列关于 C 语言函数的说法中正确的是_____。
    A. 可以嵌套定义   B. 不可以嵌套调用
    C. 可以嵌套调用,但不能递归调用   D. 嵌套调用和递归调用均可以
24. C 语言中,函数值类型的定义可以缺省,此时函数值的隐含类型是_____。
    A. void   B. int   C. float   D. double
25. 有函数调用语句:"func(rec1,rec2+rec3,(rec4,rec5));",则该函数调用语句中,实参的个数为_____。
    A. 3   B. 4   C. 5   D. 有语法错
26. 已知:"int a,b,c,*d=&c;",则能正确从键盘读入 3 个整数并分别赋给变量 a、b、c 的语句是_____。
    A. scanf("%d%d%d",&a,&b,d);   B. scanf("%d%d%d",&a,&b,&d);
    C. scanf("%d%d%d",a,b,d);   D. scanf("%d%d%d",a,b,*d);
27. 已知:"int s[]={1,3,5,7,9},*p=s;",则值为 7 的表达式是_____。
    A. *p+3   B. *p+4   C. *(p+3)   D. *(p+4)
28. 运行程序:
    ```
    void main()
    {
        int a[10]={9,8,7,6,5,4,3,2,1,0},*p=a+2;
        printf("%d",*--p);
    }
    ```
    输出结果是_____。
    A. a[2]的地址   B. 7   C. 8   D. 9
29. 若有下面的说明和定义:
    ```
    union key
    {
        char ch[2];
        int a;
    };
    struct test
    {
        int a;
        char b;
        float c;
        union key d;
    }myaa;
    ```
    则 sizeof(myaa)的值是_____。
    A. 8   B. 9   C. 10   D. 11
30. 已知"unsigned int a=3;",则运行语句"printf("%d\n",a<<2);"的输出结果为_____。
    A. 0   B. 6   C. 9   D. 12

二、填空题

1. 在 Turbo C 2.0 编辑环境中,查看运行结果的快捷键是_____。
2. 已知:"int i,a;",执行语句"i=(a=3,++a,a--);"后,i 的值是_____。
3. 若有:"int x,y;scanf("%d%d",&x,&y);",则给输入数据 x,y 时,分隔符可以用空格、Tab 键和_____。
4. 已知:"char s[7]={'a','b','c','d','\0','e','\0'};",则执行 printf("%s",s)的输出结果是_____。
5. 以下程序的运行结果是_____。

```
float aver(int x,int y)
{
    float z;
    z=(x+y)/2.0;
    return (z);
}
void main()
{
    int a=10,b=3;
    float c;
    c=aver(a,b);
    printf("c=%5.1f",c);
}
```

6. 已知:"int a[2][3]={{1,3,5},{2,4,6}};",则 *(*(a+1)+2) 的值是_____。
7. 执行语句"char a[10]="English",*p=a;p+=2;"后,*p 的值是_____。
8. 已知:"struct student{char name[9];int num;int age;}xs;",则将成员 num 赋值为 11011 的语句是_____。
9. 已知:"FILE * fp;",以只读的方式打开一个已有的文本文件的语句是:"fp=fopen ("result.txt",_____);"。
10. 下面程序的运行结果是_____。

```
#define MOD(x) x%3
main()
{printf("%d",MOD(2+4));}
```

三、阅读程序题

1. 下列程序运行后的输出结果是_____。

```
#include <stdio.h>
void main()
{
    int x=0,i,j;
```

```
        for (i=3;i>0;i--)
            for (j=1;j<=4;j++)
                x++;
        printf("%d\n",x);
}
```

2. 下列程序运行后的输出结果是_____。

```
#include <stdio.h>
void main()
{
    char s[9]={'1','2','3','4','5','6','7','8','9'},t;
    int i;
    for(i=0;i<4;i++)
    {
        t=s[i];
        s[i]=s[8-i];
        s[8-i]=t;
    }
    for(i=0;i<9;i++)
        printf("%c",s[i]);
}
```

3. 若运行以下程序时,从键盘输入 ahjsjspks<Enter>,则下面程序的运行结果是_____。

```
#include <stdio.h>
void main()
{
    char c;
    int v0=0,v1=0,v2=0;
    while((c=getchar())!='\n')
    {
        switch(c)
        {
            case 'a':v1++;break;
            case 'h':
            case 'p':
            case 's':v2++;
            default :v0++;
        }
    }
    printf("v0=%d,v1=%d,v2=%d\n",v0,v1,v2);
}
```

4. 以下程序运行后的输出结果是_____。
```
#include <stdio.h>
ss(int a)
{
    static int x=0;
    x=x+a;
    return(x);
}
void main()
{
    int i,t=1;
    for(i=1;i<=3;i++)
    {
        t=t*i;
        printf("%d\n",ss(t));
    }
}
```

5. 下列程序运行后的输出结果是_____。
```
#include <stdio.h>
int f(int x)
{
    int y;
    if (x==1) y=1;
    else y=x+f(x-1);
    return(y);
}
void main()
{
    printf("%d\n",f(6));
}
```

四、编程题

1. 设计程序计算并输出 $1+1/3+1/5+1/7+\cdots+1/99$ 的和。

2. 设计程序输出下面图形(要求不使用数组,用两重循环语句实现)。
```
        0
        12
        345
        6789
```

3. 已知字符数组 s,设计程序将其中不是大写字母的字符删除(要求用循环语句实现),程序框架如下,请在"…"处编写程序。
```
#include <stdio.h>
```

```c
#include <string.h>
void main()
{
    char s[]="Windows Turbo C 2.0";
    ...
    printf("%s\n",s);
}
```

输出结果应为：WTC

【练习1参考答案】

一、单选题
1—10　AACBADBDBD　　11—20　CDDCDBCBAC　　21—30　BCDBAACCBD

二、填空题
1. Alt+F5　　2. 4　　3. Enter 或回车　　4. abcd 或"abcd"　　5. c=6.5
6. 6　　7. g 或'g'　　8. xs.num=11011;　　9. "r"　　10. 3

三、阅读理解题
1. 12
2. 987654321
3. v0=8,v1=1,v2=5
4. 1
   3
   9
5. 21

四、编程题
1. 参考程序：
```c
#include <stdio.h>
void main()
{
    int i;
    float f=0;
    for(i=1;i<=99;i+=2)
        f=f+1.0/i;
    printf("%f",f);
}
```

2. 参考程序：
```c
#include <stdio.h>
void main()
{
    int i,j,k=0;
    for(i=1;i<=4;i++)
```

```
            {
                for(j=1;j<=i;j++)
                    printf("%d",k++);
                printf("\n");
            }
        }
```

3. 参考程序：
```
    #include <stdio.h>
    main()
    {
        char s[]="Windows Turbo C 2.0";
        int i,j;
        i=j=0;
        while(s[i]!='\0')
        {
            if(s[i]<='Z' && s[i]>='A')
                s[j++]=s[i];
            i++;
        }
        s[j]='\0';
        printf("%s",s);
    }
```

练 习 2

一、单选题

1. 下列关于 C 语言程序的说法正确的是_____。
   A. C 程序书写时,不区分大小写字母
   B. C 程序书写时,一行只能写一条语句
   C. C 程序书写时,一条语句可分成几行书写
   D. C 程序书写时,每行必须有行号

2. C 语言程序的源程序文件和目标文件的扩展名分别是_____。
   A. c 和 obj   B. c 和 exe   C. com 和 exe   D. obj 和 c

3. 以下四项中属于 ANSI C 语言关键字的是_____。
   A. CHAR   B. define   C. max   D. return

4. 在 C 语言系统中,double、long、unsigned int、char 类型数据所占字节数分别是_____。
   A. 8,2,4,1   B. 2,8,4,1   C. 4,2,8,1   D. 8,4,2,1

5. 设"int a=0,b=1,c=2;",则表达式 a?a+b:a+c 的值是_____。
   A. 0　　　　　　B. 1　　　　　　C. 2　　　　　　D. 3

6. 下列_____是字符型常量。
   A. '\n'　　　　　B. "A"　　　　　C. "\\"　　　　　D. '65'

7. 已知:"int x,y;",执行语句"x=(y=10-5,y*2),y-5;"后,变量 x 和 y 的值分别是_____。
   A. x=0,y=5　　　B. x=10,y=5　　C. x=5,y=0　　　D. x=5,y=5

8. 已知:"int x;",当 x 为大于 1 的奇数时,下列值为 0 的表达式是_____。
   A. x%2==1　　　B. x/2　　　　　C. x%2!=0　　　D. x%2==0

9. 下面程序段执行结果是_____。
   int i=5,k;
   k=(++i)+(++i)+(i++);
   printf("%d,%d",k,i);
   A. 24,8　　　　　B. 21,8　　　　　C. 21,7　　　　　D. 24,7

10. 下列正确的赋值语句是_____。
    A. 10=a;　　　　B. b=45.6　　　　C. c=15*5;　　　D. a+47=c;

11. 已知:"int x=1,y=2,z=3;",则逻辑表达式 x<y‖++z 运算后,z 的值是_____。
    A. 1　　　　　　B. 2　　　　　　C. 3　　　　　　D. 4

12. 若变量 c 为 char 类型,能正确判断出 c 为大写字母的表达式是_____。
    A. 'A'<=c<='Z'
    B. c>='A' ‖ c<='Z'
    C. 'A'<=c and 'Z'>=c
    D. c>='A' && c<='Z'

13. 已知"int x,y;float z;",以下输入语句正确的是_____。
    A. scanf("%d%d%f",x,y,z);
    B. scanf("%d%d%f",&x,&y,&z);
    C. scanf("%d%6d%6.2f",&x,&y,&z);
    D. scanf("%d%d%f";&x;&y;&z);

14. 执行下面程序:
    main()
    {
        int x=-1;
        printf("%d,%x,%u",x,x,x);
    }
    则输出是结果是_____。
    A. -1,-1,-1
    B. -1,-ffff,-32768
    C. -1,ffff,-32768
    D. -1,ffff,65535

15. C 语言对于嵌套 if 语句规定 else 总是_____匹配。
    A. 与最外层的 if
    B. 与之前最近的 if
    C. 与之前最近的不带 else 的 if
    D. 与最近的{ }之前的 if

16. 下面程序运行结果为_____。
    ```
    void main()
    {
        char c='a';
        if ('a'<c<='z') printf("LOW");
        else printf("UP");
    }
    ```
    A. LOW   B. UP
    C. LOWUP   D. 语句错误,编译不能通过

17. 以下叙述正确的是_____。
    A. do-while 语句构成的循环,在 while 后的表达式为非零时结束循环
    B. do-while 语句构成的循环,在 while 后的表达式为零时结束循环
    C. do-while 语句构成的循环只能用 break 语句退出
    D. do-while 语句构成的循环不能用其他语句构成的循环来代替

18. 要使下面程序段输出 10 个整数,则在下划线处填入正确的数是_____。
    ```
    for(i=0;i<=_____;i+=2)
        printf("%d",i);
    ```
    A. 9   B. 10   C. 18   D. 20

19. 下列描述中不正确的是_____。
    A. 字符型数组中可以存放字符串
    B. 可以对字符型数组进行整体输入、输出
    C. 可以对实型数组进行整体输入、输出
    D. 不能在赋值语句中通过赋值运算符"="对字符型数组进行整体赋值

20. 下面能正确进行初始化操作的语句是_____。
    A. char s[5]={'C','H','I','N','A'};
    B. char s[5]={"CHINA"};
    C. char s[]="CHINA";
    D. char s[5];s[0]='C';s[1]='H';s[2]='I';s[3]='N';s[4]='A';

21. 下面程序段的输出结果是_____。
    ```
    char s[]="\\101abc\0";
    printf("%s\n",s);
    ```
    A. \Aabc\0   B. \101\abc\0   C. \101\abc   D. \Aabc

22. 有如下程序:
    ```
    void main()
    {
        int a[6],i,s=0;
        for(i=1;i<6;i++) {a[i]=i+1;s+=a[i];}
        printf("%d\n",s);
    }
    ```
    该程序的输出结果是_____。
    A. 18   B. 19   C. 20   D. 21

23. 当调用函数时，实参是一个数组名，则向函数传送的是_____。
   A. 数组的长度　　　　　　　　B. 数组的首地址
   C. 数组每一个元素的地址　　　D. 数组每个元素中的值

24. C 语言中，如果在定义函数时没有指定函数类型，系统会隐含指定为_____。
   A. char　　　　B. int　　　　C. register　　　　D. static

25. 一个源文件中定义的全局变量的作用域是_____。
   A. 本函数的全部范围　　　　　B. 本程序的全部范围
   C. 本文件的全部范围　　　　　D. 从定义开始至本文件结束

26. 对于类型相同的两个指针变量之间，不能进行的运算是_____。
   A. ＜　　　　B. ＝　　　　C. ＋　　　　D. －

27. 设有定义："int s[ ]＝{1,3,5,7,9}, * p＝&s[0];"，则值为 5 的表达式是_____。
   A. * p+2　　　　B. * p+3　　　　C. * (p+2)　　　　D. * (p+3)

28. 若有如下语句：
   int c[4][5], (* p)[5];
   p＝c;
   则能正确引用 c 数组元素的是_____。
   A. p+1　　　　B. * (* p+2)　　　　C. * (p+3)　　　　D. * (p+1)+3

29. 有如下定义：
   struct person
   {char name[9]; int age;};
   struct person class[10]＝{"John",17,"Paul",19,"Mary",18,"Adam",16};
   根据上述定义，能输出字母 M 的语句是_____。
   A. printf ("%c\n",class[3]. mane);
   B. printf("%c\n",class[3]. name[1]);
   C. printf("%c\n",class[2]. name[1]);
   D. printf("%c\n",class[2]. name[0]);

30. 设"int b＝8;"，表达式(b＞＞2)/(b＞＞1)的值是_____。
   A. 0　　　　B. 2　　　　C. 4　　　　D. 8

二、填空题

1. 在 Visual C++ 6.0 编辑环境中，编译的快捷键是_____。
2. 已知："int a＝7;float x＝3.5,y＝4.8;"，则表达式 x+a%2 * (int)(x+y)的值是_____。
3. 已知："int x,y; scanf("%d% * d%d",&x,&y);"，从键盘输入数据 10⏎20⏎30 ＜Enter＞时，y 的值是_____。
4. 已知："char s1[10]＝"ABCD", s2[5]＝"xy";"，则 strlen(strcpy(s1,s2))的值

是_____。

5. 有函数调用语句"fun(a,b+c,(d,e));",则该函数调用语句中含有的实参的个数是_____。

6. 以下程序的运行结果是_____。
```
void main()
{
    char a[]="12345",*p;
    int s=0;
    for(p=a;*p!='\0';p++)
        s=10*s+*p-'0';
    printf("%d\n"s);
}
```

7. 执行程序段"char str[]="abc\0def\0ghi"; char *p; p=str; printf("%s",p+5);",运行结果是_____。

8.
```
struct person
{
    char name[8];
    long num;
    union{float x;int y;}m;
}w;
```
则表达式 sizeof(w) 的值是_____。

9. 判断文件指针是否指向文件尾的函数为_____。

10. 以下程序的运行结果是_____。
```
#define S(x) 5*x
void main()
{
    int a=1,b=2;
    printf("%d",S(a+b));
}
```

三、阅读程序题

1. 下列程序运行的结果是_____。
```
void main()
{
    int i,j,s=0;
    for(i=1;i<=4;i++)
        for(j=1;j<=5-i;j++)
            s=s+i*j;
    printf("%d",s);
}
```

2. 下列程序运行的结果是_____。
void main()

```
{
    int i,a=3,b=4,t;
    for(i=1;i<=5;i++)
        switch(i%5)
        {
            case 0: b=5;
            case 1: t=a;a=b;b=t;break;
            default: b=3;
        }
    printf("%d, %d \n",a,b);
}
```

3. 下列程序运行的结果是_____。
```
void main()
{
    int a[10],i,s=0;
    a[0]=1;a[1]=2;
    for(i=2;i<10;i++)
    {
        a[i]=a[i-1]+a[i-2];
        s=s+a[i];
    }
    printf("%d\n",s);
}
```

4. 下列程序运行的结果是_____。
```
void main()
{
    int i,s=0;
    for(i=1;i<=5;i++)
    {
        static int x=0;
        x=x+i;
        s=s+x;
    }
    printf("%d\n",s);
}
```

5. 下列程序运行的结果是_____。
```
int f(int n)
{
    if(n==2) return 1;
    else return f(n-2)+n;
}
```

```
void main()
{
    printf("%d\n",f(10));
}
```

四、编程题

1. 设计程序计算并输出 s＝1＋1/3＋1/5＋…＋1/99。

2. 设计程序输出下面图形(要求用嵌套循环语句实现)。

```
            5 5 5 5 5
             4 4 4 4
              3 3 3
               2 2
                1
```

3. 设计程序输入一个字符串并判断其是否是顺序串(从小到大或从大到小排序,如：AABccd 或 dccBAA,若"是"则打印"Yes",若"否"则打印"No")。

```
#include <stdio.h>
#include <string.h>
void main()
{
    char s[100];
    …
}
```

【练习 2 参考答案】

一、单选题

1—10 CADDCABDBC   11—20 CDBDCABCCC   21—30 DCBBDCCBDA

二、填空题

1. Ctrl+F7   2. 11.5   3. 30   4. 2   5. 3
6. 12345   7. ef   8. 16   9. feof()或 feof   10. 7

三、阅读理解题

1. 35
2. 3,4
3. 228
4. 35
5. 29

四、编程题

1. 参考程序：

```
#include <stdio.h>
void main()
{
```

```
    int i,j;
    float s=0;
    for(i=1;i<=99;i+=2)
        s=s+1.0/i;
    printf("%f",s);
}
```

2. 参考程序：
```
#include <stdio.h>
void main()
{
    int i,j;
    for(i=1;i<=5;i++)
    {
        for(j=1;j<=5-i;j++)
            printf(" ");
        for(j=1;j<=6-i;j++)
            printf("%d",6-i);
        printf("\n");
    }
}
```

3. 参考程序：
```
#include <stdio.h>
#include <string.h>
void main()
{
    char s[100];
    int i,flag;
    gets(s);
    flag=0;
    for(i=0;s[i+1]!='\0';i++)
        if(s[i]!=s[i+1]) {flag=s[i]-s[i+1];break;}
    for(i++;s[i+1]!='\0';i++)
        if((s[i]-s[i+1])*flag<0) break;
    if(s[i+1]=='\0') printf("Yes\n");
    else printf("No\n");
}
```

练习3

一、单选题

1. 下列关于C语言程序说法正确的是_____。
   A. 每条语句必须占一行 B. 必须采用缩进书写格式
   C. 每条语句必须以分号结束 D. 全部采用小写字母

2. 下列不符合标识符规定的是_____。
   A. SUM B. sum C. 3cd D. end

3. 按照C语言规定的用户标识符命名规则中,不能出现在标识符中的是_____。
   A. 大写字母字符 B. 数字字符 C. 下划线 D. 运算符

4. 在C语言中,要求操作数必须是整型的运算符是_____。
   A. ++ B. / C. != D. %

5. 设"int x=5,y=3,z=4;x=(y>z)?(x+2):(x-2);",则 x 的值是_____。
   A. 3 B. 4 C. 5 D. 7

6. 设有"int a=2,b=6;",则表达式 a*b/5 的值是_____。
   A. 2.4 B. 3.6 C. 3 D. 2

7. 已知:"int i,j;",执行语句"i=(j=15,j*2),j+10;"后,变量 i 的值是_____。
   A. 15 B. 30 C. 40 D. 25

8. 执行下面程序段,给 x,y 赋值时,不能作为数据分隔符的是_____。
   int x,y;
   scanf("%d%d",&x,&y);
   A. 空格 B. Tab 键 C. 回车 D. 逗号

9. 在C语言程序中,数字026是一个_____。
   A. 二进制数 B. 八进制数 C. 十进制数 D. 十六进制数

10. 设"int i,a;",执行语句"i=(a=2*3,a*5),a+6;"后,变量 i 的值是_____。
    A. 6 B. 12 C. 30 D. 36

11. 若 x,y,z 都定义为整型,且初值均为0,则以下赋值语句不正确的是_____。
    A. x=y=z+10; B. x+=y+2; C. z++ D. x=y=z=10;

12. 已知:"int a=5,b=7,c=3;",则逻辑表达式 a>b && ++c 运算后,c 的值为_____。
    A. 1 B. 2 C. 3 D. 4

13. 若变量 c 为 char 类型,能正确判断出 c 为大写字母的表达式是_____。
    A. 'A'<=c<='Z' B. c>='A' || c<='Z'
    C. 'A'<=c and 'Z'>=c D. c>='A' && c<='Z'

14. 运行下面程序:

```
void main()
{
    char a;
    scanf("%c",&a);
    if(a>='x') printf("%c",a);
    if(a>='y') printf("%c",a);
    if(a>='z') printf("%c",a);
}
```
若在键盘上输入 y 后回车,则输出_____。

A. y　　　　　　B. yy　　　　　　C. yyy　　　　　　D. xy

15. C 语言对于嵌套 if 语句规定 else 总是_____匹配。

A. 与最外层的 if　　　　　　　　B. 与之前最近的 if

C. 与之前最近的不带 else 的 if　　D. 与最近的{ }之前的 if

16. 执行以下程序段后 z 的值是_____。

```
int x=10,y=20,z=0;
if(x<20) z=x;else if(y<30) z=y;
```

A. 10　　　　　　B. 20　　　　　　C. 30　　　　　　D. 40

17. 运行下面程序:

```
void main()
{
    int i=10,j=0;
    do
    {
        j=j+i;i--;
    }while(i>5);
    printf("%d\n",j);
}
```

输出结果是_____。

A. 45　　　　　　B. 40　　　　　　C. 34　　　　　　D. 55

18. 对 for(表达式1;;表达式3)可理解为_____。

A. for(表达式1;0;表达式3)　　　　B. for(表达式1;1;表达式3)

C. for(表达式1;表达式1;表达式3)　D. for(表达式1;表达式3;表达式3)

19. 下列描述中不正确的是_____。

A. 字符型数组中可以存放字符串

B. 可以对字符型数组进行整体输入、输出

C. 可以对实型数组进行整体输入、输出

D. 不能在赋值语句中通过赋值运算符"="对字符型数组进行整体赋值

20. 以下定义语句中,错误的是_____。

A. int a[]={1,2};　　　　　　　　B. char * a[3];

C. char s[10]="test";　　　　　　　　D. int n=5,a[n];

21. 有数组定义：char array[]="Computer"；则数组 array 所占的空间为_____。

　　A. 7个字节　　　B. 8个字节　　　C. 9个字节　　　D. 10个字节

22. 运行下面程序：
```
#include <string.h>
main()
{
    char *p="abcde\0fghjik\0";
    printf("%d\n",strlen(p));
}
```
　　则输出结果是_____。

　　A. 12　　　　　B. 15　　　　　C. 6　　　　　D. 5

23. 下列关于 C 语言函数的说法中错误的是_____。

　　A. 函数可以自己调用自己

　　B. 函数的实参出现在调用中，形参出现在定义中

　　C. 可以嵌套调用，但不能递归调用

　　D. 嵌套调用和递归调用均可以

24. C 语言中，可以用来说明函数类型的是_____。

　　A. auto 或 static　　　　　　　　B. extern 或 auto

　　C. static 或 extern　　　　　　　D. auto 或 register

25. 一个源文件中定义的全局变量的作用域是_____。

　　A. 本函数的全部范围　　　　　　B. 本程序的全部范围

　　C. 本文件的全部范围　　　　　　D. 从定义开始至本文件结束

26. 变量的指针，其含义是指向该变量的_____。

　　A. 值　　　　　B. 名　　　　　C. 地址　　　　　D. 一个标志

27. 已知："int s[]={1,3,5,7,9},*p=s;"，则值为 7 的表达式是_____。

　　A. *p+3　　　　B. *p+4　　　　C. *(p+3)　　　　D. *(p+4)

28. 运行程序：
```
void main()
{
    char a[10]={9,8,7,6,5,4,3,2,1,0},*p=a+2;
    printf("%d",*--p);
}
```
　　输出结果是_____。

　　A. 非法　　　　B. a[2]的地址　　　C. 8　　　　　D. 7

29. 下列程序的输出结果是_____。

```
struct abc
{ int a,b,c;};
```

```
void main()
{
    struct abc s={1,2,3}; int t;
    t=s.a+s.c;
    printf("%d\n",t);
}
```
  A. 1   B. 2   C. 3   D. 4

30. 已知："char x=034;"，则执行语句"printf("%o\n",x<<1);"得到_____。

  A. 34   B. 70   C. 340   D. 034

二、填空题

1. 在 Visual C++中，组建文件的快捷键是_____。

2. 已知："int a=7;float x=3.5,y=4.8;"，则表达式 x+a%2*(int)(x+y)%3/4 的值是_____。

3. 若有："int a=4,b=5;"，则执行"printf("a=%%d, b=%%d\n",a,b);"的输出结果是_____。

4. 已知："char s1[10]="ABCD",s2[5]="xy";"，则 strlen(strcpy(s1,s2))的值是_____。

5. 以下程序运行的结果是_____。

```
void main()
{
    int a[]={1,5,10,7,11,4};
    f(a);
}
f(int a[])
{
    int i=0;
    while(a[i]<=10)
    {
        printf("%d",a[i]);
        i++;
    }
}
```

6. 已知："char *a="abcd";"，则"printf("%c",*a);"的输出是_____。

7. 若有："int a[3][4]={{1,2},{0},{4,6,8,10}}"，则 a[1][2]的值是_____。

8. 若有：
```
struct stu
{
    char name[8];
    long num;
```

```
       union{float x;int y;}m;
  }w;
```
则表达式 sizeof(w)的值是_____。

9. 已知:"FILE * fp;",以只读的方式打开一个已有的二进制文件的语句是:"fp=fopen("spks.dat",_____);"。

10.
```
#define w(x) 5+x
void main()
{printf("%d",w(3)%2);}
```
运行结果是_____。

三、阅读程序题

1. 下列程序运行的结果是_____。
```
void main()
{
    int i,j;
    for(i=5;i>0;i--)
    {
        for(j=0;j<5-i;j++)
            printf(" ");
        for(j=1;j<=i*2-1;j++)
            printf("%d",i);
        printf("\n");
    }
}
```

2. 下列程序的运行结果是_____。
```
void main()
{
    int i,s,t;
    s=t=0;
    for(i=1;i<=20;i++)
    switch(i/10)
    {
        case 10:
        case 9:
        case 8:s++;break;
        case 7:
        case 6:s--;break;
        default:t++;
    }
    printf("%d,%d\n",s,t);
}
```

3. 下列程序的输出结果是_____。
```
void main()
{
    int x[4][4],i,j;
    for(i=0;i<5;i++)
        for(j=0;j<5;j++)
            x[i][j]=i*5+j+1;
    for(i=2;i<4;i++)
    {
        for(j=2;j<4;j++)
            printf("%5d",x[j][i]);
        printf("\n");
    }
}
```

4. 下列程序的运行结果是_____。
```
int fun(int n)
{
    static int x=0;
    int y=0,s;
    x=x+n,y=y+n,s=x+y;
    return(s);
}
void main()
{
    int i;
    for(i=1;i<=4;i++)
        printf("%d\n",fun(i));
}
```

5. 下列程序的运行结果是_____。
```
fib(int n)
{
    int s;
    if(n==1 || n==2) s=1;
    else s=fib(n-1)+fib(n-2);
    return(s);
}
void main()
{
    int n=10;
```

printf("%d\n",fib(n));
}

四、编程题

1. 设计程序计算并输出 1～1000 内所有 6 的倍数的和。

2. 设计程序输出下面图形(要求用循环语句实现)。

```
        1
       2 3
      3 4 5
     4 5 6 7
    5 6 7 8 9
```

3. 已知字符数组 s,设计程序将其中字符按 ASCII 码值从小到大顺序输出,程序框架如下：

```
#include <stdio.h>
void main()
{
    char s[]="HelloWorld";
    ...
}
```

输出结果：HWedllloor

【练习 3 参考答案】

一、单选题

1—10　AACBAAADCB　　11—20　BCBAAACCAB　　21—30　CCCBBACCDA

二、填空题

1. F7　　2. 3.5　　3. a=%d,b=%d　　4. 2　　5. 15107

6. a　　7. 0　　8. 16　　9. "rb"　　10. 6

三、阅读理解题

1.
```
555555555
 4444444
  33333
   222
    1
```

2. 0,20

3. 8642

4. 2
   5
   9
   14

5. 12

26
42

四、编程题

1. 参考程序：

```
#include <stdio.h>
void main()
{
    int i,s=0;
    for(i=1;i<=1000;i++)
        if(i%6==0)s=s+i;
    printf("%d",s);
}
```

2. 参考程序：

```
#include <stdio.h>
void main()
{
    int i,j;
    for(i=1;i<=5;i++)
    {
        for(j=i;j<=2*i-1;j++)
            printf("%d",j);
        printf("\n");
    }
}
```

3. 参考程序：

```
#include <stdio.h>
void main()
{
    char s[]="HelloWorld";
    char t;
    int i,j;
    int n=0;
    while(s[n]!='\0')n++;
    for(i=0;i<n-1;i++)
        for(j=0;j<n-i-1;j++)
            if(s[j]>s[j+1])
                { t=s[j];s[j]=s[j+1];s[j+1]=t;}
```

```
    printf("%s",s);
}
```

练习 4

一、单选题

1. 下列关于 C 语言程序说法正确的是_____。
   A. C 语言本身没有输入输出语句
   B. 在 C 程序中，main 函数必须位于程序的最前面
   C. C 程序书写时每行必须有行号
   D. C 程序的基本组成单位是语句

2. C 语言程序的基本单位是_____。
   A. 函数　　　　　B. 过程　　　　　C. 表达式　　　　　D. 语句

3. 下面不属于 C 语言的数据类型是_____。
   A. 整型　　　　　B. 实型　　　　　C. 逻辑型　　　　　D. 双精度实型

4. 已知："int a,b;"，则表达式 a/b 值的数据类型为_____。
   A. char　　　　　B. int　　　　　C. float　　　　　D. double

5. 对于下面程序的说法，正确的是_____。
   ```
   void main()
   {
       int a,b=1,c=2;
       a=b+c,a+b,c+3;
       c=(c)? a++:b--;
       printf("c=%d\n",(a+b,c));
   }
   ```
   A. 无错误　　　B. 第三行有错误　　C. 第四行有错误　　D. 第五行有错误

6. 下列_____是字符型常量。
   A. '\n'　　　　　B. "A"　　　　　C. "\\"　　　　　D. '65'

7. 已知："int a=4,b=3,c=2,d=1;"，表达式 a<b? a:d<c? d:b 的值是_____。
   A. 1　　　　　B. 2　　　　　C. 3　　　　　D. 4

8. 已知："int x;"，当 x 为大于 1 的奇数时，下列值为 0 的表达式是_____。
   A. x%2==1　　B. x/2　　　　C. x%2!=0　　　D. x%2==0

9. printf 函数中用到格式符%5s，其中数字 5 表示输出的字符串占用 5 列。如果字符串长度大于 5，则_____。
   A. 输出该字符串的右 5 个字符　　　B. 输出该字符串的左 5 个字符
   C. 按该字符串的实际长度输出　　　D. 输出错误信息

10. 已知："int x,y;float z;"，以下正确的输入语句是_____。

A. scanf("%d%d%f",x,y,z);

B. scanf("%d%d%f",&x,&y,&z);

C. scanf("%d%6d%6.2f",&x,&y,&z);

D. scanf("%d%d%f";&x;&y;&z);

11. 若"char c='5';",则下面表达式值为 0 的是_____。

 A. '0'<=c<='9'   B. c<='0' || c>='9'

 C. '0'>=c or '9'<=c   D. c>='0' && c<='9'

12. 已知:"int a=5,b=7,c=3;",则逻辑表达式 a>b&&++c 运算后,c 的值为_____。

 A. 1   B. 2   C. 3   D. 4

13. 以下不正确的语句是_____。

 A. if(x>y);

 B. if(x==y) && (x!=0) x+=y;

 C. if(x!=y) scanf("%d",&x); else scanf("%d",&y);

 D. if(x<y) {x++;y++;}

14. 有如下程序:

```
void main()
{
    int x=1,a=0,b=0;
    switch(x)
    {
        case 0: b++;
        case 1: a++;
        case 2: a++;b++;
    }
    printf("a=%d,b=%d\n",a,b);
}
```

该程序的输出结果是_____。

 A. a=2,b=1   B. a=1,b=1   C. a=1,b=0   D. a=2,b=2

15. 执行以下程序段后,z 的值是_____。

 int x=10,y=20,z=0;

 if(x<20) z=x;else if(y<30) z=y;

 A. 10   B. 20   C. 30   D. 40

16. 执行语句:"for(i=1;i<6; i+=2);"后,变量 i 的值是_____。

 A. 5   B. 6   C. 7   D. 8

17. 有以下程序段:

 int n=0,p;

```
do
{
    scanf("%d",&p);n++;
}while(p!=123 && n<10);
```
此处 do-while 循环的结束条件是_____。
A. p 的值不等于 123 或者 n 的值小于 10
B. p 的值等于 123 并且 n 的值大于等于 10
C. p 的值不等于 123 并且 n 的值小于 10
D. p 的值等于 123

18. 执行语句："for(i=1;i<6;i+=2);"后,变量 i 的值是_____。
    A. 5   B. 6   C. 7   D. 8

19. 以下描述正确的是_____。
    A. continue 语句的作用是结束本次循环的执行
    B. continue 语句的作用是结束整个循环的执行
    C. 在循环体内部,continue 语句和 break 语句作用相同
    D. 在循环体内部,continue 语句和 break 语句不能同时出现

20. 下列程序的运行结果是_____。
```
void main()
{
    char ch[4]="6a1";
    int i,s=0;
    for(i=0;i<3;i++)
        if(ch[i]>='0'&&ch[i]<='9') s=10*s+ch[i]-'0';
    printf("%d\n",s);
}
```
    A. 16   B. 61   C. 6   D. 6a1

21. 有数组定义:"char array[]="Computer";",则数组 array 所占的空间为_____个字节。
    A. 7   B. 8   C. 9   D. 10

22. 有如下程序:
```
void main()
{
    int a[6]={1,2,3,4,5,6},i,s=0;
    for(i=1;i<6;i++) s+=a[i];
    printf("%d\n",s);
}
```
    该程序的输出结果是_____。
    A. 18   B. 19   C. 20   D. 21

23. 下列关于 C 语言函数的说法中错误的是_____。

A. 函数可以自己调用自己

B. 函数的实参出现在调用中,形参出现在定义中

C. 可以嵌套调用,但不能递归调用

D. 嵌套调用和递归调用均可以

24. C语言中,函数值类型的定义可以缺省,此时函数值的隐含类型是_____。

A. void B. int C. float D. double

25. C语言中,简单变量作实参时,它和对应形参之间的数据传递方式是_____。

A. 地址传递

B. 单向值传递

C. 由实参传给形参,再由形参回传给实参

D. 由用户指定方式传递

26. 已知:"int a,b,c,*d=&c;",则能正确从键盘读入3个整数并分别赋给变量a、b、c的语句是_____。

A. scanf("%d%d%d",&a,&b,d); B. scanf("%d%d%d",&a,&b,&d);

C. scanf("%d%d%d",a,b,d); D. scanf("%d%d%d",a,b,*d);

27. 运行程序:

void main()
{
    int a1=10,a2=20,*p1,*p2,t;
    p1=&a1;p2=&a2;
    if (a1<a2) {t=*p1;*p1=*p2;*p2=t;}
    printf("%d,%d",a1,a2);
}

输出结果是_____。

A. 10,10 B. 10,20 C. 20,10 D. 无法确定

28. 运行程序:

void main()
{
    char a[10]={9,8,7,6,5,4,3,2,1,0},*p=a+2;
    printf("%d",*——p);
}

输出结果是_____。

A. 非法 B. a[2]的地址 C. 8 D. 7

29. 下面程序的输出结果是_____。

struct abc
{ int a,b,c;};
void main()
{
    struct abc s={1,2,3};
    int t;

```
            t=s.a+s.c;
            printf("%d\n",t);
    }
    A. 1            B. 2            C. 3            D. 4
30. 若定义"unsigned int a=15;printf("%d\n",a>>2);",则运行结果为_____。
    A. 3            B. 7            C. 30           D. 60
```

二、填空题

1. 在 Visual C++ 6.0 编辑环境中,运行程序的热键(即快捷键)是_____。

2. 已知:"int a;double b;float c;char d;",则表达式 a+b*c−d/a 的数据类型为_____。

3. 已知:"int x,y;char c;scanf("%3d%c%d",&x,&y,&c);",从键盘输入数据 123456 时,y 的值是_____。

4. 利用字符串函数判断两个字符串 s1 和 s2 相等的表达式是_____。

5. 有函数调用语句"fun(a,b+c,(d,e));",则该函数调用语句中含有的实参的个数是_____。

6. C 语言中,函数类型的定义可以缺省,此时函数值的隐含类型是_____。

7. 已知:"int a[2]={8,2},*p=a;",则 printf("%d",*p++)的值是_____。

8. 已知:"struct student{char name[8];union{int age;float cj;}m;}xs;",则 sizeof(xs)的值为 0 是_____。

9. 使文件位置指针重新回到文件开始的函数是_____。

10. #define ADD(x) x+x
    main()
    {printf("%d",ADD(1+2)*3);}

运行结果是_____。

三、阅读程序题

1. 下列程序的运行结果是_____。
```
void main()
{
    int i,j,s=0;
    for(i=3;i>=1;i--)
        for(j=1;j<=3;j++)
            if(i==j) break;
            else s=s+i+j;
    printf("%d",s);
}
```

2. 有下面程序:
```
void main()
{
    int m,i;
    scanf("%d",&m);
```

```
        for(i=2;i<m-1;i++)
            if (m%i==0) break;
        if (i>=m-1) printf("Yes\n");
        else printf("No\n");
    }
```
运行时分别输入 13 和 9 后,得到的结果分别是_____。

3. 下列程序的运行结果是_____。
```
    void main()
    {
        int a[3][4],b[4][3],i,j;
        for(i=0;i<3;i++)
            for(j=0;j<4;j++)
                a[i][j]=b[j][i]=i+j;
        printf("%d\n",a[1][2]+b[2][1]);
    }
```

4. 下列程序的运行结果是_____。
```
    st(int n)
    {
        static int x=0; int y=0,s;
        x=x+5+n;
        y=x+y;
        s=x+y;
        return(s);
    }
    void main()
    {
        int i;
        for(i=1;i<4;i++)
            printf("%d\n",st(i));
    }
```

5. 下列程序的运行结果是_____。
```
    int f(int n)
    {
        int s;
        if(n==1) s=1;
        else s=n+f(n-1);
        return s;
    }
    void main()
    {
```

```
        printf("%d\n",f(10));
    }
```

四、编程题

1. 设计程序计算并输出：

   s＝1＋1/3＋1/5＋1/7＋1/9＋…＋1/99

2. 设计程序输出下面图形(要求用循环语句实现)：

   ```
   9
   8 7
   6 5 4
   3 2 1 0
   ```

3. 已知字符数组 s 只包含数字字符,设计程序将 s 按数字字符逆序,程序框架如下：

   ```
   void main()
   {
       char s[]="13956023328";
       …
       printf("%s\n",s);
   }
   ```

   输出结果：98653332210

【练习4 参考答案】

一、单选题

1—10　CCDDACADBC　　11—20　CCDBCCBBCD　　21—30　CDCCDCCCDB

二、填空题

1. Ctrl＋F5　　2. double　　3. 4　　4. strcmp(s1,s2)==0　　5. 3
6. int　　7. 8　　8. 12　　9. rewind 或 rewind()　　10. 10

三、阅读理解题

1. 12
2. Yes
   No
3. 6
4. 55
5. 55

四、编程题

1. 参考程序：
   ```c
   #include <stdio.h>
   void main()
   {
       int i;
   ```

```
    double s=0;
    for(i=1;i<=99;i++)
        s=s+1.0/(2*i-1);
    printf("%lf\n",s);
}
```

2. 参考程序：
```
#include <stdio.h>
void main()
{
    int i,j,k=9;
    for(i=1;i<=4;i++)
    {
        for(j=1;j<=i;j++)
            printf("%d",k--);
        printf("\n");
    }
}
```

3. 参考程序：
```
#include <stdio.h>
#include <string.h>
void main()
{
    char s[]="13956023328";
    char t;
    int i,j,l;
    l=strlen(s);
    for(i=0;i<l-1;i++)
        for(j=0;j<l-1-i;j++)
        {
            if(s[j]<s[j+1])
            {t=s[j];s[j]=s[j+1];s[j+1]=t;}
        }
    printf("%s\n",s);
}
```

练习 5

一、单选题

1. 一个可编译执行的 C 语言源程序中，_____。
   A. 主函数有且仅有一个　　　　　　B. 可以有多个主函数
   C. 必须有除主函数以外的其他函数　D. 可以没有主函数

2. 结构化程序设计所规定的 3 种基本控制结构是_____。
   A. 输入、处理、输出　　　　　B. 树形、网形、环形
   C. 顺序、选择、循环　　　　　D. 主程序、子程序、函数

3. 以下选项中合法的用户标识符是_____。
   A. long　　　　B. _2Test　　　C. 3Dmax　　　D. for

4. 设有："char a='\101';"，则变量 a _____。
   A. 包含 1 个字符　B. 包含 3 个字符　C. 包含 4 个字符　D. 定义不合法

5. C 语言中运算对象不能是实型的运算符是_____。
   A. %　　　　　B. /　　　　　C. =　　　　　D. *

6. 已知："int i,a;"，执行语句"i=(a=2*4,a*5),a+6;"后，变量 i 的值是_____。
   A. 8　　　　　B. 14　　　　　C. 40　　　　　D. 46

7. 设有以下变量定义，并已赋确定的值：
   long w; int x; double y;
   则表达式 w+x+1/y 值的数据类型为_____。
   A. int　　　　B. long　　　　C. float　　　　D. double

8. 以下选项中，与 k=++n 完全等价的表达式是_____。
   A. k=n,n=n+1　B. n=n+1,k=n　C. k=n+1　　　D. k+=n+1

9. 设 x,y,t 均为 int 型变量，则执行语句"x=y=0;t=++x||++y;"后，y 的值为_____。
   A. 0　　　　　B. 1　　　　　C. 2　　　　　D. 不确定

10. 若整型变量 a、b、t 已正确定义，现要将 a 和 b 中的数据进行交换，下面不正确的是_____。
    A. t=a;a=b;b=t;　　　　　　　B. t=a,a=b,b=t;
    C. a=t;t=b;b=a;　　　　　　　D. t=b;b=a;a=t;

11. 设有："float a=2,b=4,h=3;"，以下 C 语言表达式中与代数式 $\frac{1}{2}(a+b)h$ 计算结果不相符的是_____。
    A. (a+b)*h/2　　　　　　　　B. (1/2)*(a+b)*h
    C. (a+b)*h*1/2　　　　　　　D. h/2*(a+b)

12. 已知 a,b,c 为 int 类型，执行语句："scanf("a=%d,b=%d,c=%d",&a,&b,

&c);",若要使得 a 为 1,b 为 2,c 为 3,则以下选项中正确的输入形式是_____。

A. a=1
　b=2
　c=3
B. 1,2,3
C. a=1,b=2,c=3
D. 1 2 3

13. 对以下形式:

if(表达式) 语句

其中的表达式_____。

A. 只能是关系表达式
B. 只能是关系表达式或逻辑表达式
C. 只能是逻辑表达式
D. 可以是任何表达式

14. 若变量 c 为 char 类型,以下选项中能正确判断出 c 为数字字符的表达式是_____。

A. '0'<=c<='9'
B. (c>='0')&&(c<='9')
C. ('0'<=c)&('9'>=c)
D. (c>=0) &&(c<=9)

15. 下面有关 for 语句的正确描述是_____。

A. for 语句只能用于循环次数已经确定的情况
B. for 语句是先执行循环体语句,后判断作为循环条件的表达式
C. 在 for 语句中,不能用 break 语句跳出循环体
D. for 语句的循环体中,可以包含多条语句,但必须用花括号括起来

16. 能将两个变量 x、y 中值较小的一个赋给 z 的语句是_____。

A. if(x<y) z=x;
B. if(x>y) z=y;
C. z=x<y? x:y;
D. z=x>y? x:y;

17. 若有:

chars tr1[ ]="123456";

chars tr2[ ]={'1','2','3','4','5','6'};

则下面叙述正确的是_____。

A. 数组 str1 和 str2 完全相同
B. str1 和 str2 数组长度相等
C. 数组 str1 和 str2 不相同,str1 是指针数组
D. str1 和 str2 数组长度不相等

18. 以下不能正确定义二维数组的选项是_____。

A. int a[2][2]={{1},{2}};
B. int a[][2]={1,2,3,4};
C. int a[2][2]={ 1,2,3};
D. int a[2][ ]={{1,2},{3,4}};

19. 执行下面程序:

＃include <stdio. h>

＃include <string. h>

void main( )

{

　　char s[21]="ABC";

```
            strcat(s,"6789");
            printf("%s\n",s);
}
```
则输出结果是_____。
A. ABC6789　　　　B. ABC　　　　C. 6789　　　　D. 6789ABC

20. 在 C 语言程序中,关于函数的说法正确的是_____。
    A. 函数的定义可以嵌套,但函数的调用不可以嵌套
    B. 函数的定义不可以嵌套,但函数的调用可以嵌套
    C. 函数的定义和函数的调用均不可以嵌套
    D. 函数的定义和函数的调用均可以嵌套

21. C 语言程序中,调用函数时若实参是普通变量,则下面说法正确的是_____。
    A. 实参和形参各占独立的存储单元
    B. 实参和形参可以共用存储单元
    C. 可以由用户指定实参和形参是否共用存储单元
    D. 由计算机系统根据不同的函数自动确定实参和形参是否共用存储单元

22. 设程序中定义了以下函数:
    double myadd(double a,double b)
    {return (a+b);}
    如果在程序中需要对该函数进行声明,以下选项中错误是_____。
    A. double myadd(double a, b);　　　　B. double myadd(double,double);
    C. double myadd(double b,double a);　　D. double myadd(double a,double b);

23. C 语言中,若某变量在定义它的函数被调用时才被分配存储单元,则该变量的存储类别为_____。
    A. static　　　B. extern　　　C. auto 或 register　　D. extern 或 static

24. 以下能使指针变量 p 指向变量 a 的正确选项是_____。
    A. int a,*p=a;　　　　　　　B. int a, p=a;
    C. int a,*p=*a;　　　　　　 D. int a,*p=&a;

25. 设有"char str[]="Olympic";",则表达式 *(str+4)的值为_____。
    A. 'm'　　　　B. 'p'　　　　C. 'i'　　　　D. 不确定的值

26. 已知:
    union
    {
        int i;
        char c;
        float p;
    }ex;
    则 sizeof(ex)的值是_____。
    A. 1　　　　B. 2　　　　C. 4　　　　D. 7

27. 设有:

```
struct student
{
    char name[10];
    int age;
    char sex;
}std={"Li Ming",19,'M'},*p;
p=&std;
```
则下面各输出语句中错误的是_____。

A. printf("%d",(*p).age);   B. printf("%d",p->age);
C. printf("%d",p.age);   D. printf("%d",std.age);

28. 以下关于 typedef 的叙述不正确的是_____。

A. typedef 不能用来定义变量

B. 用 typedef 可以增加新类型

C. 用 typedef 只是将已存在的类型用一个新的名称来代表

D. 使用 typedef 便于程序的通用和移植

29. 已知:"int x=16;",则表达式 x>>2 的值是_____。

A. 64   B. 32   C. 8   D. 4

30. 下列关于文件操作描述正确的是_____。

A. 对文件操作必须先打开文件

B. 对文件操作必须先关闭文件

C. 对文件操作打开和关闭的顺序无关紧要

D. 对文件操作打开和关闭的顺序取决于是读还是写操作

二、填空题

1. 设有"int x; float y=5.5;",则执行语句"x=y*3+(int)y%4;"后,x 的值是_____。

2. 已知:"int x=5,y=3,z=1;",则执行语句"x%=y+z;"后,x 的值是_____。

3. 已知:"float f=123.467;",则执行语句"printf("%.2f\n",f);"后,输出结果是_____。

4. 已知字符'A'的 ASCII 值为十进制 65,变量 c 为字符型,则执行语句"c='A'+'6'-'3'; printf("%c\n",c);"后,输出结果是_____。

5. 已知:"int x=0,y=1,z=2;",则执行语句"if(!x) z=-1; if(y) z=z-2; printf("%d\n",z);"后,输出结果是_____。

6. 有程序段:"char str[]="ab\070\\14\n"; printf("%d\n",strlen(str));",执行后输出结果是_____。

7. 已知:"int a[10];",则_____代表数组 a 的首地址。

8. 有函数调用语句:"f(a+b,(c,d),e);",则该调用语句中函数实参的个数是_____。

9. 以下程序的输出结果为_____。

```
#include <stdio.h>
#define S(x,y) x*y
main()
{
    int a=3,b=2,c;
    c=S(2+a,b);
    printf("%d\n",c);
}
```

10. 已知:"int a[3][3]={1,2,3,4,5,6,7,8,9};",则 *(*(a+2)+1) 的值是_____。

三、阅读理解题

1. 下面程序的运行结果是_____。

```
#include <stdio.h>
void main()
{
    int i,a=0,b=0,c=0;
    for(i=0;i<5;i++)
    switch(i)
    {
        case 0: a++;
        case 1:
        case 2: b++;break;
        default: c++;
    }
    printf("a=%d,b=%d,c=%d\n",a,b,c);
}
```

2. 下面程序的运行结果是_____。

```
#include <stdio.h>
void main()
{
    int a[10]={3,4,5,6,7,8,9,10,11,12};
    int i,j;
    for(i=0;i<10;i++)
    {
        for(j=2;j<a[i];j++)
        if(a[i]%j==0) break;
        if(j>=a[i]) printf("%3d",a[i]);
    }
    printf("\n");
}
```

3. 下面程序的运行结果是_____。

```
#include <stdio.h>
int func(int n)
{
    int s;
    if(n<=1) s=1;
    else s=2*func(n-1);
    return s;
}
void main()
{
    int i,s=0;
    for(i=1;i<=5;i++)
        s=s+func(i);
    printf("s=%d\n",s);
}
```

4. 下面程序的运行结果是_____。

```
#include <stdio.h>
void func(int i)
{
    static int x=0;
    int y=0;
    x=x+i;
    y=y+i;
    printf("%d,%d\n",x,y);
}
void main()
{
    int i;
    for(i=10;i<30;i=i+10)
        func(i);
}
```

5. 下面程序的运行结果是_____。

```
#include <stdio.h>
main()
{
    char str[]="Welcome to HuangShan!",*p;
    p=str;
    while(*p)
```

```
        {
            if(*p>='A'&&*p<='Z')   *p=*p+('a'-'A');
            p++;
        }
        printf("%s\n",str);
}
```

四、编程题

1. 编写程序从键盘输入任意3个学生的成绩,并按从大到小的顺序输出。

2. 编写程序输出以下图形(要求用多重循环结构实现)。

```
* * * * * * *
 * * * * * *
  * * * * *
   * * *
    *
```

3. Fibonacci数列为:1,1,2,3,5,8,…,从第3个数开始,每个数都是前两个数的和。编写程序将Fibonacci数列前20项逆序存储在数组中并输出该数组。

【练习5参考答案】

一、单选题

1—10 ACBAA CDBAC   11—20 BCDBD CDDAB   21—30 AACDB CCBDA

二、填空题

1. 17   2. 1   3. 123.47   4. D   5. -3

6. 7   7. a   8. 3   9. 8   10. 8

三、阅读理解题

1. a=1,b=3,c=2

2. 3 5 7 11

3. s=31

4. 10,10
   30,20

5. welcome to huangshan!

四、编程题

1. 参考程序:
```
#include <stdio.h>
void main()
{
    int a,b,c,t;
    printf("Please input the three scores:");
    scanf("%d%d%d",&a,&b,&c);
    if(a<b) {t=a;a=b;b=t;}
```

```
        if(b<c) {t=b;b=c;c=t;}
        if(a<b) {t=a;a=b;b=t;}
        printf("%d,%d,%d",a,b,c);
    }
```

2. 参考程序:
```
    #include <stdio.h>
    void main()
    {
        int i,j;
        for(i=0;i<5;i++)
        {
            for(j=0;j<i;j++)
                printf(" ");
            for(j=0;j<9-2*i;j++)
                printf("*");
            printf("\n");
        }
    }
```

3. 参考程序:
```
    #include <stdio.h>
    #include <string.h>
    void main()
    {
        int i,f[20],t;
        f[0]=f[1]=1;
        for(i=2;i<20;i++)
        f[i]=f[i-1]+f[i-2];
        for(i=0;i<10;i++)
        {
            t=f[i];
            f[i]=f[19-i];
            f[19-i]=t;
        }
        for(i=0;i<20;i++)
        printf("%5d",f[i]);
    }
```

第 3 部分

试卷篇

模 拟 试 卷 1

一、单项选择题(每题 1 分,共 25 分)

1. C 语言程序的基本单位是_____。
   A. 函数   B. 过程   C. 表达式   D. 语句

2. 已知:"int a,b;",则表达式 a/b 值的数据类型为_____。
   A. char   B. int   C. float   D. double

3. 为解决某一特定问题而设计的指令序列称为_____。
   A. 文档   B. 语言   C. 程序   D. 系统

4. 以下叙述中正确的是_____。
   A. C 程序中注释部分可以出现在程序中任何合适的地方
   B. 花括号"{"和"}"只能作为函数体的定界符
   C. 构成 C 程序的基本单位是函数,所有函数名都可以由用户命名
   D. 分号是 C 语句之间的分隔符,不是语句的一部分

5. 以下不能定义为用户标识符的是_____。
   A. Max   B. Void   C. _6com   D. int

6. 下列常数中不能作为 C 语言的常量的是_____。
   A. 0xA5   B. 2.5e−2   C. 3e2   D. 0582

7. 下列可以正确表示字符常量的是_____。
   A. "n"   B. '\n'   C. "\n"   D. n

8. 设 x 和 y 均为 int 型变量,则语句:"x+=y;y=x−y;x−=y;"的功能中是_____。
   A. 把 x 和 y 按从大到小排列   B. 把 x 和 y 按从小到大排列
   C. 无确定结果   D. 交换 x 和 y 中的值

9. 设变量 x 为 float 型且已经赋值,则以下语句中能够将 x 中的数值保留到小数点后面两位,并将第三位四舍五入的是_____。
   A. x=x*100+0.5/100.0   B. x=(x*100+0.5)/100.0
   C. x=(int)(x*100+0.5)/100.0   D. x=(x/100+0.5)*100.0

10. 已知 a,b,c 为 float 类型,执行语句:"scanf("%f%f%f",&a,&b,&c);",若要使得 a 为 10,b 为 20,c 为 30,则以下选项中不正确的输入形式是_____。
    A. 10   B. 10.0,20.0,30.0   C. 10.0   D. 10 20
       20   20.0 30.0   30
       30

11. 执行下面程序:
    void main()
    {

```
int a=1,b=2,c=3;
c=(a=a+3),(a=b,b+3);
printf("%d,%d,%d\n",a,b,c);
}
```
则输出结果是_____。
A. 2,2,4   B. 4,2,3   C. 4,2,5   D. 5,5,3

12. 以下不正确的语句是_____。
    A. if(x>y);
    B. if(x==y)&&(x!=0) x+=y;
    C. if(x!=y) scanf("%d",&x);else scanf("%d",&y);
    D. if(x<y){x++;y++;}

13. 若有定义："float w; int a，b;"，则合法的 switch 语句是_____。
    A. switch(w)
       {
         case 1.0: printf("\n");
         case 2.0: printf("**\n");
       }
    B. switch(a);
       {
         case 1 printf("*\n");
         case 2 printf("**\n");
       }
    C. switch(b)
       {
         case 1:printf("*\n");
         default: printf("\n");
         case 3: printf("**\n");
       }
    D. switch(b)
       {
         case 1: printf("*\n")
         case 2: printf("**\n");
         default: printf("\n");
       }

14. 有以下程序
```
void main()
{  int i,s=0;
   for(i=1;i<10;i+=2)  s+=i+1;
   printf("%d\n",s);
}
```

程序执行后的输出结果是_____。
A. 自然数 1～9 的累加和   B. 自然数 1～10 的累加和
C. 自然数 1～9 中奇数之和 D. 自然数 1～10 中偶数之和

15. 设有：char array[]="China"；则数组 array 所占的存储单元是_____。
    A. 4 个字节   B. 5 个字节   C. 6 个字节   D. 7 个字节

16. 下面叙述中不正确的是_____。
    A. 在不同的函数中可以使用相同名字的变量
    B. 函数中的形式参数是局部变量
    C. 在一个复合语句中定义的变量只在本复合语句范围内有效

D. 在一个函数内的复合语句中定义的变量在本函数范围内均有效

17. 以下叙述中正确的是_____。

   A. 全局变量的作用域一定比局部变量的作用域范围大

   B. 静态(static)类别变量的生存期贯穿于整个程序的运行期间

   C. 函数的形参都属于 static 存储类别

   D. 未经初始化的 auto 和 static 类别变量的初值都是随机值

18. 若已经定义的函数有返回值,则以下关于该函数调用的叙述中错误的是_____。

   A. 该函数调用可以作为独立的语句存在

   B. 该函数调用可以作为一个函数的实参

   C. 该函数调用可以出现在表达式中

   D. 该函数调用可以作为一个函数的形参

19. 已知"int *p,a;",则语句:"p=&a;"中的运算符"&"的含义是_____。

   A. 逻辑与运算   B. 位与运算   C. 取指针内容   D. 取变量地址

20. 已定义以下函数

   fun(int *p)
   {return *p;}

   该函数的返回值是_____。

   A. 不确定的值   B. 形参 p 中存放的值

   C. 形参 p 所指存储单元中的值   D. 形参 p 的地址值

21. 设有:"int a[10]={1,2,3,4,5,6,7,8,9,10},*p=a;",则 p[8]的值是_____。

   A. 5   B. 6   C. 8   D. 9

22. 已知:

   union ex
   {   int x;
        float y;
        char z;
        }example;

   则下面的叙述中不正确的是_____。

   A. union 是共用体类型的关键字   B. example 是共用体类型名

   C. x、y、z 都是共用体成员名   D. union ex 是共用体类型

23. 以下结构体类型变量的定义中,不正确的是_____。

   A. typedef struct aa   B. #define AA struct aa
      { int n;AA   { int n;
        float m;   float m;
      } td1;   }td1;

   C. struct aa   D. struct
      { int n;   { int n;
        float m;   float m;

```
        };                                    }td1;
      struct aa td1;
```

24. 有以下程序
```
     void main( )
     {  unsigned char a,b;
        a=7^3;
        b=~4&3;
        printf("%d %d\n",a,b);
     }
```
　　执行后输出结果是_____。
　　A. 4　3　　　　　　B. 7　3　　　　　　C. 7　0　　　　　　D. 4　0

25. 以读写方式打开一个已存在的文本文件file1.txt,下面选项正确的是_____。
　　A. FILE *fp;fp=fopen("file1.txt","w");　　B. FILE *fp;fp=fopen("file1.txt","r+");
　　C. FILE *fp;fp=fopen("file1.txt","r");　　D. FILE *fp;fp=fopen("file1.txt","rb+");

二、程序改错题(共2题,每题15分,共30分)

1. 计算所有三位正整数中各个数位上数字之和是13的数的总和。
   如:将139、148、157等这样的数求和。

```
   #include <stdio.h>
   void main()
   {
       int i,j,s;
       long sum;
       sum=1;                       /*$ ERROR $*/
       for(i=100;i<=999;i++)
       {
           j=i;
           s=0;
           while(j>1)               /*$ ERROR $*/
           {
               s=s+j/10;            /*$ ERROR $*/
               j=j/10;
           }
           if(s==13)  sum+=i;
       }
       printf("%ld\n",sum);
   }
```

2. 计算:$1-2/(1+2)+3/(1+2+3)-4/(1+2+3+4)+\ldots+n/(1+2+3+\ldots+n)$ 的值。

```
   #include <stdio.h>
   void main()
```

```c
{
    int i,j,n;
    long a;
    double s=0;
    printf("Please enter n=");
    scanf("%d",n);                      /*$ERROR$*/
    for(i=1;i<=n;i++)
    {
        a=1;                            /*$ERROR$*/
        for(j=1;j<=i;j++)
            a=a+j;
        if(i%2==0)                      /*$ERROR$*/
            s=s+1.0*i/a;
        else
            s=s-1.0*i/a;
    }
    printf("%f\n",s);
}
```

三、程序填空题(1题,15分)

下列程序功能是：从键盘输入学生成绩，输出其对应的等级(90~100 分为 A,80~89 为 B,70~79 为 C,60~69 为 D,小于 60 为 E)。

```c
#include <stdio.h>
void main()
{
    int score;
    printf("Enter your score:");
    scanf("%d",_____);               /*$BLANK$*/
    printf("grade is:");
    switch(___)                         /*$BLANK$*/
    {
        case 10:
        case 9:printf("A\n");break;
        case 8:printf("B\n");break;
        case 7:printf("C\n");break;
        case 6:printf("D\n");break;
        _____:printf("E\n");         /*$BLANK$*/
    }
}
```

四、综合应用题(共 3 题,第 1 题 8 分,第 2 题 10 分,第 3 题 12 分,共 30 分)

1. 编写程序,判断一个数的奇偶性。

2. 计算 700 到 2000，所有能被 9 整除或能被 13 整除的自然数之和。

输出格式：

s=123456

程序框架如下：

```
#include <stdio.h>
void PRINT(long s)
{
    FILE *out;
    printf("s=%ld\n",s);
    if((out=fopen("result.dat","w+"))!=NULL)
        fprintf(out,"s=%ld",s);
    fclose(out);
}
void main()
{
    /*考生在此设计程序*/




    PRINT(s);
}
```

3. [百马百担问题]

有 100 匹马驮 100 担货，大马驮 4 担，中马驮 3 担，5 匹小马驮 1 担。问三种马各有几匹？

注意：

(1) 大、中、小马都必须有；

(2) 问题的解只有一种。

输出格式：

big=30,mid=40,small=30

程序框架如下：

```
#include <stdio.h>
void PRINT(int a,int b,int c)
{
    FILE *out;
    printf("big=%d,mid=%d,small=%d\n",a,b,c);
    if((out=fopen("result.dat","w+"))!=NULL)
        fprintf(out,"big=%dp,mid=%dp,small=%dp",a,b,c);
    fclose(out);
```

}
void main()
{
/* 考生在此设计程序 */

    PRINT(a,b,c);
}

模 拟 试 卷 2

一、单项选择题(每题 1 分,共 25 分)

1. 若 x,y,z 都定义为整型,且初值均为 0,则以下赋值语句不正确的是_____。
   A. x=y=z+10;   B. x+=y+2;   C. z++;   D. x=y=z=10;
2. 若变量 c 为 char 类型,能正确判断出 c 为大写字母的表达式是_____。
   A. 'A'<=c<='Z'
   B. c>='A'||c<='Z'
   C. 'A'<=c and 'Z'>=c
   D. c>='A'&&c<='Z'
3. 下列关于 C 语言程序的说法正确的是_____。
   A. C 语言本身没有输入输出语句
   B. C 程序中,main 函数必须位于程序的最前面
   C. C 程序书写时每行必须有行号
   D. C 程序的基本组成单位是语句
4. 以下选项中_____是正确的整型常量。
   A. 3A   B. 32,758   C. 029   D. -37
5. 下列_____是字符型常量。
   A. '\n'   B. "F"   C. "\t"   D. '65'
6. 下列_____是正确的赋值语句。
   A. 10=a;   B. x=5=4+1;   C. a+47=c;   D. c=15*5;
7. 已知 int x,y;float z;,以下_____是正确的输入语句。
   A. scanf("%d%d%f",x,y,z);
   B. scanf("%d%d%f";&x;&y;&z);
   C. scanf("%d%6d%6.2f",&x,&y,&z);
   D. scanf("%d%d%f",&x,&y,&z);
8. 执行下面程序:
   #include <stdio.h>
   void main()
   {
       int a=1,b=2,c=3;

```
        c=(a=a+3),(a=b,b+3);
        printf("%d,%d,%d\n",a,b,c);
}
```
   输出结果为_____。
   A. 2,2,4   B. 4,2,3   C. 4,2,5   D. 5,5,3

9. 下面程序段输出结果为_____。
   ```
   int i=5,k;
   k=-i++;
   printf("%d,%d",k,i);
   ```
   A. -5,6   B. -5,5   C. -5,-5   D. -6,-6

10. 若有 int x=3,y=2;float a=2.5,b=3.5;,则表达式(x+y)%2+(int)a/(int)b 的值是_____。
    A. 1.0   B. 1   C. 2.0   D. 2

11. 若有表达式 w?--x:++y,则下列与w等价的表达式是_____。
    A. w==1   B. w==0   C. w!=1   D. w!=0

12. 已知 int x=1,y=2,z=3;,则逻辑表达式 x<y||++z 运算后,z 的值是_____。
    A. 1   B. 2   C. 3   D. 4

13. 运行下面程序:
    ```
    #include <stdio.h>
    void main()
    {
        char c;
        scanf("%c",&c);
        if(c>='x')   printf("%c",c);
        if(c>='y')   printf("%c",c);
        if(c>='z')   printf("%c",c);
    }
    ```
    若从键盘上输入 y 后回车,则输出_____。
    A. y   B. yy   C. yyy   D. xy

14. 要使下面语句输出 10 个整数,则在下划线处应填入_____。
    for(i=0,i<=____; i+=2) printf("%d",i);
    A. 9   B. 10   C. 18   D. 20

15. 下面程序段的输出结果为_____。
    ```
    char s[]="\\\101abc\0";
    printf("%s\n",s);
    ```
    A. \Aabc\0   B. \101\abc\0   C. \101\abc   D. \Aabc

16. 以下程序的输出结果为_____。
    #include <stdio.h>

```
void main( )
{
    int n[3]={0},i;
    for (i=0;i<2;i++)
        n[i+1]=n[i]+1;
    printf("%d\n",n[2]);
}
```
A. 不确定的值　　　B. 3　　　　　　　C. 2　　　　　　　D. 1

17. 若有定义"char * x="Computer";",以下选项中正确的是_____。
   A. char y[10]; strcpy(y,x[4]);
   B. char y[10]; strcpy(y+1,x+1);
   C. char y[10]; strcpy(x+10,y);
   D. char y[10];strcpy(++y,&x[1]);

18. 下面叙述中不正确的是_____。
   A. 在不同的函数中可以使用相同名字的变量
   B. 函数中的形式参数是局部变量
   C. 在一个复合语句中定义的变量只在本复合语句范围内有效
   D. 在一个函数内的复合语句中定义的变量在本函数范围内均有效

19. 若已经定义的函数有返回值,则以下关于该函数调用的叙述中错误的是_____。
   A. 该函数调用可以作为一个函数的形参
   B. 该函数调用可以作为独立的语句存在
   C. 该函数调用可以作为一个函数的实参
   D. 该函数调用可以出现在表达式中

20. 已知"int * p,a;",则语句"p=&a;"中运算符"&"的含义是_____。
   A. 逻辑与运算　　B. 位与运算　　C. 取指针内容　　D. 取变量地址

21. 设有"int s[]={1,3,5,7,9}, * p=&s[0];",则值为5的表达式是_____。
   A. *p+2　　　　B. *p+3　　　　C. *(p+2)　　　　D. *(p+3)

22. 运行程序:
```
#include <stdio.h>
void main( )
{
    int a=10,b=20, * p, * q,t;
    p=&a;q=&b;
    if (a<b){t= * p; * p= * q; * q=t;}
    printf("%d,%d",a,b);
}
```
输出结果为_____。
   A. 20,10　　　B. 10,20　　　C. 10,10　　　D. 无法确定

23. 下面程序的输出结果为_____。

```
#include <stdio.h>
struct abc
{ int a,b,c;};
void main( )
{
    struct abc s={1,2,3};
    int t;
    t=s.a+s.c;
    printf("%d\n",t);
}
```
  A. 1   B. 2   C. 3   D. 4

24. 以下程序的输出结果为_____。
```
#include<stdio.h>
void main( )
{
    int c=4;
    printf("%d\n",c&c);
}
```
  A. 0   B. 8   C. 4   D. 1

25. 若 fp 是指向某二进制文件的指针,且未指到文件的末尾,则 feof(fp) 的值是_____。
  A. EOF   B. 0   C. 1   D. 非零值

二、程序改错题(共 2 题,每题 15 分,共 30 分)

1. 在屏幕上输出以下图形(说明:星号之间无空格)。
```
*
**
***
****
*****
```
```
#include <stdio.h>
void main()
{
    char a[5];
    int i,j;
    for(j=0;j<5;j++)
        a[j]="*";                /*$ERROR$*/
    for(i=0;i<5;i++)
    {
        for(j=0;j<=i;j++)
            printf("%d",a[j]);   /*$ERROR$*/
```

```
            printf("/n");                        /*$ ERROR $*/
        }
    }
```

2.计算 100 到 300,满足下列条件的数之和。

(1)能被 3 整除;

(2)个位数是 7。

```
    #include <stdio.h>
    void main()
    {
        int i,sum;
        sum=1;                              /*$ ERROR $*/
        for(i=100;i<=300;i++)
            if(i%3==0)
                if(i%10==7)
                {
                    sum=i;                  /*$ ERROR $*/
                }
        print("%d",sum);                    /*$ ERROR $*/
    }
```

三、程序填空题(1 题,15 分)

利用循环语句求 $1-1/3+1/5-1/7+\ldots+1/(2n-1)$ 的值。(本题求前 50 项的和)

```
    #include <stdio.h>
    void main()
    {
        int i;
        float s;
        i=1;
        s=_____;                           /*$ BLANK $*/
        while(i<=50)
        {
            if(____)                        /*$ BLANK $*/
                s=s+1.0/(2*i-1);
            else
                s=s-1.0/(2*i-1);
            ____;                           /*$ BLANK $*/
        }
        printf("s=%f",s);
    }
```

四、综合应用题(共 3 题,第 1 题 8 分,第 2 题 10 分,第 3 题 12 分,共 30 分)

1.从键盘任意输入 20 个数,输出其中的最大数和最小数。

/*考生在此设计程序*/

2. 某果农有一车苹果,第一天卖掉三分之二后吃了两个,第二天卖掉了剩下的三分之二后又吃了两个,第三天到第七天都如此,到第八天一看只剩了五个苹果。求此车共装有多少个苹果(要求用循环实现)。

输出格式:
s=23456

程序框架如下:
```
#include <stdio.h>
void PRINT(int s)
{
    FILE *out;
    printf("s=%d\n",s);
    if((out=fopen("result.dat","w+"))!=NULL)
        fprintf(out,"s=%d",s);
    fclose(out);
}
void main()
{
/*考生在此设计程序*/




    PRINT(s);
}
```

3. 兑换零钱。将 100 元钱换成 1 元、5 元、10 元的零钱(每种零钱都要求有),请编程求出一共有多少种换法。

输出格式:
count=123

程序框架如下:
```
#include <stdio.h>
void PRINT(int count)
{
    FILE *out;
```

```
            printf("count=%d\n",count);
            if((out=fopen("result.dat","w+"))!=NULL)
                fprintf(out,"count=%d",count);
            fclose(out);
        }
        void main()
        {
        /*考生在此设计程序*/




            PRINT(count);
        }
```

模拟试卷 3

一、单项选择题(每题 1 分,共 25 分)

1. 设变量 x,y,z 均为 int 类型,则以下程序段的输出结果是_____。
   x=y=6;
   z=x,++y;
   printf("%d",z);
   A. 9　　　　　　　B. 8　　　　　　　C. 7　　　　　　　D. 6

2. 设有"int a=5,b=6,c=2;",则表达式 a<b||--c 运算后,c 的值为_____。
   A. 0　　　　　　　B. 1　　　　　　　C. 2　　　　　　　D. 3

3. 下列关于 C 语言的说法正确的是_____。
   A. C 语言本身没有输入输出语句
   B. C 程序中,main 函数必须位于程序的最前面
   C. C 程序书写时每行必须有行号
   D. C 程序的基本组成单位是语句

4. 若有定义:"int a=9,b=5,c;",执行语句"c=a/b+0.2;"后,c 的值是_____。
   A. 1.2　　　　　　B. 1　　　　　　　C. 2.0　　　　　　D. 2

5. 下列_____是正确的赋值语句。
   A. 10=a;　　　　　B. x=5=4+1;　　　C. a+47=c;　　　　D. x=5==4+1;

6. 以下程序段输出结果为_____。
   int i=5,k;
   k=i++;
   printf("%d,%d",k,i);
   A. 5,6　　　　　　B. 5,5　　　　　　C. 6,5　　　　　　D. 6,6

7. 若有"int x=3,y=2; float a=2.5,b=3.5;",则表达式(x+y)%2+(int)a/(int)b 的值是_____。
   A. 1.0 B. 1 C. 2.0 D. 2

8. 已知:"int i,j;",执行语句"i=(j=15,j*2),j+10;"后,变量 i 的值为_____。
   A. 15 B. 30 C. 40 D. 25

9. 设 x,y 均为整型变量,且 x=5,y=4,则执行语句"printf("%d,%d\n",x--,--y);"后输出结果为_____。
   A. 5,4 B. 4,4 C. 4,3 D. 5,3

10. 能将两个整型数 x,y 中较大的一个赋给整型变量 z 的语句是_____。
    A. if(x>y) z=y; B. if(x<y) z=x; C. z=x>y? x:y; D. z=x<y? x:y;

11. 已知"int x=2,y=3,z=4;",则表达式 x<y||--z 运算后,z 的值是_____。
    A. 1 B. 2 C. 3 D. 4

12. 已知"int x=2,y=-1,z=3;",执行下面语句后,z 的值是_____。
    if (x<y) if (y<0) z=1; else z++;
    A. 1 B. 2 C. 3 D. 4

13. 执行语句"for(i=1;i<6; i+=2);"后,变量 i 的值是_____。
    A. 5 B. 6 C. 7 D. 8

14. 以下描述中正确的是_____。
    A. do-while 循环的循环体内不能使用复合语句
    B. do-while 循环 while(表达式)后面不能写分号
    C. do-while 循环的循环体至少执行 1 次
    D. do-while 循环中的关键字 while 可以省略

15. 执行下面程序:
    ```
    #include <stdio.h>
    #include <string.h>
    void main()
    {
        char s[20]="ABC";
        strcat(s,"6789");
        printf("%s\n",s);
    }
    ```
    则输出结果是_____。
    A. ABC6789 B. ABC C. 6789 D. 6789ABC

16. 一个源文件中定义的全局变量的作用域是_____。
    A. 本函数的全部范围 B. 本程序的全部范围
    C. 本文件的全部范围 D. 从定义开始至本文件结束

17. 设有以下函数首部:

int func(double x[10],int n)

如果在程序中需要对该函数进行声明,则以下选项中错误的是_____。

A. int func(double x[ ],int n);　　B. int func(double,int);

C. int func(double x[10],int n);　　D. int func(double *x,int n);

18. 当调用函数时,实参是一个数组名,则向函数传送的是_____。

　　A. 数组的长度　　　　　　　　B. 数组的首地址

　　C. 数组中每个元素的地址　　　D. 数组中每个元素的值

19. 有函数调用语句"func(f2(v1,v2),(v3,v4,v5),v6);",则该调用语句中实参的个数是_____。

　　A. 3　　　　B. 4　　　　C. 5　　　　D. 6

20. 设有定义:"int s[ ]={2,3,6,8,10},*p=s;",则值为8的表达式是_____。

　　A. *p+2　　B. *p+3　　C. *(p+2)　　D. *(p+3)

21. 运行程序:
```
#include <stdio.h>
void main()
{
    int a=10,b=20,*p,*q,t;
    p=&a;q=&b;
    if (a<b){t=*p;*p=*q;*q=t;}
    printf("%d,%d",a,b);
}
```
输出结果为_____。

　　A. 20,10　　B. 10,20　　C. 10,10　　D. 无法确定

22. 下面程序的输出结果为_____。
```
#include <stdio.h>
struct abc
{int a,b,c;};
void main()
{
    struct abc s={1,2,3};
    printf("%d\n",s.a+s.c);
}
```
　　A. 1　　　　B. 2　　　　C. 3　　　　D. 4

23. 以下程序的输出结果是_____。
```
#define ADD(x) x+x
#include "stdio.h"
void main()
{
    int a=4,b=2;
    printf("%d\n",ADD(a)/ADD(b));
}
```

A. 2　　　　　　B. 4　　　　　　C. 6　　　　　　D. 8

24. 设有"int c=4;",执行"printf("%d\n",c&c);"后,输出结果为_____。
　　A. 0　　　　　　B. 8　　　　　　C. 4　　　　　　D. 1

25. 如果需要打开一个已存在的非空文件"FILE"并对其进行修改,则正确的打开语句是_____。
　　A. fp=fopen("FILE","r");　　　　　　B. fp=fopen("FILE","r+");
　　C. fp=fopen("FILE","w+");　　　　　D. fp=fopen("FILE","ab+");

二、程序改错题(共 2 题,每题 15 分,共 30 分)

1. 输出一维数组中的最大元素及其下标值。

```
#include <stdio.h>
void main()
{
    int a[10]={-3,1,-5,4,9,0,-8,7,-6,2};
    int i,max,addr;
    max=a[0];
    addr=1;                             /*$ERROR$*/
    i=1;
    while(i<=10)                        /*$ERROR$*/
    {
        if(max<a[i])
        {
            max=a[i];
            i=addr;                     /*$ERROR$*/
        }
        i++;
    }
    printf("max=%d,address=%d\n",max,addr);
}
```

2. 计算所有三位正整数中各个数位上数字之和是 13 的数的总和。
   如:将 139、148、157 等这样的数求和。

```
#include <stdio.h>
void main()
{
    int i,j,s;
    long sum;
    sum=1;                              /*$ERROR$*/
    for(i=100;i<=999;i++)
    {
        j=i;
        s=0;
        while(j>1)                      /*$ERROR$*/
        {
```

```
            s=s+j/10;              /*$ERROR$*/
            j=j/10;
        }
        if(s==13)   sum+=i;
    }
    printf("%ld\n",sum);
}
```

三、程序填空题(1 题,15 分)

下列程序的功能是:输出 100 以内能被 3 整除且个位数为 6 的所有整数之和。
程序如下:

```
#include <stdio.h>
void main()
{
    int i,j;
    int s____;              /*$BLANK$*/
    for(i=0;____;i++)       /*$BLANK$*/
    {
        j=i*10+6;
        if(____)            /*$BLANK$*/
            s=s+j;
    }
    printf("%d\n",s);
}
```

四、综合应用题(共 3 题,第 1 题 8 分,第 2 题 10 分,第 3 题 12 分,共 30 分)

1. 编写程序实现两个数的交换。
/*考生在此设计程序*/

2. 设有正整数 a 和 b,其中:
(1) a<50,b<50;
(2) a+b*b 等于 1564;
(3) a*a+b*b 等于 3370。
求满足条件的 a 和 b 的值(说明:a 和 b 的值唯一)。
输出格式:

a=3,b=4

程序框架如下：

```c
#include <stdio.h>
void PRINT(int a,int b)
{
    FILE *out;
    printf("a=%d,b=%d\n",a,b);
    if((out=fopen("result.dat","w+"))!=NULL)
        fprintf(out,"a=%d,b=%d",a,b);
    fclose(out);
}
void main()
{
    /*考生在此设计程序*/




    PRINT(a,b);
}
```

3. 根据下式求 s 的值（要求使用循环实现）：

s=2+4+8+16+32+64+128+…+65536

说明：每一项都是 2 的 $n(n=1,2,3,\cdots,16)$ 次幂。

输出格式：

s=23456

程序框架如下：

```c
#include <stdio.h>
void PRINT(long s)
{
    FILE *out;
    printf("s=%ld\n",s);
    if((out=fopen("result.dat","w+"))!=NULL)
        fprintf(out,"s=%ld",s);
    fclose(out);
}
void main()
{
    /*考生在此设计程序*/
```

        PRINT(s);
    }

模 拟 试 卷 4

一、单项选择题(每题 1 分,共 25 分)

1. 下列关于 C 语言程序的说法正确的是_____。
   A. 每条语句必须占一行   B. 必须采用缩进书写格式
   C. 每条语句必须以分号结束   D. 全部采用小写字母

2. 已知"int x,y;float z;",以下输入语句正确的是_____。
   A. scanf("%d%d%f",x,y,z);
   B. scanf("%d%d%f",&x,&y,&z);
   C. scanf("%d%6d%6.2f",&x,&y,&z);
   D. scanf("%d%d%f";&x;&y;&z);

3. 设有"float f1=2.6,f2=2.5;",则表达式(int)f1+f2 的值为_____。
   A. 5   B. 4.5   C. 4   D. 5.5

4. 按照 C 语言规定的用户标识符命名规则,不能出现在标识符中的是_____。
   A. 大写字母字符   B. 数字字符   C. 下划线   D. 运算符

5. 已知"int a=5,b=7,c=3;",则逻辑表达式 a>b&&++c 运算后,c 的值为_____。
   A. 1   B. 2   C. 3   D. 4

6. 设有"int a=2,b=1,c=3,d=4;",则表达式 a>b? a+b:c+d 值为_____。
   A. 1   B. 2   C. 3   D. 7

7. 设"int x=5,y=3,z=4;x=(y>z)? (x+2):(x-2);",则 x 的值是_____。
   A. 3   B. 4   C. 5   D. 7

8. 有如下程序:
   ```
   void main()
   {
       int x=1,a=0,b=0;
       switch(x)
       {
           case 0: b++;
           case 1: a++;
   ```

```
        case 2:a++;b++;
    }
    printf("a=%d,b=%d\n",a,b);
}
```

该程序的输出结果是_____。

A. a=2,b=1　　　　B. a=1,b=1　　　　C. a=1,b=0　　　　D. a=2,b=2

9. 若变量 c 为 char 类型,以下不能正确判断其为大写字母的表达式是_____。

A. 'A'<=c<='Z'

B. c>='A'&&c<='Z'

C. (c+32)>='a'&&(c+32)<='z'

D. !(c<'A'||c>'Z')

10. C 语言程序总是从_____开始执行。

A. 第一条语句　　B. 第一个函数　　C. 主函数　　　　D. 子程序

11. 下列可作为 C 语言用户标识符的一组是_____。

A. void　define　WORD　　　　　B. a3_b3　_123　Car

C. For　—abc　CASE　　　　　　D. 2a　DO　sizeof

12. 以下选项中_____是正确的整型常量。

A. 3A　　　　　　B. 03A　　　　　　C. 0x3A　　　　　　D. A3

13. 下列关于单目运算符++、——的叙述中正确的是_____。

A. 它们的运算对象可以是任何变量和常量

B. 它们的运算对象可以是 char 型变量和 int 型变量,但不能是 float 型变量

C. 它们的运算对象可以是 int 型变量,但不能是 char 型变量和 float 型变量

D. 它们的运算对象可以是 char 型变量、int 型变量和 float 型变量

14. 设有"float a=2,b=4,h=3;",以下 C 语言表达式中与代数式 $\frac{1}{2}(a+b)h$ 计算结果不相符的是_____。

A. (a+b)*h*1/2　　　　　　　　B. (a+b)*h/2

C. (1/2)*(a+b)*h　　　　　　　D. h/2*(a+b)

15. 已知 a,b,c 为 int 类型,执行语句:"scanf("a=%d,b=%d,c=%d",&a,&b,&c);",若要使得 a 为 1,b 为 2,c 为 3,则以下选项中正确的输入形式是_____。

A. a=1　　　　　　B. 1,2,3　　　　　　C. a=1,b=2,c=3　　　D. 1 2 3
　　b=2
　　c=3

16. 有以下程序
```
main( )
{
    int a=1,b=2,m=0,n=0;
    n=b>a||(m=a<b);
```

```
        printf("%d,%d\n",n,m);
}
```
程序运行后的输出结果是_____。
A. 0,0   B. 0,1   C. 1,0   D. 1,1

17. 若"int a=5;",则下面表达式值为0的是_____。
    A. 0<=a<=9   B. a<=0 || a>=9
    C. 0>=a or 9<=a   D. a>=0 && a<=9

18. 运行以下程序：
```
#include <stdio.h>
void main()
{
    char c;
    scanf("%c",&c);
    if(c>='x') printf("%c",c);
    if(c>='y') printf("%c",c);
    if(c>='z') printf("%c",c);
}
```
若从键盘输入 y 后回车,则输出_____。
A. y   B. yy   C. yyy   D. xy

19. 以下能正确定义一维数组的选项是_____。
    A. int num[];   B. #define N 100   C. int num[0..100];   D. int N=100;
                             int num[N];   int num[N];

20. 若有说明"int a[3][4];",则对 a 数组元素的非法引用是_____。
    A. a[2][2+1]   B. a[0][4]   C. *(*(a+2)+3)   D. a[1][2]

21. 以下程序段的输出结果为_____。
    char s[]="\\\101abc\0";
    printf("%d\n",strlen(s));
    A. 5   B. 8   C. 9   D. 11

22. 若有"int a[10],*p=a;",则对数组元素的正确引用是_____。
    A. a[p]   B. p[a]   C. *(p+2)   D. p+2

23. 有函数调用语句"func(f2(v1,v2),(v3,v4,v5),v6);",则该调用语句中实参的个数是_____。
    A. 3   B. 4   C. 5   D. 6

24. 类型相同的两个指针变量之间,不能进行的运算是_____。
    A. <   B. =   C. +   D. −

25. 在 C 语言中,若使用"r+"方式打开文件,则以下选项中错误的是_____。
    A. 文件必须存在   B. 可以进行读操作
    C. 可以进行写操作   D. 只能进行读操作

二、程序改错题(共2题,每题15分,共30分)

1. 从键盘输入一个大于1的正整数 m,在屏幕上输出高度和宽度均为 $2m+1$ 的 E 形图案。例如,输入 m 为 3,输出图案如下:

```
* * * * * * *
*
*
* * * * * * *
*
*
* * * * * * *
```

```c
#include <stdio.h>
void main()
{
    int i,j,m;
    char ch;
    scanf("%d",m);        /*$ERROR$*/
    i=1;
    while(i<=2*m+1)
    {
        printf("*");
        if(i==1 || i==m+1 || i==2*m+1)
            ch='*';
        else
            ch=' ';
        for(j=1;j<=2*m;j++)
            printf("%c",ch);
        printf("n");      /*$ERROR$*/
        i+1;              /*$ERROR$*/
    }
}
```

2. 函数 fd 是用指针的方法求两个实型数中的较大数。主函数输入数据 a,b,调用 fd 函数,求出这两个数中的较大数并输出。

```c
#include <stdio.h>
float fd(float x,float y)              /*$ERROR$*/
{
    int max;                            /*$ERROR$*/
    max=*x;
    if(*x<*y) max=*y;
    return max;
}
void main()
{
```

```
    float a,b;
    float max;
    scanf("%f%f",&a,&b);
    max=fd(a,b);                    /*$ERROR$*/
    printf("%f\n",max);
}
```

三、程序填空题(1题,15分)

下列程序功能是:根据输入的打车里程数计算应付车费(取1位小数)。

(1)出租车起步价8元;

(2)超过3公里,每公里加1.5元;

(3)超过50公里(包括50)费用翻倍。

程序框架如下:

```
#include <stdio.h>
void main()
{
    double x,y;
    printf("Please input x:");
    scanf("%lf,____);               /*$BLANK$*/
    if(x____3)                      /*$BLANK$*/
        y=8;
    else
        if(x____50)                 /*$BLANK$*/
            y=2*(8+(x-3)*1.5);
        else
            y=8+(x-3)*1.5;
    printf("y=%.1f\n",y);
}
```

四、综合应用题(共3题,第1题8分,第2题10分,第3题12分,共30分)

1. 编程输入一个年份,判断其是否是闰年。

/*考生在此设计程序*/

2. 根据下式求s的值(要求使用循环实现)

s=1+2+4+7+11+…+1226。

说明:累加项共50项,第2项与第1项相差1,第3项与第2项相差2,第4项与第3项相差3,以此类推。

输出结果的形式为：

程序框架如下：

s=12345

```
#include <stdio.h>
void PRINT(int s)
{
    FILE *out;
    printf("s=%d\n",s);
    if((out=fopen("result.dat","w+"))!=NULL)
    {
        fprintf(out,"s=%ds",s);
        fclose(out);
    }
}
void main()
{
    /*考生在此设计程序*/

    PRINT(s);
}
```

3. 某驾校对 60 名学员进行考核,成绩存储在数组 a 中,其中 80 分以下为不合格。编程计算并输出合格人员的平均分(要求用循环实现)。

输出结果的形式为：

s=12.34

程序框架如下：

```
#include <stdio.h>
void PRINT(double s)
{
    FILE *out;
    printf("s=%.2f\n",s);
    if((out=fopen("result.dat","w+"))!=NULL)
    {
        fprintf(out,"s=5%.2f",s);
        fclose(out);
    }
}
void main()
{
    double a[60]={77,84,95,83,81,79,77,96,81,52,56,64,74,81,93,58,82,
    92,92,96,83,85,71,75,85,69,85,83,73,70,79,81,68,53,69,62,90,79,89,62,68,
```

81,78,67,64,81,62,56,59,66,85,86,64,73,89,72,54,73,74,85};
/*考生在此设计程序*/

　　PRINT(s);
}

第4部分

附录篇

附录 A 常用字符与 ASCII 码对照表

ASCII 值	十六进制	字符	ASCII 值	十六进制	字符	ASCII 值	十六进制	字符
32	20	空格	64	40	@	96	60	`
33	21	!	65	41	A	97	61	a
34	22	"	66	42	B	98	62	b
35	23	#	67	43	C	99	63	c
36	24	$	68	44	D	100	64	d
37	25	%	69	45	E	101	65	e
38	26	&	70	46	F	102	66	f
39	27	'	71	47	G	103	67	g
40	28	(	72	48	H	104	68	h
41	29	)	73	49	I	105	69	i
42	2A	*	74	4A	J	106	6A	j
43	2B	+	75	4B	K	107	6B	k
44	2C	,	76	4C	L	108	6C	l
45	2D	-	77	4D	M	109	6D	m
46	2E	.	78	4E	N	110	6E	n
47	2F	/	79	4F	O	111	6F	o
48	30	0	80	50	P	112	70	p
49	31	1	81	51	Q	113	71	q
50	32	2	82	52	R	114	72	r
51	33	3	83	53	S	115	73	s
52	34	4	84	54	T	116	74	t
53	35	5	85	55	U	117	75	u
54	36	6	86	56	V	118	76	v
55	37	7	87	57	W	119	77	w
56	38	8	88	58	X	120	78	x
57	39	9	89	59	Y	121	79	y
58	3A	:	90	5A	Z	122	7A	z
59	3B	;	91	5B	[	123	7B	{
60	3C	<	92	5C	\	124	7C	|
61	3D	=	93	5D	]	125	7D	}
62	3E	>	94	5E	^	126	7E	~
63	3F	?	95	5F	_	127	7F	DEL

说明：① 0～31 之间的 ASCII 码是计算机使用的控制字符，不能直接显示，在此省略。

② 大小写字母值差 32，数字字符 0～9 的 ASCII 码为 48～57。

附录 B 考试指南

全国高等学校(安徽考区)计算机水平考试二级 C 语言考试考生备考时要注重对基本概念和知识点的理解,最好经常进行针对性的上机练习,特别是对历年真题的研究有助于把握学习的方向。复习时应以大纲为主,对大纲之外的知识点也应适当学习一点,这样可以反过来促进大纲知识的学习。

一、题型分析

1. 单选题

单选题共 25 题,每题 1 分,共 25 分。

单选题考查考生对 C 语言知识点的掌握情况。其中基本的函数应用、数据类型、数组、指针、结构体、共用体、文件等是重点。考生在做题的时候遇到难的题目,特别是指针类的题目,如果一时不能确定答案,可以暂且放过,在时间充足时,再仔细钻研。

2. 程序改错题

程序改错题一般有 2 题,每题通常有 3 个错。每题 15 分,共 30 分。

改错题相对比较容易,有的地方错误明显,可参考前后代码修改。由于是上机考试,因此考生可以反复调试运行。

3. 程序填空题

程序填空题一般是 1 题,每题通常有 3 个空,共 15 分。

程序填空题和程序改错题类似,区别在于程序填空题对语法的要求更高,只能在规定的位置填写代码,主要考察考生对程序的阅读和分析能力。要求考生能够根据题目给出的语句找到设计思路,多做多看往往更容易完成这些题目。同样,由于是上机考试,因此考生可以反复调试运行。

4. 综合应用题

综合应用题一般是 3 个编程题,共 30 分。在上机考试的环境下,考生可以努力尝试编写。这一部分需要通过多做模拟题获取相关经验。题目偏向求和、数列等。主要是一些不能口算或通过简单公式就能计算出来的题目。

综合应用题具有一定的难度,但并非高不可攀。一般第一题比较简单,可以先完成,做后面一题时必须仔细理解题目并结合平时所学,努力参考平时的程序来完成题目。

所以,在考试前集中力量熟练掌握一定数量有代表性的程序尤其重要,这些程序涵盖全书,以数组、函数、指针、结构体为主,基本上包括了 C 语言的大部分知识点。请考生在平时上机时注意在理解程序的基础上调试程序,这往往是考试中答好编程题的关键。

二、考前准备

2019版新大纲规定，全国高等学校（安徽考区）计算机水平考试二级C语言考试全部采用上机考试。考生要注意的是，每年都有许多平时成绩不错的考生未能取得满意的上机成绩，这主要是因为他们的考前认识和准备不足。

如果考生想取得好成绩，就需要在考试前多做模拟考试题。在每次正式考试前一个月，考试办会向各考点发放模拟考试软件，其中包括有代表性的多套模拟考试题。练习这些题目非常重要。目前，试题库系统已完成开发。此外本教材配套了包含一定数量模拟题的练习系统。这对考生的备考具有极大的参考价值。

考生在上机考试时要细心，不要疏忽大意；要注意存盘。综合应用题需要编译运行。考生在交卷后可以再次进入考试系统做题（称为"续考"），这时需要请监考老师来操作，输入登录密码。另外考生在做题的时候需要适当注意时间，把握进度。

如果出现考试文件丢失等重大失误，可以从备份文件夹中恢复，重新做题。

上机考试是否顺利还与机器状况密切相关，如果键盘、鼠标很不好用，请举手联系监考老师，要求监考老师帮助解决。由于网络原因，每次考试抽题都需要一定的时间，考生应该耐心等待。如果遇到机器突然重新启动或死机的情况，考生应立即请示监考老师重新启动计算机，然后续考。续考前的机器启动时间不计入考试时间。

本教材配套的模拟考试系统，虽然界面与考试系统不同，但考试的方式和题目是类似的。读者如果发现软件版本更新、无法使用等问题，可到 http://www.yataoo.com 查找解决办法，或者联系作者（yataoo@126.com）解决。

附录 C Windows 7/8/10 下安装和运行 Visual C++ 6.0

一、安装步骤

1. 运行安装程序,选择自定义安装(Custom)。

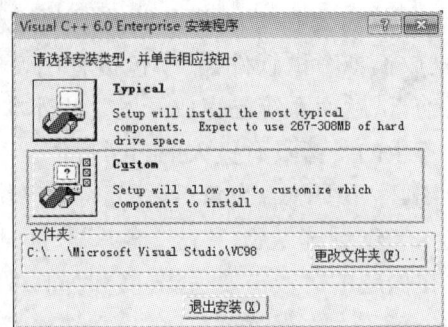

图 C-1

2. 在安装项目中,取消 Data Access 选项。

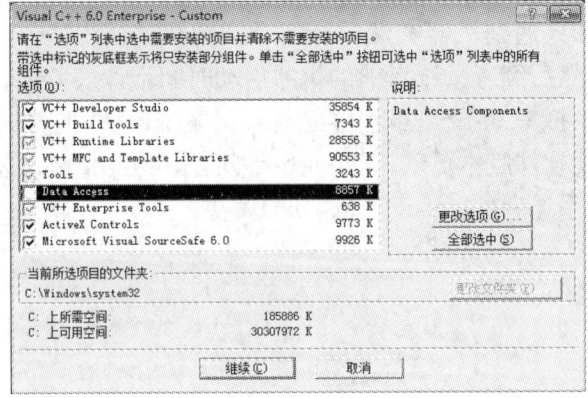

图 C-2

3. 选中"Tools"选项,单击"更改选项",在弹出的对话框中,取消 OLE/Com Object Viewer 选项,点击"确定"。

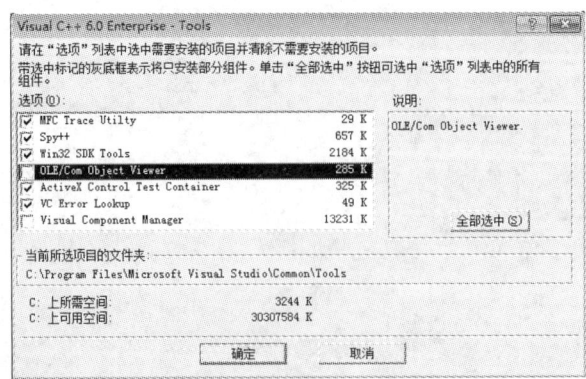

图 C-3

其他步骤按正常操作即可。

二、运行

1. 如果存在兼容性问题，特别是 64 位计算机，可在桌面建立 Visual C++运行的快捷方式（可直接从程序菜单中复制），右键单击，在属性菜单中选择"以兼容模式运行这个程序"，如图 C-4 所示。

图 C-4

2. 编译出错，例如：

error LNK2001：unresolved external symbol _WinMaindebug/c1_3.exe；fatal error LNK 1120：1 unresolved externals error executing link.exe；

(1) 进入 project→setting→C/C++，在 category 中选择 preprocessor，在 processor definitions 中删除_WINDOWS，添加_CONSOLE。如图 C-5 所示。

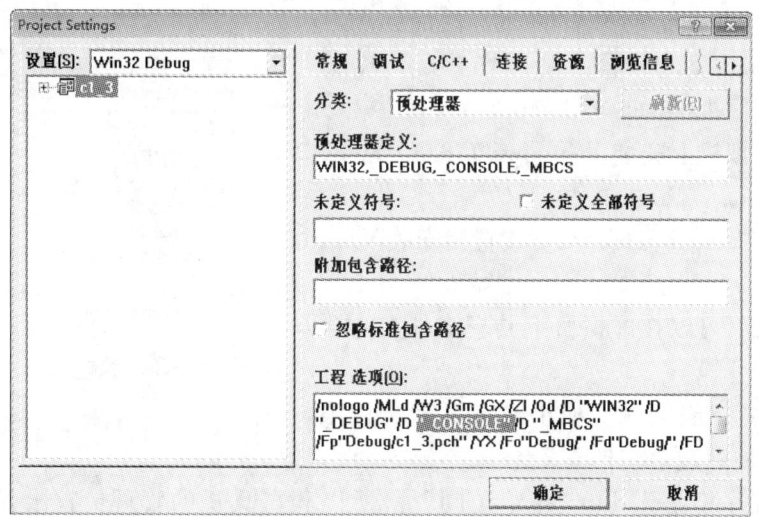

图 C-5

(2)进入 project→setting→Link，在 Project options 中将/subsystem:windows. 改为/subsystem:console。如图 C-6 所示。

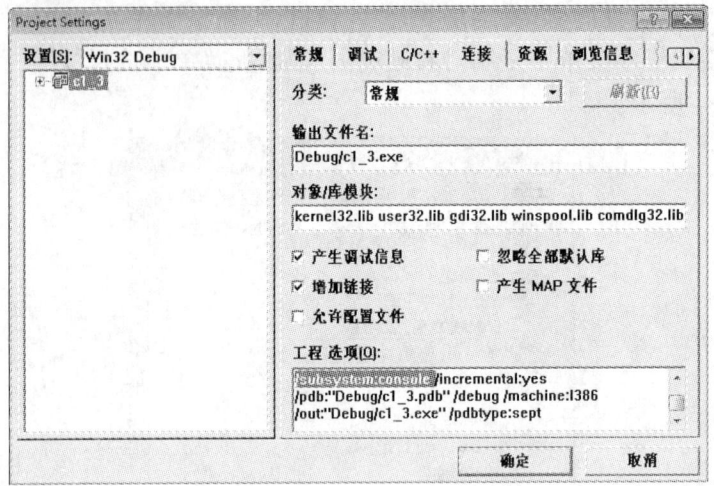

图 C-6

其他编译错误，请搜索参考相关文献。

3."Msdev.exe"被禁用。Visual C++ 6.0 IDE 的主程序是 msdev.exe，默认完整的路径是：

C:\Program Files\Microsoft Visual Studio\Common\MSDev98\Bin\Msdev.exe

或者：

C:\Program Files(x86)\Microsoft Visual Studio\Common\MSDev98\Bin\Msdev.exe

Windows 8 可能禁用"Msdev.exe"，可以采取下面的方法：

(1)改名，例如，改成"msdev1.exe"。

(2)兼容方式运行 msdev1.exe，如右图所示。

4.虚拟机运行 Visual C++。其实有很多程序都可以用虚拟机运行来解决兼容性的问题，这里只给出解决方案和步骤：

(1)安装虚拟机，如：VMware。

(2)在虚拟机上安装 Windows 7/8/10 等操作系统。

(3)安装 Visual Studio 6.0 或直接安装 Visual C++ 6.0。

需要的话，可以在虚拟机上共享文件夹，方便文件的操作。

5.管理员权限问题。如果没有管理员权限，就会出现各种问题，例如，运行权限不够、编译报"无法注册程序集 *** dll— 拒绝访问"等，所以获得真正的管理员权限是解决问题的

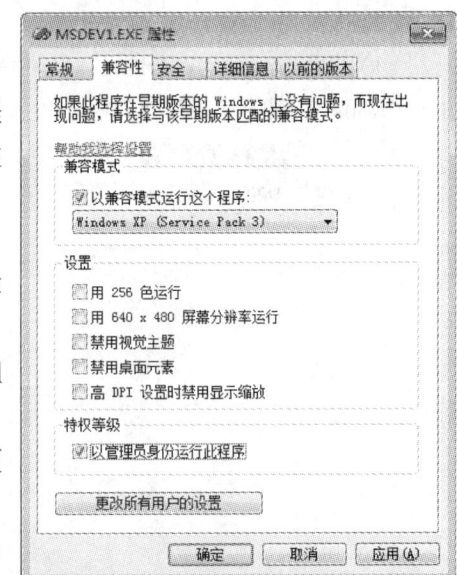

图 C-7

根本。

(1)Windows 7 下,彻底关闭 UAC 即可,方法如下:

①控制面板,搜索 UAC。

图 C-8

②更改"用户账号控制设置"为"从不通知"。

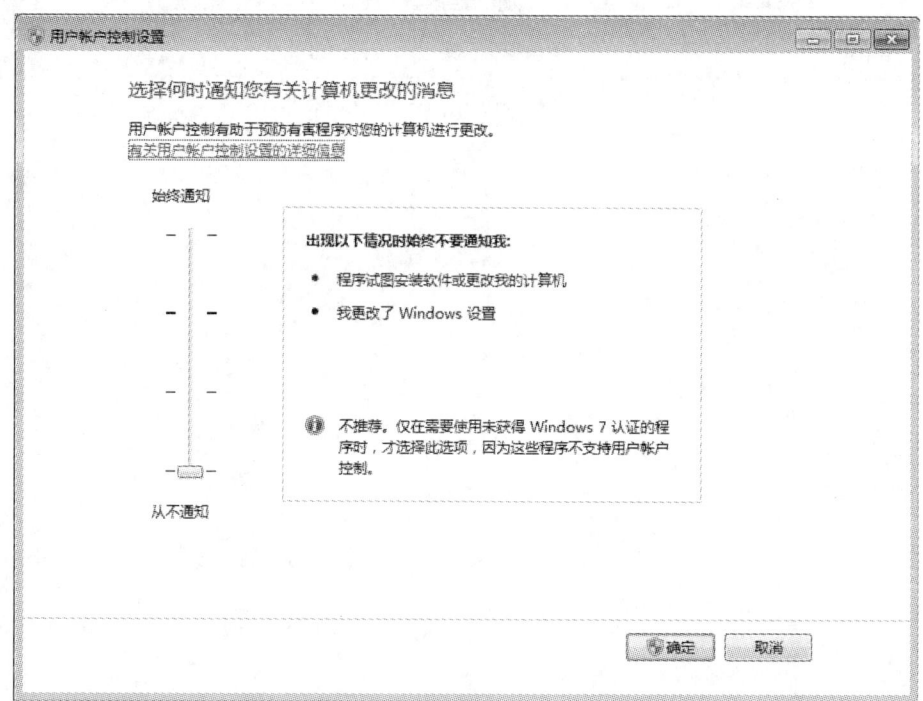

图 C-9

③重启。

(2)Windows 8 下,方法如下:

①先同(1),关闭 UAC。

②按"WIN+R"组合键,运行"gpedit.msc",进行组策略设置。

③选择"计算机配置"→"Windows 设置"→"安全设置"→"本地策略"→"安全选项",找到右侧的"用户账户控制:以管理员批准模式运行所有管理员"项,改成"禁用"。

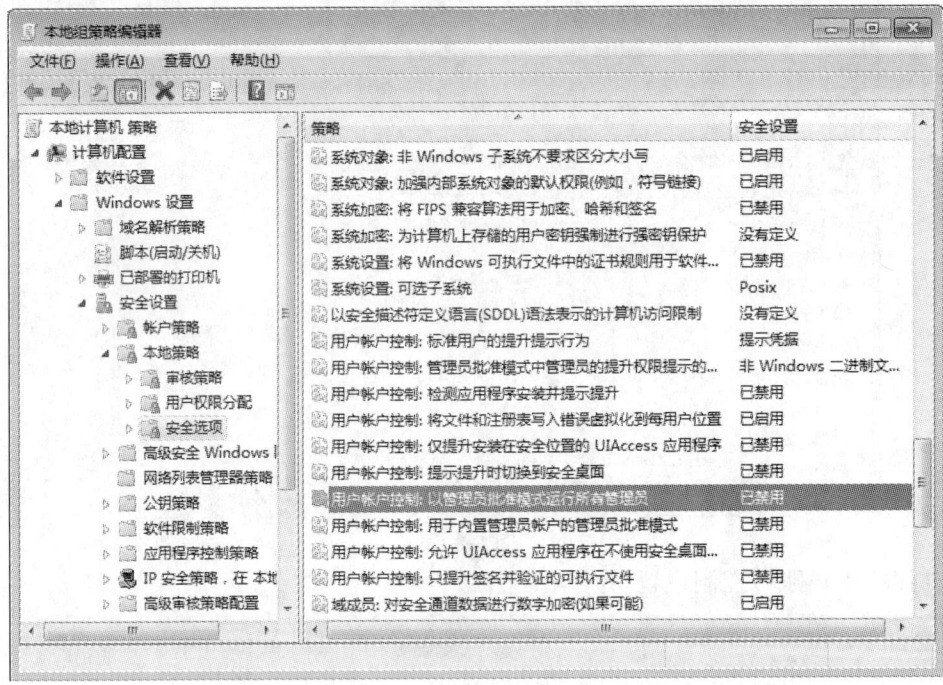

图 C-10

④重启。

附录 D 题库及模拟考试系统

题库及模拟考试系统模仿了水平考试的界面，与等级考试界面稍有不同，不过题目是相似的，实际做题时也类似。

系统精选 6 套试题，共 186 题，具体使用和说明如下：

一、安装

模拟考试系统软件对计算机的硬件要求不高，只要是 Windows XP/2000/2003/Vista/7/8/10 运行正常的计算机均可以安装使用。

访问 http://www.yataoo.com，下载模拟考试系统，运行安装程序 guesysexpress.exe，模拟考试系统将自动安装到本地硬盘，建立相应的程序组和快捷方式并直接运行系统。

软件系统也可以安装在局域网的服务器上供各工作站共享使用。

二、软件使用

1. 运行

启动软件，出现启动界面，如图 D-1 所示。

图 D-1 启动界面

2. 登录

进入登录界面，输入模拟练习考号 111240????????，课程代号是 240，后面 8 位任意，如图 D-1 所示，选择试卷。

3. 做题

单击登录，进入做题界面，系统开始倒计时。界面如图 D-2 所示。

上机考试题共四种题型，分别是单选题、程序改错题、程序填空题和综合应用题（编程题）。改错题、填空题和编程题在 Visual C++ 6.0 或 Visual Studio 2010 环境下操作。

考生在浏览相应的试题时，单击界面右边的打开按钮将自动打开试题所在文件夹。练习用的所有文件均在同一个文件夹中，该文件夹称为"考生文件夹"。

图 D-2 做题界面

4. 交卷

单击交卷，系统将自动评分，并进入评分结果界面显示评分结果，如图 D-3 。

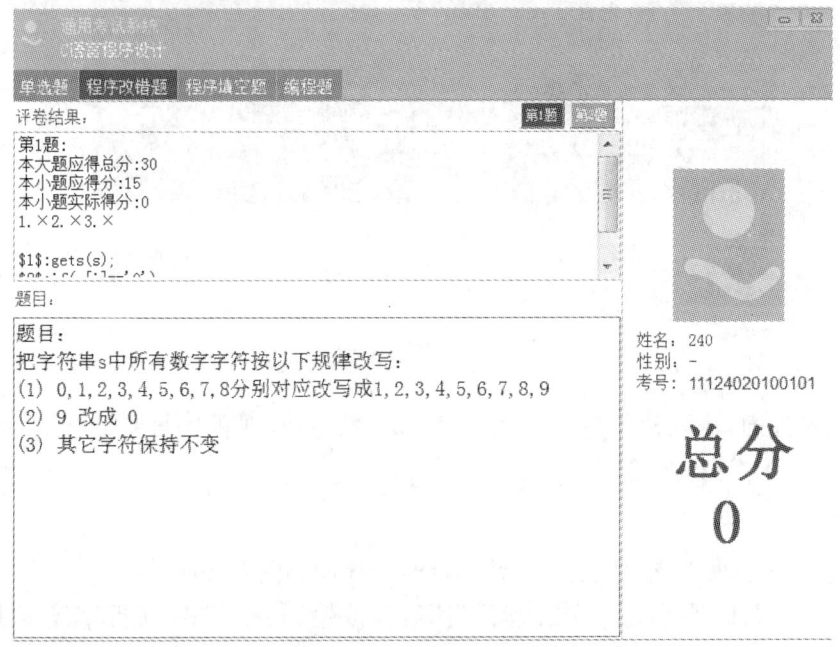

图 D-3 评分结果显示界面

5. 续考、重考

如果出现死机等异常情况,则需要重新进入系统输入相同考号。此时需要输入口令,"续考"允许继续前面的试卷考试,"重考"将重新组卷考试,"延时"可以增加考试的时间,具体口令如下:

续考:11111;重考:22222;延时:33333。

6. 综合管理

登录口令:123456。

读者如果需要将系统部署到局域网,请运行综合管理系统模块。管理系统主要界面如图 D-4 和图 D-5。

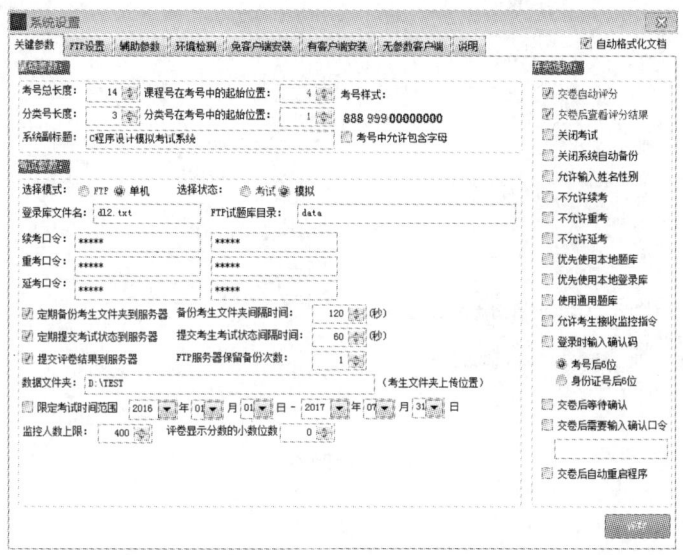

图 D-4　关键参数设置界面

图 D-5　服务器参数设置界面

具体请参阅 www.yataoo.com。

三、附加功能

1. 命题系统

命题系统具有多课程试题编辑、测试功能，内置了各种编辑操作、试题导入导出操作、超文本格式操作、知识点管理、试题应用分析参考、试题类型划分、批量类型操作等。

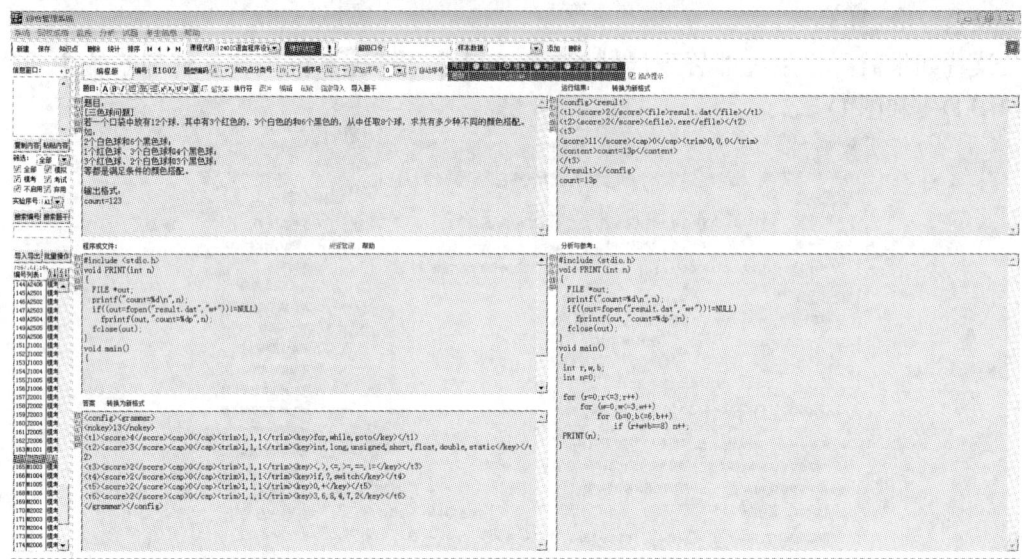

图 D-6　命题系统

2. 阅卷系统

阅卷系统包括成绩回收、重新评卷、人工阅卷、成绩导出等功能。

图 D-7　阅卷系统

3. 课程组装系统

课程组装系统可以实现新课程的创建、试题类型的选择和各种参数的设定等，包括试题类型、题数、分类数、分值设定、试题评卷组卷的参数约定等，允许二十多种题型，其中包括一种组合类型，该类型将常规类型集成为一个集合，适用于一套试卷的自动分割组装。

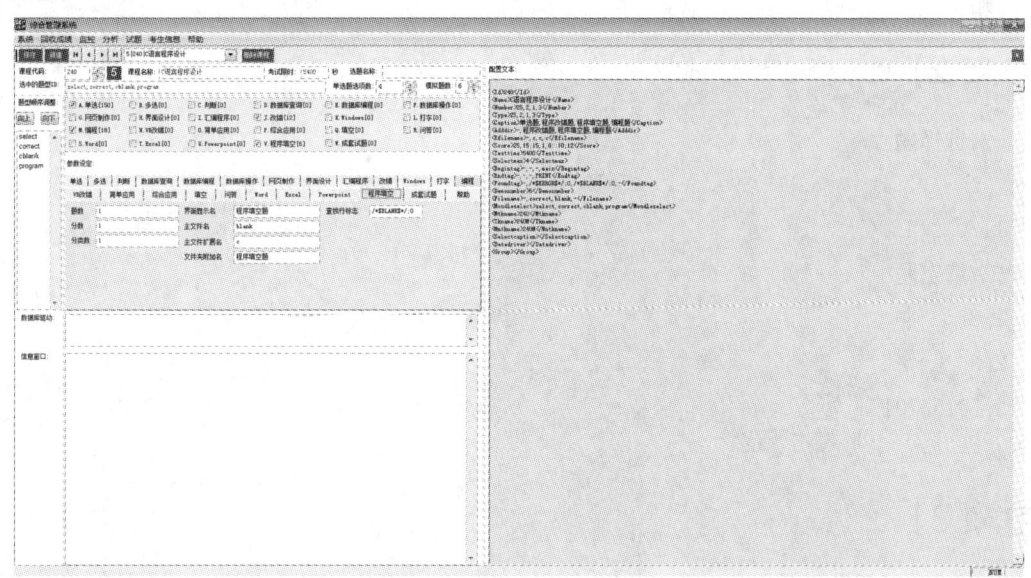

图 D-8　课程组装系统

另外，系统还包括考试监控、成绩分析、数据导入导出、考务管理等模块，这里就不一一介绍了，具体请参阅 www.yataoo.com。

附录 E 部分课后习题参考答案

【习题 1】

（略）

【习题 2】

一、选择题

1. C 2. B 3. D 4. A 5. B 6. B 7. C 8. D 9. D 10. D
11. C 12. C

二、填空题

1. 2

2. 3

3. 2015,2015

4. 8

【习题 3】

一、选择题

1. A 2. C 3. D 4. B 5. A 6. B 7. C 8. A 9. C 10. B

二、阅读程序,写出程序运行结果

1. ␣␣6␣␣6␣6.00␣6.00

2. x=127,x=␣␣127,x=177,x=7f

   y=123.4567,y=␣␣123.46,y=123.45670

3. 2,1

4. 1234

5. 4,3

6. −6,−6

【习题 4】

一、选择题

1. C 2. D 3. D 4. B 5. A 6. D 7. D 8. B 9. C 10. A
11. B 12. D 13. D 14. C 15. B 16. B 17. B 18. C

二、阅读程序题

1. a=2,b=1

2. 2015>=12>=11

附录 E 部分课后习题参考答案

【习题 5】

一、选择题

1. B 2. C 3. B 4. C 5. B 6. C 7. D 8. C 9. A 10. D
11. B 12. B 13. B 14. D 15. C

二、填空题

1. for 语句、do-while 语句、while 语句

2. i＝14,j＝16

3. ＊＊＊＊＊＊

4. 2015

5. s＝19

6. 11111

7. 10

8. 7

9. 8

10. 5,5

三、改错题

1. for(i＝0;i＜5;i++) j++; for 控制部分用分号分隔

2. int j＝0;while(j＜10){j++;i＝j;} 分号是多余的,否则会造成死循环

3. 　int s＝1,i＝1;
　　 while(i＜＝5)
　　 {
　　　　s *＝i;
　　　　i++;
　　 }
两条语句需要加上花括号。

4. continue 改成 break

5. while(j＜10);分号不能少

【习题 6】

一、选择题

1. C 2. B 3. C 4. C 5. C 6. D 7. A 8. B 9. A 10. B

二、阅读程序题

1. 6　5　4
　 3　2　1

2. aaa
　 bbb
　 ccc ddd

3. 2,2,1

【习题 7】

一、选择题

1. B 2. B 3. C 4. A 5. A 6. D 7. C 8. B 9. B 10. C
11. D 12. A

二、填空题

1. 值传递、地址传递
2. 局部变量
3. extern
4. x[i]
   return average;
   f(a)
   return y;
5. n*f(n-1)
   s=0;
   s=f(i)

三、阅读程序,写出运行结果

1. 25
2. 6,11
   6,12

【习题 8】

(略)

【习题 9】

一、选择题

1. B 2. C 3. B 4. D 5. A 6. A 7. A 8. C 9. C 10. A
11. D 12. B

二、填空题

1. p[9] 或 *(p+9) 或 (a+9)
2. 4,a[2][0]
3. p[8] 或 *(p+8)
4. int *,*z
5. 1   3   5

【习题 10】

一、选择题

1. D 2. A 3. B 4. D 5. A 6. C 7. C 8. B 9. B 10. C
11. D 12. B

二、填空题

1. 结构体成员 结构体指针指向
2. 34
3. 22
4. ex
5. (＊int)
6. {Jan＝1,Feb,Mar,Apr,May,Jun,Jul,Aug,Sep,Oct,Nov,Dec}
7. DDBBCC

三、阅读程序题

1. 9
2. 10，x
3. 13
4. 36 40 41
5. 0
6. 3839
7. 48

【习题 11】

一、选择题

1. B 2. B 3. C 4. A 5. B 6. C 7. C 8. A 9. A 10. A
11. C 12. D 13. D 14. B 15. C 16. C 17. B 18. C

二、填空题

1. ASCII 码和二进制
2. fputc, fwrite, fprintf
3. fgetc(fp)==EOF feof(fp)
4. 用宏定义中的字符串去替换

【习题 12】

一、选择题

1. C 2. D 3. D 4. A 5. A 6. D 7. A 8. A 9. D 10. A

二、填空题

1. 11110000
2. ch|32
3. a|(~0<<8)
4. a&(~a)
5. 除以

三、阅读程序题

1. The a & 3 is 3
2. a=4 b=3

【习题 13】

(略)